Uwe Zuppke und Jürgen Berg • Lurche und Kriechtiere der Region Wittenberg

Uwe Zuppke und Jürgen Berg

Die Lurche und Kriechtiere der Region Wittenberg

Bibliografische Information der Deutschen Nationalbibliothek
Die Deutsche Nationalbibliothek verzeichnet diese Publikation in der Deutschen Nationalbibliografie;
Detaillierte bibliografische Daten sind im Internet
über http://dnb.d-nb.de abrufbar.

Karte auf den Seiten 12/13: © GeoBasis-DE/BKG<2017> (Daten verändert)
Verbreitungskarten auf den Seiten 48, 49, 72, 73, 74, 107, 108, 109, 137, 138, 139 und 187: M. Seyring
(Landesamt für Umweltschutz Sachsen-Anhalt)

Titelbild: Rufendes Teichfroschmännchen im Kleinen Streng Wartenburg (Foto: U. Zuppke)
Kleine Fotos (von links): Kammmolch aus dem Feldweiher Karlshof (Foto: U. Zuppke), Laubfrosch am
Feldweiher N Klebitz (Foto: U. Zuppke), Schlingnatter in einem Betriebsgelände in Wittenberg
(Foto: I. Elz)
Rücktitel: Zauneidechsenmännchen in einem Garten in Kakau (Foto: K. Mattigit)

© 2019 Uwe Zuppke
Satz und Layout: Iris Elz, Apollensdorf
Umschlaggestaltung: Iris Elz, Apollensdorf
Fotos: I. Elz, K. Mattigit, J. Reusch, B. Simon, A. Schonert, N. Stenschke, A. Westermann, U. Zuppke
Herstellung und Verlag: Books on Demand, Norderstedt
Printed in Germany
ISBN 978-3-7494-3037-6

Die Autoren

widmen diese Veröffentlichung

dem Begründer der feldherpetologischen Arbeit

in der Region Wittenberg

Dr. med. Wolfram Jakobs

(1936 – 1996)

Inhalt

Inhalt	7
Einleitung	9
Die Region Wittenberg	11
Die Landschaften der Region Wittenberg und ihre Beziehung zur Verbreitung der Lurche und Kriechtiere	14
Allgemeine Kennzeichen heimischer Lurche und Kriechtiere	25
Die Erfassung der Herpetofauna der Region	29
Die Lurch- und Kriechtierarten der Region Wittenberg	39
Die etablierten Arten	40
Arten ohne sicheren Nachweis	150
Eingebürgerte und gebietsfremde Arten	151
Schutz heimischer Lurche und Kriechtiere	162
Gesetzliche Grundlagen	162
Rote Listen	165
Kleingewässerschutz als wichtigste Amphibienschutzmaßnahme	167
Schutz an Verkehrswegen	176
Schutz bei Bauvorhaben	182
FFH-Monitoring	185
Lurche und Kriechtiere in Brauchtum und Aberglaube	196
Zusammenfassung	204
Glossar	208
Abkürzungen	212
Register deutscher Artnamen	214
Register wissenschaftlicher Artnamen	214
Literaturverzeichnis	215
Dank	225

Einleitung

Nachdem bereits in gleicher Form Übersichten über die in der Wittenberger Region vorkommenden Fische, Vögel und Säugetiere erschienen sind, werden nachfolgend die beiden noch fehlenden Wirbeltierklassen — die Lurche (Amphibien) und Kriechtiere (Reptilien) — behandelt.

Zu diesen beiden Tierklassen zählen Molche, Salamander, Unken, Kröten, Frösche, Echsen und Schlangen — also Tiergruppen, die sich bei einem Großteil der Menschen keiner großen Beliebtheit erfreuen, sondern im Gegenteil oft sogar Abscheu oder Ekel hervorrufen. Von diesen von alters her übernommenen Emotionen sollte aber keine Wertschätzung dieser Tiere abgeleitet werden. Bei unvoreingenommener, näherer Betrachtung und Beschäftigung mit ihrer Lebensweise erweisen sich die Vertreter der Lurche und Kriechtiere den anderen Tierklassen ebenbürtig. So galt in der Antike z. B. die Schlange als Lebewesen, das Leben und Tod in sich vereint. Sie ringelt sich um den Stab des Gottes der Heilkunst ASKLEPIOS oder ÄSKULAP und der Äskulapstab mit der Schlange gilt noch heute als das Wahrzeichen der Ärzte. Auch in der Pharmazie symbolisiert die Schlange die Wiederherstellung und den Erhalt der Gesundheit. Im weithin sichtbaren Logo mit dem roten „A" der Apotheken trinkt die Schlange aus dem Becher der HYGIEIA, einer Tochter des Asklepios, als Symbol des Arzneikelchs. Inzwischen gibt es zahlreiche Reptilienliebhaber, die Vertreter dieser Tierklasse in Terrarien halten und durchgeführte Reptilienschauen erleben manchen Zuschauerandrang. Ganz besonders wecken die Vorfahren unserer Kriechtiere — die im Erdmittelalter lebenden und dann ausgestorbenen, riesenhaften Dinosaurier — das Interesse von Groß und Klein!

Weltweit leben etwa 7.000 Lurch- und über 10.000 Kriechtierarten. Allein in Brasilien sind 995 Lucharten heimisch. Dagegen ist die Anzahl der in Deutschland vorkommenden Lurch- und Kriechtierarten relativ klein: Insgesamt kommen hier nur 22 Lurch- und 14 Kriechtierarten vor. Für die Wittenberger Region war das lange unbekannt. In der Vergangenheit gab es niemanden, der sich für diese Tiere intensiver interessierte. Erst mit dem engagierten Wirken von Dr. WOLFRAM JAKOBS (seit den 1970er Jahren, erfuhr die feldherpetologische Tätigkeit in Wittenberg einen Aufschwung. Seitdem wurde bekannt, dass in dieser Region mit ihren unterschiedlichsten Lebensraumbedingungen 14 Lurch- und 6 Kriechtierarten vorkommen.

Bedingt durch ihre Körperbeschaffenheit leben Lurche ausschließlich in feuchten Lebensräumen und benötigen für ihre Fortpflanzung unbedingt Gewässer. Die überwiegende Anzahl der Kriechtierarten dagegen lebt in trockenen und warmen Gegenden. Diese Lebensraumvielfalt wurde aber durch die wirtschaftliche Tätigkeit der Menschen bisher stark beeinträchtigt, teilweise sogar bis zur völligen Beseitigung von Kleingewässern. Außerdem erleiden insbesondere die Froschlurche auf ihren Wanderungen vom Winterquartier zu den Fortpflanzungsgewässern starke Verluste, da sie oftmals stark befahrene Straßen überqueren müssen. Daher gehören fast alle Lurcharten, aber auch die Kriechtiere zu den gefährdeten Tierarten und mussten überwiegend in die Roten Listen eingeordnet werden. Und dies sogar weltweit! Dabei sind Lurche und Kriechtiere gar nicht so bedeutungslos und unwichtig. Als Beutegreifer von vielen „niederen", also wirbellosen Tieren und als Beutetiere für viele Vogel- und Säugetierarten spielen sie eine wichtige Rolle im Gesamtgefüge der Natur. Ihr Vorkommen oder Verschwinden zeigt an, ob unsere heimische Umwelt, in der auch wir Menschen leben, intakt ist. Und schließlich sollten sie auch unter dem Aspekt der von ALBERT SCHWEITZER hervorgehobenen Ethik von der Ehrfurcht vor dem Leben Beachtung finden!

Nachdem bereits 1988 vom Museum für Natur- und Völkerkunde „Julius Riemer" eine erste zusammenfassende Darstellung der Lurche und Kriechtiere des damaligen Kreises Wittenberg erschien, möchten die Autoren auf der Grundlage aktueller Erfassungsergebnisse, die im Rahmen eines vom Landesamt für Umweltschutz des Landes Sachsen-Anhalt initiierten Auftrages erzielt wurden, eine neue Übersicht über das Vorkommen der Arten dieser Tiergruppe für das erweiterte Kreisgebiet vorstellen. Sie verbinden damit die Hoffnung, dass immer mehr Menschen unserer Region Freude finden beim Beobachten dieser faszinierenden Tiere und ihrer beeindruckenden Lebensweise, woraus auch Respekt und Wertschätzung erwachsen sollten. Darüber hinaus könnte mit dieser Veröffentlichung beigetragen werden, sowohl in der allgemeinen Öffentlichkeit als auch besonders im behördlichen Umgang bei der Bearbeitung der Vorhaben, die unsere heimatliche Natur beeinflussen, der Lurch- und Kriechtierfauna die gebührende Aufmerksamkeit zu widmen. Sie sollte anregen, die Lurche und Kriechtiere als Lebewesen und Mitbewohner unseres eigenen Lebensraumes zu achten und verantwortungsbewusst mit ihnen umzugehen, damit auch künftige Generationen sie kennen, schätzen und nutzen können.

Wittenberg, im Frühjahr 2019   Die Autoren

Die Region Wittenberg

Wie in den Publikationen über die anderen Tiergruppen wird unter dieser Region auch hier der Landkreis Wittenberg im Bundesland Sachsen-Anhalt verstanden, wie er durch zwei Gebietsreformen in den Jahren 1994 und 2007 mit dem Anschluss der Alt-Kreise Jessen und Gräfenhainichen sowie Teile des ehemaligen Kreises Roßlau (bzw. Anhalt-Zerbst) entstanden ist.

Er liegt im Osten des Bundeslandes Sachsen-Anhalt. Im Norden und Osten grenzen die brandenburgischen Landkreise Potsdam-Mittelmark, Teltow-Fläming und Elbe-Elster an, im Süden der sächsische Landkreis Nordsachsen und im Westen der Landkreis Anhalt-Bitterfeld und die kreisfreie Stadt Dessau-Roßlau in Sachsen-Anhalt. Im Jahr 2015 betrug die Größe dieses Gebietes rund 1930 km².

Die Gewässerfläche von 47,5 km² (www.stala.de) nimmt etwa 2,5 % der Gebietsfläche ein und liegt damit etwas über dem Landesdurchschnitt von Sachsen-Anhalt. 52 km Elbe und 29 km Schwarze Elster gehören zum Gewässersystem der Region. Die Auen der Elbe und der Schwarzen Elster weisen mit den teils abgetrennten, teils noch verbundenen Altarmen und Altwassern eine Vielzahl von Gewässern mit stehendem Charakter auf. Während aber natürliche große, stehende Gewässer fehlen, sind in der Folge des obertägigen Abbaus von Braunkohle, Ton, Kies und Sand jedoch künstliche Standgewässer größeren Ausmaßes entstanden. Durch den Anstau von Bächen im Mittelalter, entstanden kleinere Teiche für die Fischerei und den Betrieb der Wassermühlen.

Mit seiner naturräumlichen Ausstattung besitzt der Landkreis Wittenberg beste Voraussetzungen für eine artenreiche Fauna und Flora. Ein Teil der Elbaue und der Mündungsbereich der Schwarzen Elster gehören zum Biosphärenreservat Mittelelbe mit einer Fläche von 19.430 ha. Der 2003 verordnete Naturpark Dübener Heide erstreckt sich über eine Fläche von 39.994 ha. 2005 wurde mit einer Größe von 50.756 ha der Naturpark Fläming ausgewiesen. Die Ausweisung des Biosphärenreservats und der Naturparks schuf Voraussetzungen für die Erhaltung, Entwicklung oder Wiederherstellung einer durch vielfältige Nutzung geprägten Landschaft und ihrer Arten- und Biotopvielfalt. Bezogen auf die Region werden damit 57 % Fläche diesen Zielen gerecht. Neben diesen Großschutzgebieten haben vor allem die gegenwärtig bestehenden 19 Naturschutzgebiete mit einer Gesamtfläche von 8.998,31 ha, dies entspricht 4,6 % der Kreisfläche, besondere Bedeutung für den Artenschutz.

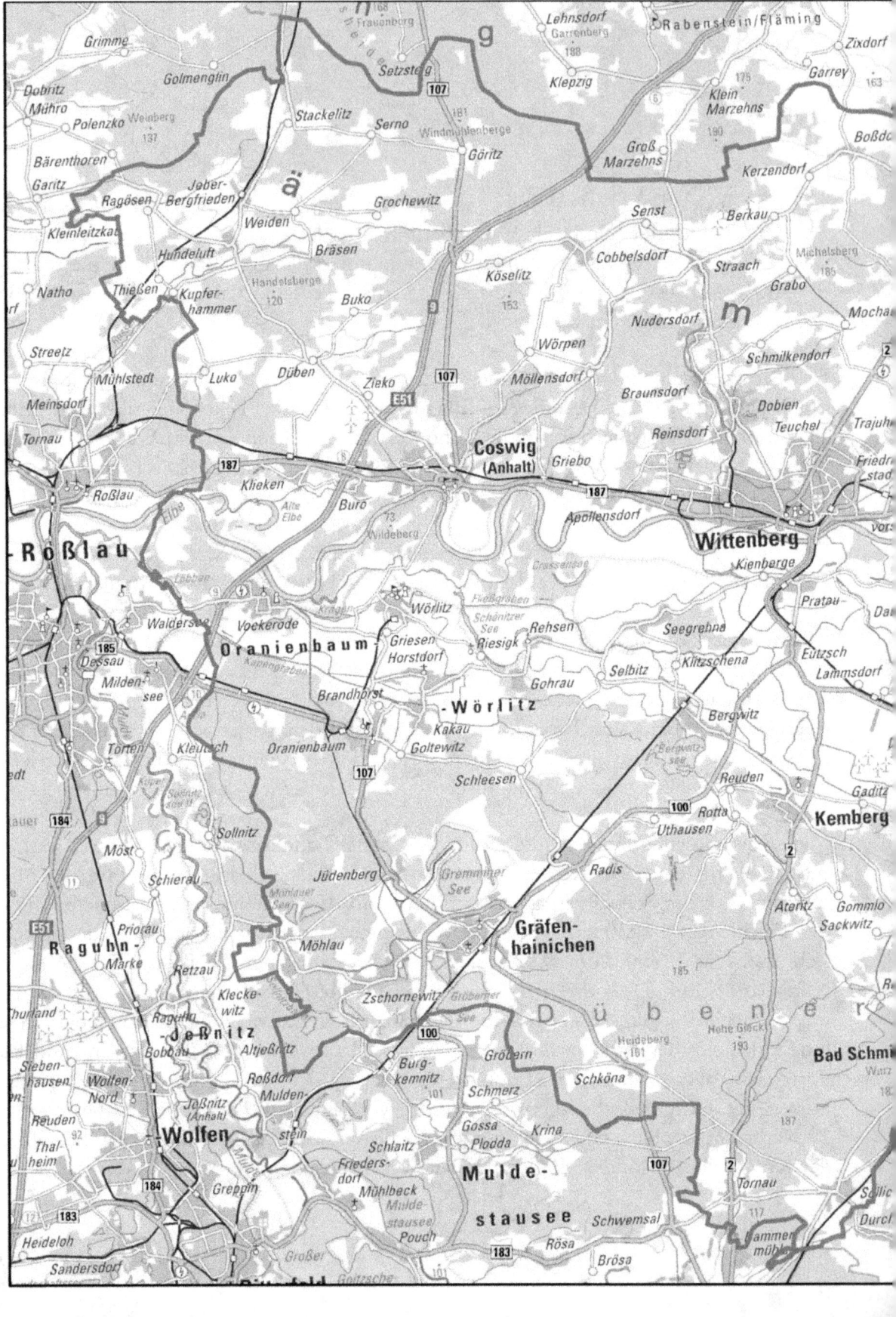

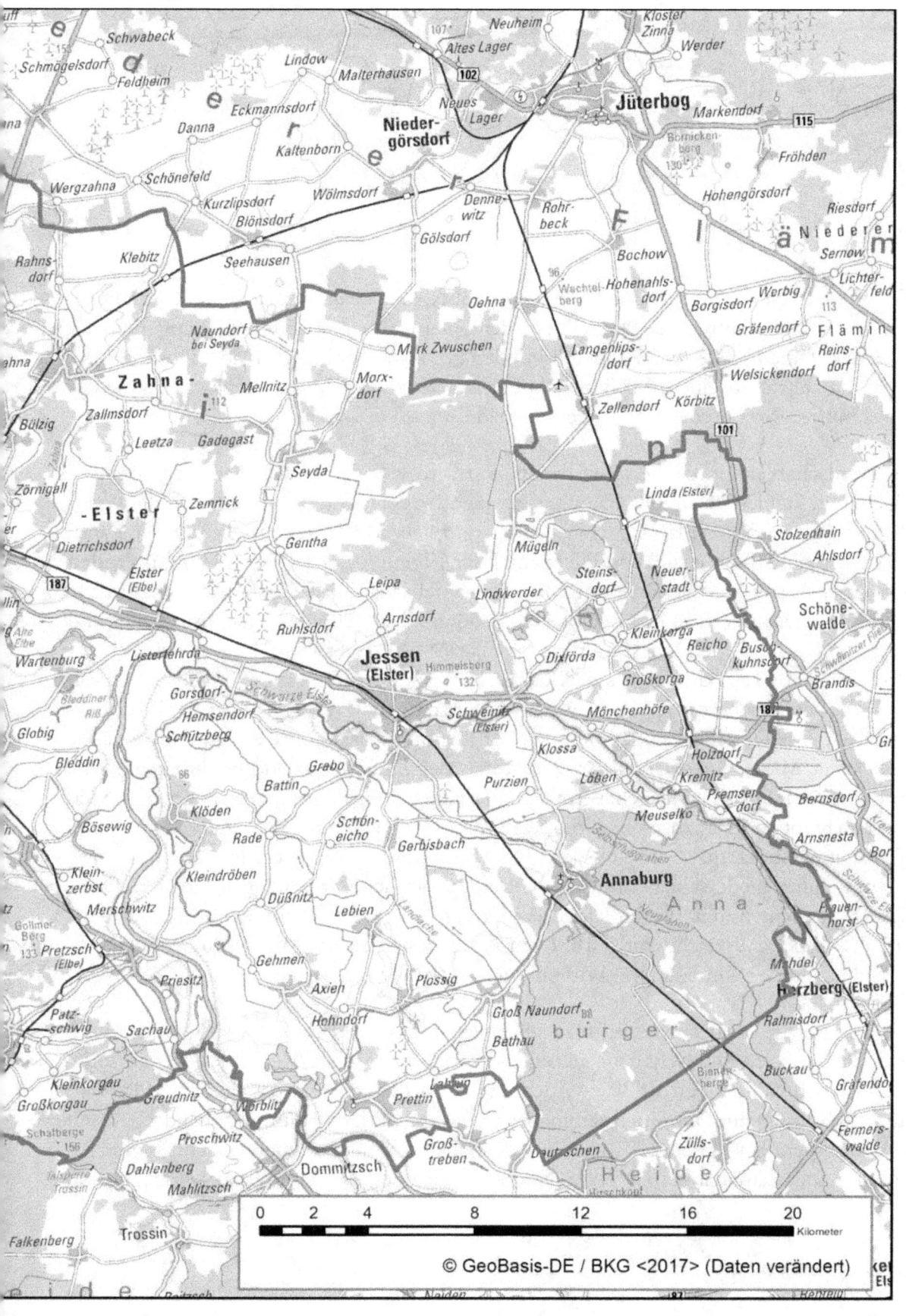

Die Landschaften der Region Wittenberg und ihre Beziehung zur Verbreitung der Lurche und Kriechtiere

Im Wesentlichen zeigt sich die Region Wittenberg auf Grund eiszeitlicher Formungen in einer landschaftlichen Dreiteilung: dem pleistozän geformten Fläming und der Dübener Heide und der dazwischen liegenden holozän geprägten Elbaue. Diese glaziale Formung führte zu einem größeren Anteil an Gewässern in der Region, die für das Vorkommen von Lurchen von Bedeutung sind.

Die Landschaft im nördlichen Teil der Region wird von den bewaldeten Endmoränenhügeln und Sanderflächen des Flämings geprägt. Im Nordosten erstreckt sich die Wald-Offen-Landschaft des Fläming-Hügellandes nördlich von Jessen. Südlich dieser Landschaften schließt sich das ebene Urstromtal der Elbe mit der im Osten einmündenden Schwarzen Elster an. Die Elbe durchfließt auf mehr als 50 Kilometern eine naturnahe Auenlandschaft innerhalb der Region. Ein größerer Teil der Elbaue ist ausgedeicht und unterliegt der jährlichen Überflutungsdynamik der Elbe. Der westlich gelegene Teil der Elbaue schließt Teile des im 18. Jahrhundert entstandenen Dessau-Wörlitzer Gartenreiches ein. Südöstlich von Jessen liegt das militärisch genutzte Waldgebiet der Annaburger Heide. Die Dübener Heide im Süden der Region ist das größte zusammenhängende Waldgebiet Mitteldeutschlands. Im Südwesten der Dübener Heide befindet sich eine durch den Braunkohlen-Tagebau total umgestaltete Folgelandschaft mit großen Seen und Hochkippen. Klimatisch liegt die Region im Übergang zum Binnenklima mit 8,6°C Jahresmitteltemperatur (18,0° mittlere Julitemperatur; -0,5°mittlere Januartemperatur), 560 mm Jahresniederschlag und 1630 Stunden jährlicher Sonnenscheindauer. Diese Wetter-Kenndaten unterliegen einer Änderung, wobei die Temperatur in Sachsen-Anhalt seit den Aufzeichnungen 1881 um 1,3°C gestiegen ist (MULE 2017), auch aufgezeichnet an der Wetterstation Wittenberg.

Die Landschaft nördlich der Elbe – allgemein als der „Fläming" bezeichnet – wird nach der aktuellen Landschaftsgliederung von Sachsen-Anhalt (REICHHOFF et al. 2001) in den Hochfläming, den Roßlau-Wittenberger Vorfläming und das Südliche Fläming-Hügelland unterteilt. Der Hochfläming ist eine von Wäldern bestimmte Landschaft mit dem Hirseberg bei Berkau (184 m NN) als höchste Flämingerhebung in der Region. In diesem Landschaftsteil befinden sich meist nur kleinere Gewässer als Lebensraum und

Laichgewässer für Schwanz- und Froschlurche. Bemerkenswert ist ein kleines Vorkommen des Bergmolchs an der Grenze zwischen Brandenburg und Sachsen-Anhalt als vermutlich postglaziale Ansiedlung (PAEPKE 1983; BERG 2013b). Eine weitere Besonderheit ist das Vorkommen der Rotbauchunke in temporär wasserführenden Feldsöllen inmitten von Ackerfluren, obwohl diese in manchen Jahren kein Wasser führen. Sie ist der südliche Ausläufer des angrenzenden brandenburgischen Vorkommens auf den Fläming-Hochfläche (ZUPPKE 2014). Insgesamt ist das Gebiet durch die trockene Ausstattung jedoch nicht sehr lurchfreundlich. Kriechtiere meiden die dichten, geschlossenen schattigen Wälder, allenfalls kommen Blindschleichen und Waldeidechsen vor.

Der dem Hochfläming südlich vorgelagerte Roßlau-Wittenberger Vorfläming ist ein Grundmoränenhügelland. Mehrere Bäche (Rossel, Olbitzbach, Wörpener Bach, Grieboer Bach, Rischebach, Fauler Bach und Zahnabach), deren Ober- und Mittelläufe teilweise noch recht naturnah sind, fließen durch ehemalige Schmelzwasserrinnen zur Elbe. Infolge der eiszeitlichen Prägung des Gebietes sind auch Kleingewässer entstanden. Diese zerstreut vorhandenen Kleingewässer – sowohl die natürlich als auch die anthropogen entstandenen – bieten mehreren Lurcharten Lebensraum. Auch Kammmolch und Kleiner Wasserfrosch werden hier nachgewiesen. Dagegen leben an den Flämingbächen kaum Lurche. Auch die Mehrzahl der Staubereiche oberhalb der zahlreich vorhandenen Biberstaue ist unbesiedelt. Die beschatteten Bestände der Nadelwälder sind Lebensraum der Blindschleiche, die lückigen oder offenen Bereiche dagegen von Wald- und Zauneidechsen sowie Schlingnattern.

Östlich des Roßlau-Wittenberger Vorflämings schließt sich das Südliche Fläming-Hügelland an. Diese Landschaftseinheit umfasst den Bereich der breit entwickelten Sanderflächen im östlichen Fläming und die südlich vorgelagerten Talsandflächen. Die aufgelockerten Waldgebiete auf trockenen Standorten bieten Kriechtieren (Eidechsen und Schlangen) geeigneten Lebensraum, während die feuchtigkeitsliebenden Lurche auf wenige Kleingewässer beschränkt bleiben. Durch den Kiesabbau nordöstlich von Jessen entstanden künstliche Wasserflächen. An diesen teilweise größeren Gewässern findet gegenwärtig eine Besiedlung mit Kreuzkröten und anderen Lurcharten statt, deren endgültiger Status abzuwarten bleibt.

Südlich des Vorflämings schließt sich das nach der Eiszeit entstandene Urstromtal an, das durch eine breite, ebene Aue der Elbe als Dessau-Wittenberger Elbtal geprägt wird. Die Elbe fließt fast am Nordrand des Flusstales, sodass sich nördlich des Flusses nur eine schmale Aue befindet. Südlich des Flusses sind große Flächen ausgedeicht und bleiben daher den Hochwasserereignissen ausgesetzt. Dieses Vordeichland wird durch großflächiges Grünland geprägt, das durch Altarme und Altwässer unterbrochen wird, wodurch dieser Landschaftsausschnitt sehr gewässerreich ist. Dagegen werden die eingedeichten Flächen überwiegend ackerbaulich genutzt. Die gewässerreiche Elbaue bietet zwar Lurchen feuchten Lebensraum, sie finden jedoch durch die temporäre Durchströmung bei Überflutungen schwierige Lebens- und Fortpflanzungsbedingungen. Auch ist der sommerharte Boden für grabende Lurche nicht besonders besiedlungsfreundlich. Mit diesen Bedingungen kommen Erdkröten, Moor- und Teichfrösche sowie Rotbauchunken am besten zurecht, während die Schwanzlurche (Molche) spärlicher vertreten sind. An der Elbe selbst und ihren Uferbereichen finden sich bisher überhaupt keine Lurche, auch keine Wasserfrösche. Dagegen ist die Artenvielfalt an den kleineren Gewässern der Ackeraue und oftmals auch der Dorfteiche größer.

Die gewässer- und waldreiche Landschaft im Gebiet der Schwarzen Elster bei Jessen – Annaburg bildet die Landschaftseinheit Annaburger Heide und Schwarze-Elster-Tal. Zahlreiche abgetrennte Altwässer der völlig begradigten Schwarzen Elster ergeben in der Aue eine hohe Gewässerdichte. Der landwirtschaftlich genutzte Teil wird von zahlreichen Entwässerungsgräben durchflossen, so dass Erdkröten, Gras- und Teichfrösche, aber auch Kreuz- und Wechselkröten hier Fortpflanzungsmöglichkeiten finden. Die Annaburger Heide wird militärisch genutzt und darf daher offiziell nicht betreten werden. Es finden sich hier größere unzugängliche Waldbereiche, aber auch Offenflächen mit Heide und Magerrasen. Infolge der Sperrung des Gebietes ist die Lurch- und Kriechtierfauna hier noch unzureichend bekannt.

Die Dübener Heide schließt sich südlich der Elbaue als flachhügelige Landschaft an. Sie ist bis auf kleinere Rodungsinseln fast völlig mit forstwirtschaftlich geprägten Kiefernwäldern bedeckt. Kleine Fließgewässer fließen teils zur Elbe, teils zur Mulde und weisen stellenweise eine naturnahe Morphologie auf. Im Raum Bad Schmiedeberg - Reinharz existieren Teiche, wie die Lausiger Teiche, der Ausreißerteich, der Rote Mühlteich und Heideteich, die teilweise fischereiwirtschaftlich genutzt werden. In einzelnen Senken des hügeligen Reliefs haben sich Kleingewässer gebildet. Große Teile des südwestlichen Bereiches der Dübener Heide sind durch den ehemaligen Braunkohlenabbau landschaftlich verändert worden. Hier bilden geflutete Tagebaurestlöcher, Kippen und Halden neue Landschaftsformen. Im westlichen Bereich im Übergang zum Muldetal liegt die Oranienbaumer Heide, in der sich unter den besonderen Bedingungen der ehemaligen militärischen Nutzung ein Mosaik unterschiedlicher Offenland-Biotope herausgebildet hat. Die Wälder der Dübener Heide bieten Schlingnattern und Waldeidechsen geeigneten Lebensraum, während die Kleingewässer von Braun- und Wasserfroscharten, darunter auch dem Kleinen Wasserfrosch und teilweise vom Laubfrosch, und der Ringelnatter bewohnt werden. Die größeren Tagebauseen bieten in den flachen Verlandungsbereichen in Ufernähe Lurchen Laichmöglichkeiten. An den Fließgewässern der Dübener Heide finden sich nur vereinzelte Grasfrösche, an den vielen aufgestauten Bereichen oberhalb der Biberstaue dagegen fast keine Lurcharten.

Die Kreisstadt Wittenberg nimmt innerhalb der Siedlungsbereiche den größten urbanen Raum in Anspruch. Innerhalb der Bebauung existieren eine Vielzahl von Kleingärten sowie ein nicht unerheblicher Anteil an Parks und Grünflächen. Die Vorstadtgebiete werden von einer lockeren Bebauung sowie von größeren Ackerflächen geprägt. Auch die anderen Städte, wie Jessen, Gräfenhainichen, Zahna, Seyda, Annaburg, Prettin, Pretzsch, Kemberg und Bad Schmiedeberg weisen bebaute Zentren auf, die sich in den Außenbezirken auflockern. Östlich von Jessen befindet sich ein Obst- und Weinanbaugebiet. Die ländlichen Siedlungen weisen neben Wohnhäusern und Stallgebäuden Baum-, Strauch- und Heckenstrukturen in den Gärten und auf Lagerflächen Ruderalfluren auf. In den Vorstadtbereichen und Dörfern finden sich in Abhängigkeit von der Intensität der Nutzung und dem Vorhandensein von Gartenteichen einzelne Kröten- und Froscharten sowie in sonnenexponierten Lagen auch Zauneidechsen.

Die ehemaligen Truppenübungsplätze, die bis Anfang der 1990er Jahre genutzt wurden, gehören heute zu den wertvollsten Offenlandschaften der Wittenberger Region. Sie bieten als große unzerschnittene Gebiete vielen gefährdeten Pflanzen und Tieren, so auch Lurchen und Kriechtieren Lebensraum. In Bereichen mit hoher Munitionsbelastung und dem bestehenden Betretungsverbot finden wir ungestörte Naturentwicklungsflächen. Mithilfe von Naturschutz-Managementmaßnahmen in Form von Weide- und Mähnutzungen sollen die durch natürliche Sukzession wieder schwindenden Lebensräume erhalten werden. Um diese Gebiete dauerhaft auch als Rückzugsgebiete zu erhalten, wurden Teile der Glücksburger Heide, Oranienbaumer Heide und Woltersdorfer Heide als Naturschutzgebiete bzw. FFH- oder Vogelschutzgebiete unter Schutz gestellt. Infolge der langjährigen Betretungsverbote bestehen hier hinsichtlich der Kenntnis über Lurch- und Kriechtiervorkommen größere Defizite.

Insgesamt lassen sich neben dem anthropogen bewirkten Einfluss auf die Landschaft auch natürliche Einflüsse erkennen, wie es die temporär oder ständig trockengefallenen Gewässer infolge hoher Temperaturen und geringer Niederschläge anzeigen, die im Jahr 2018 ein besonders hohes Ausmaß erreichten.

Die trockenen Nadelwälder des Hochflämings mit einer Vielzahl von lichten, besonnten Flächen sind Lebensraum von Schlingnattern, Zaun- und Waldeidechsen, die hier Sonnenplätze, in der niederen, lückigen Vegetation aber auch Deckung finden (Foto: U. Zuppke).

Typisch für den Übergang vom Hoch- zum Vorfläming sind kleine wasserführende Feldsölle, die inmitten der landwirtschaftlich genutzten Feldflur vielen Lurcharten einen Laichplatz bieten, obwohl nur schmale Randbereiche als Sommer-Lebensraum vorhanden sind (Foto: U. Zuppke).

Der Vorfläming ist mit flächigen, forstlich genutzten Kiefernbeständen bedeckt, die beschattet und nur in den Randbereichen aufgelockert sind, so das in den Innenbereichen meist nur Blindschleichen und nur in den Randlagen Schlangen und Eidechsen zu finden sind (Foto: U. Zuppke).

Die Sand- und Kiesablagerungen im Fläming wurden vielerorts abgebaut, so dass Restlöcher zurück blieben, die sich mit Wasser füllten und in denen sich eine Wasser- und Ufervegetation ausbildete. Sie entwickelten sich zu wichtigen Lebensräumen für viele Lurche (Foto: U. Zuppke).

Die ehemals militärisch genutzte Offenlandschaft der Glücksburger Heide nördlich von Jessen ist Lebensraum von Kreuzkröten und Zauneidechsen, die wiederum für Schlingnattern Nahrungstiere darstellen (Foto: U. Zuppke).

In den Waldbeständen des Südlichen Fläming-Hügellandes befinden sich vereinzelte kleine Waldweiher und bieten mehreren hier vorkommenden Schwanz- und Froschlurcharten Laichmöglichkeiten, so dass sie in dieser trockenen Landschaft vorkommen können (Foto: U. Zuppke).

Die weite, ebene Überflutungsaue am Mittellauf der Elbe in der Wittenberger Region ist mit artenreichen Grünländern bedeckt, die in der Nähe der zahlreichen Gewässer besonders Braun- und Wasserfröschen, aber auch Rotbauchunken Lebensraum bieten (Foto: I. Elz).

Die Altarme und Altwässer der Elbe, wie hier die Alte Elbe Klieken, stellen in Abhämgigkeit vom Verlandungsgrad ideale Lebensräume für individuenreiche Froschlurchbestände dar, über deren Verbleib bei Hochwassersituationen wenig bekannt ist (Foto: U. Zuppke).

Die Aue der Schwarzen Elster wird von einigen Feuchtgebieten (im Bild die Rohrbornwiesen) geprägt, die für mehrere Lurcharten und der Ringelnatter Habitat darstellen, während die Elsterdeiche am Fluss Zauneidechsen Lebensmöglichkeiten bieten (Foto: I. Elz).

Zahlreiche Altarme der Schwarzen Elster sind durch die Flussbegradigung vom Strom getrennt und verlanden im Verlauf der Zeit immer stärker und können in niederschlagsarmen Jahren, wie 2018, sogar völlig austrocknen (Foto: U. Zuppke).

Die großflächigen, größtenteils trockenen Waldbestände der Dübener Heide sind Lebensraum der Blindschleiche. In aufgelockerten Bereichen kommen Schlingnattern vor und an den sonnigen, aber staudenreichen Wegrändern leben Waldeidechsen (Foto: U. Zuppke).

Die in der Dübener Heide vorhandenen pflanzenreichen Waldweiher werden von mehreren Schwanz- und Froschlurcharten als Laichgewässer genutzt und dienen der Ringelnatter als Lebensraum, während die Sumpfschildkröte hier ausgestorben ist (Foto: U. Zuppke).

Dorfteiche oder Kleingewässer in den Dörfern, wie hier in Iserbegka, bieten zumindest anspruchslosen Lurcharten, wie Teichmolch, Erdkröte oder Grasfrosch die Möglichkeit zur Fortpflanzung und somit geeigneten Lebensraum (Foto: U. Zuppke).

Auch in den dichter besiedelten urbanen Räumen der Städte finden Lurche Lebensraum, sofern Laichmöglichkeiten vorhanden sind, wie hier in der Dr.-Behring-Straße in Wittenberg, wo in diesem Gewässer eine größere Knoblauchkrötem-Population ablaicht (Foto: U. Zuppke).

Allgemeine Kennzeichen heimischer Lurche und Kriechtiere

Lurche und Kriechtiere sind zwei Tierklassen, die wie Fische, Vögel und Säugetiere zum Stamm der Wirbeltiere gehören, die durch das Vorhandensein eines Knochenskeletts gekennzeichnet sind. Die Lurche werden im wissenschaftlichen Gebrauch Amphibien genannt, der Name „Amphibia" (vom altgriechischen amphíbios = doppellebig) bezieht sich auf die Lebensphasen vor der Metamorphose im Wasser und nach der Metamorphose auf dem Land. Die Kriechtiere heißen wissenschaftlich Reptilien (vom lateinischen „reptilis" = kriechend).

Unter den **Lurchen (Amphibien)** werden alle Landwirbeltiere zusammengefasst, die sich nur in Gewässern fortpflanzen können. Bei den Lurchen verläuft die Fortpflanzung im Allgemeinen über im Wasser abgelegte Eier, aus denen im Wasser lebende, kiemenatmende Larven schlüpfen. Diese Larven durchlaufen eine Metamorphose, durch die lungenatmende erwachsene Individuen entstehen, die zu einem Leben außerhalb von Gewässern befähigt sind. Aufgrund ihres Körperbaus sind alle Lurcharten auch im Erwachsenenstadium an feuchte, zumindest aber an Lebensräume mit hoher Luftfeuchtigkeit gebunden. Sie sind überwiegend nachtaktiv, um sich vor Fressfeinden zu schützen und Wasserverluste über die Haut gering zu halten. Die Klasse der Lurche wird in drei Ordnungen unterteilt: Schwanzlurche (*Caudata*), Froschlurche (*Anura*) und Schleichenlurche (*Gymnophiona*), von denen nur die beiden ersteren in Deutschland durch Arten vertreten sind.

Diese Gruppen der Lurche unterscheiden sich in ihrem Habitus relativ stark voneinander. Dies ist durch ihre unterschiedlichen Fortbewegungsweisen begründet: Während Schwanzlurche sich an Land schreitend oder kriechend fortbewegen, sind Froschlurche auf eine springende Fortbewegung spezialisiert. Auch klettern einige Froschlurcharten auf Bäume. Im Wasser schwimmen und tauchen Schwanzlurche schlängelnd unter Einsatz ihres Ruderschwanzes und Froschlurche mithilfe ihrer langen, kräftigen Hinterbeine. Bei den Schwanzlurchen sind die beiden Gliedmaßenpaare gleich lang, bei Froschlurchen deutlich unterschiedlich lang. An den Vorderfüßen befinden sich je vier Finger, an den Hinterfüßen je fünf Zehen.

Die Haut ist dünn, nackt, feucht und glatt oder auch trocken-„warzig" und weist Schleim- und Giftdrüsen sowie Pigmentzellen auf. Die Haut, einschließlich der Schleimschicht, spielt eine wichtige Rolle bei der Atmung, beim Schutz vor Infektionen und Feinden sowie beim Wasserhaushalt. Lurche nehmen auch durch die Haut Wasser auf und speichern dieses in Lymphsäcken unter der Haut und in der Harnblase. Dadurch trinken Lurche nicht.

Lurche besitzen als Larven Kiemen, als erwachsene Tiere einfache Lungen, die ebenso wie die Hautatmung dem Gasaustausch dienen. Lurche sind wechselwarme Tiere. Das bedeutet, dass sie keine konstante Körpertemperatur aufweisen, sondern diese von der Umgebungstemperatur abhängt. Die Exkretions- und Geschlechtsorgane münden alle in einer einzigen Körperöffnung, der Kloake.

Lurche müssen zur Fortpflanzung das Wasser aufsuchen – auch die an Trockenheit angepassten Arten. Die sich im Wasser entwickelnden Larven, die bei Froschlurchen Kaulquappen genannt werden, atmen zunächst mit Außenkiemen. Erst nach einiger Zeit tritt eine Metamorphose ein, in der sie sich zu lungenatmenden, skelettgestützten Tieren umformen, welche die Gewässer verlassen können.

Lurche bilden eine wichtige Nahrungsgrundlage für viele andere Tierarten. Die erwachsenen Exemplare sind Nahrung vieler Säugetiere, Vögel und Kriechtiere, manchmal auch von größeren Wirbellosen. Sie verfügen außer ihren Hautgiften kaum über aktive Verteidigungsstrategien. Meist vertrauen sie passiv auf Tarnung, Verbergen oder Flucht, manchmal auch auf Imponierverhalten wie das Aufblähen des Körpers oder das Aufreißen des Maules. Der Laich und die Larven im Wasser werden von Fischen, Wasservögeln und Larven der Wasserinsekten sowie von anderen Lurchen gefressen. Daher müssen Lurche für eine sehr große Nachkommenschaft sorgen, denn nur aus einem winzigen Bruchteil der produzierten Eier und Larven werden später geschlechtsreife Tiere.

Lurche kommen auf allen Kontinenten mit Ausnahme der Antarktis von der gemäßigten bis in die tropische Zone vor. Durch ihre Abhängigkeit vom Süßwasser wird ihr Lebensraum begrenzt, sodass Trockengebiete nur von wenigen Spezialisten bewohnt werden, deren Larven die kürzeste Entwicklungszeit haben. Auch kalte Hochgebirge werden nicht besiedelt. Die Schwerpunkte der Artenvielfalt befinden sich in den subtropischen und tropischen Zonen, der Neotropis (Süd- und Mittelamerika, Westindische Inseln, Süd-Mexiko), der Paläotropis (Afrika, Indien, Südostasien) und der australischen Region. Die Region der Holarktis (Großteil der nördlichen Hemisphäre) ist vergleichsweise artenarm – besonders das nördliche Eurasien.

Kriechtiere (Reptilien) besitzen eine trockene, schleimlose, aus Hornschuppen bestehende Körperbedeckung. Bei Schlangen und Echsen überlappen sich die Hornschuppen dachziegelartig und werden periodisch als größere zusammenhängende Hautpartien abgestreift („Häutung" - Ecdysis). Besonders ausgeprägt ist dies bei Schlangen.

Die meisten Kriechtiere besitzen einen typischen echsenartigen Habitus: Sie haben einen langen Schwanz und laufen im Spreizgang auf vier Beinen. Alle Schlangen und einige Echsen weichen davon ab, indem ihre Beine und Extremitätengürtel zurückgebildet sind und Hals, Rumpf und Schwanz ansatzlos ineinander übergehen. Ebenfalls stark abweichend sind die Schildkröten, bei denen der Rippenkorb und die Rumpfbeschuppung eine Art Gehäuse bilden, in das sie sich zurückziehen können.

Im Gegensatz zu den Lurchen sind alle Kriechtiere während ihres ganzen Lebens Lungenatmer, das heißt, sie durchlaufen kein durch Kiemen atmendes Larvenstadium. Die meisten Kriechtierarten legen Eier (Oviparie), wenige gebären lebende Junge (Viviparie). Die Eier sind bei den Echsen und Schlangen mit einer pergamentartigen Schale umhüllt. Die Eier der Schildkröten (und auch der Krokodile) besitzen eine feste Kalkschale. Die Kriechtiere sind wechselwarme (poikilotherme) Tiere, die ihre Körpertemperatur so weit wie möglich durch Verhalten regulieren (z. B. durch Sonnenbaden), so dass sich ihre Hauptverbreitungsgebiete überwiegend in südlichen Regionen befinden und die meisten Arten in den Tropen leben. In unseren Breiten bevorzugen sie warme, besonnte Lebensräume. Kälte und knappe Nahrung zwingen sie zur Winterruhe. Zum Überwintern werden passende Verstecke, wie der Wurzelbereich von Bäumen, Erdlöcher, Felsspalten, Hohlräume unter Steinplatten, unter totem Holz oder in Kleinsäugerbauten aufgesucht.

Die bekannte Artenzahl der Lurche der Gegenwart wird auf über 7000 Arten beziffert. Die IUCN gibt für 2014 insgesamt 6414 Arten an. Die von dem *American Museum of Natural History* erstellte Online-Datenbank „Amphibian Species of the World" unterscheidet in ihrem aktuellen Update 7594 Arten (Stand: Februar 2017). Gegenüber älteren Übersichten liegen diese Zahlen deutlich höher, was auf neue Methoden in der taxonomischen Forschung zurückzuführen ist. In der Folge kommt es vermehrt zur Anerkennung des Artranges für früher nur als Unterarten behandelte Taxa. Es werden aber auch immer noch bisher unbekannte, nicht beschriebene Arten entdeckt, insbesondere bei tropischen Froschlurchen. Der europäische Kontinent, einschließlich seiner Inseln, ist ausgesprochen arm an Lurcharten. Von den über 7000 Arten weltweit kommen hier nur 40 Schwanzlurch- und 48 Froschlurcharten (inklusive drei Hybriden bei den „Wasserfröschen") vor (GLANDT 2014). Deutschland weist Vorkommen von 19 Arten und eine Hybride auf. Dabei handelt es sich im Einzelnen um sechs Schwanzlurch- und 14 Froschlurcharten oder -formen.

Von den Kriechtieren werden weltweit aktuell 10.272 rezente Arten unterschieden. Davon kommen in Europa 16 Schildkrötenarten, 103 Echsenarten und 52 Schlangenarten vor, insgesamt also 171 Kriechtierarten (GLANDT 2014). In Deutschland wiederum sind bis heute 14 Kriechtierarten nachgewiesen: eine Schildkrötenart, sieben Echsenarten und sechs Schlangenarten.

Die Erfassung der Herpetofauna der Region

„Als LUTHER die Bibel übersetzte, war ihm das laute und andauernde Geschrei der Frösche sehr lästig, weshalb er sie verwünschte; seither läßt sich im Schanzgraben zu Wittenberg keiner mehr hören." (nach: BÄCHTOLD-STÄUBLI 1927–1941). Ob dieses Zitat der Wahrheit entspricht oder der Legende zuzuordnen ist, lässt sich wohl nicht mehr nachprüfen. TREU (2004) führt es in seiner Beschreibung von Luthers Beziehung zu den Tieren nicht an, jedoch mehrere andere, in der sich der Reformator, wie es in seiner Zeit üblich war, sehr abfällig über Schlangen auslässt, u. a.: „Ob sie schläft oder wacht, kriecht oder ruht, niemals ist die Schlange gerade ausgestreckt, sondern immer gekrümmt und verdreht. So ist auch der Teufel niemals gerade." Oder: „Schlangen und Affen sind von allen anderen Tieren dem Teufel unterworfen. Er benutzt sie, um die Leute zu betrügen und ihnen zu schaden." Diese Bemerkungen belegen, dass sich im mittelalterlichen Wittenberg die Frösche und Schlangen (und die mit ihnen verwandten Lebewesen) keiner großen Beliebtheit erfreuten. Es sind auch keine Überlieferungen bekannt, ob die naturwissenschaftlichen Gelehrten der ehemaligen Universität Wittenberg sich den in der Region vorkommenden Lurchen und Kriechtieren widmeten.

Dieses Desinteresse blieb wohl lange erhalten. Während später andere Tiergruppen, wie die Vögel oder Schmetterlinge, die Aufmerksamkeit der Wittenberger fanden (Gründung der Fachgruppe Ornithologie und Vogelschutz durch Dr. OTTO KLEINSCHMIDT oder der Fachgruppe Entomologie durch FRANZ EICHLER), waren die Lurche und Kriechtiere in der Wittenberger Region auch weiterhin „Stiefkinder" des Interesses. Selbstverständlich gab es auch in Wittenberg Terrarianer, die heimische Arten in Terrarien hielten und „Tümpeltouren" durchführten. Aber erst als sich der als oberärztlicher Chirurg am Paul-Gerhard-Stift arbeitende Dr. med. WOLFRAM JAKOBS, der sich in seiner Freizeit der Beobachtung der heimatlichen Natur widmete, intensiver dieser Tiergruppe zuwandte, rückte sie zunehmend in das Bewusstsein der hiesigen Menschen. Seine Bemühungen, Schutzbestrebungen für Lurche und Kriechtiere der Öffentlichkeit nahe zu bringen, fanden langsam fruchtbaren Boden.

Im Jahr 1979 fanden sich dann in Wittenberg einige Gleichgesinnte in einer Fachgruppe „Feldherpetologie" des Kulturbundes zusammen, nachdem sich am 7. Januar 1978 auf Initiative von JÜRGEN BUSCHENDORF in Halle im Rahmen des Kulturbundes ein Arbeitskreis Feldherpetologie (später „Bezirksarbeitskreis Feldherpetologie Halle") gegründet hatte. Die Wittenberger Fachgruppe wurde von IRENE SEIFERT, später von JÜRGEN BERG geleitet. Um einen Überblick über den Bestand der Lurch- und Kriechtierarten zu erhalten, stellte sich die Fachgruppe die Aufgabe, zunächst alle Gewässer zu erfassen und ihr Artenspektrum zu untersuchen. Während der Herbst- und Wintermonate trafen sich die Mitglieder monatlich zu Fachvorträgen, um die Artenkenntnis zu verbessern. Im Frühjahr und Sommer unternahmen sie gemeinsam, gruppenweise oder einzeln Exkursionen zu den Gewässern und versuchten mit dem Käscher die vorkommenden Arten zu erfassen. Es wurde begonnen, die Beobachtungen zentral zu erfassen, wie es damals üblich war zunächst auf Lochkarten. In den 1980er Jahren wurden die Beobachtungen zu „Jahresberichten" zusammengefasst, vervielfältigt und verteilt. Zum 5-jährigen Bestehen der Fachgruppe wurde ein Erinnerungsteller herausgegeben.

Die Zahl der interessierten Mitarbeiter steigerte sich und betrug zeitweilig um die 25: W. Bäse, U. & J. Berg, P. Braun (†), F. Eichler (†), R. Fischer, A. Frey, A. Gäbler, K. & H. Glöckner (†), G. Hannemann, J. Herrmann, A. Hinkel, R. Hirschfeld, V. Jakobs, Dr. W. Jakobs (†), K. Jauer (†), D. Kauerauf (†), G. Köhler (†), A. Korschefsky, F. Kucera, G. Lennig (†), F. Müller, G. Neumann, Dr. J. Placke (†), A. Pötzsch, Dr. G. Rauchfuß, B. Richter, Dr. P. Sacher, G. Seifert, I. & M. Seifert, H. Zuppke, Dr. U. Zuppke.

An den Veranstaltungen des Bezirksarbeitskreises, wie Vortragstagungen oder Exkursionen wurde teilgenommen. Im Mai 1980 fand die Bezirksexkursion im Kreis Wittenberg statt und die Fachgruppenmitglieder führten die Gäste zu Laichgewässern in der Region, so auch zur Kiesgrube Teuchel, die damals noch ein bedeutendes Vorkommensgebiet für Molche, Kröten und Frösche war, später aber als zentrale Mülldeponie genutzt wurde. Ebenso wurde das Gewässer an der Griebohalde aufgesucht, in dem es ein stabiles Rotbauchunken-Vorkommen gab, das dann aber zunehmend von der Schadstoffdeponie des Stickstoffwerkes zugeschüttet wurde. Am 19. Juni 1983 führte die Bezirksexkursion erneut in den Kreis Wittenberg (HAENSCHKE 1984). Dr. W. JAKOBS führte zu den Feldsöllen und Kleingewässern im südlichen Vorfläming und erläuterte die Artkennzeichen des Kleinen Wasserfroschs, da die meisten Exkursionsteilnehmer mit dieser Art noch wenig vertraut waren.

Am Gewässer an der Griebohalde versuchte die Fachgruppe mit mehreren Aktionen, die individuenstarke Unkenpopulation umzusiedeln. Fast 700 Rotbauchunken wurden gefangen und in Gewässern des Vorflämings umgesetzt. Allerdings zeigte sich in den Folgejahren, dass in den Aussetzungsgebieten keine dauerhaften Populationen begründet wurden und diese Umsetzung also erfolglos verlief. Weiterhin wurden von den Mitgliedern der Fachgruppe Pflegeeinsätze an Laichgewässern durchgeführt, wie Entbuschungen oder Reduzierung des Schilfbestandes.

Im Zusammenwirken mit einigen Betrieben und der Naturschutzbehörde, deren damaliger Mitarbeiter PETER BRAUN (†) zugleich Mitglied der Fachgruppe war, wurde versucht, zusätzlichen Lebensraum für die Lurchfauna zu schaffen. So entstanden in den Revieren des Staatlichen Forstwirtschaftsbetriebes „Dübener Heide" etliche neue Kleingewässer in dem eigentlich gewässerarmen Waldgebiet. Mit der Fischereigenossenschaft erfolgten Absprachen zum rechtzeitigen Bespannen der Fischteiche. Mit der für das Kreisgebiet zuständigen Meliorationsgenossenschaft Pratau wurde 1983 ein so genannter „Freundschaftsvertrag" geschlossen, mit dem Ziel: 1. Gemeinsames Wirken zur Erhaltung bzw. Schaffung notwendiger Lebensräume und 2. Rechtzeitige Information und Abstimmung zur Rettung von Tieren und Pflanzen bei durchzuführenden landschaftsverändernden Maßnahmen, die eine Zerstörung des bestehenden Biotops bedeuten.

Die gesammelten Erkenntnisse der Fachgruppe Wittenberg über das Vorkommen der einzelnen Lurch- und Kriechtierarten wurden auch veröffentlicht, besonders von JAKOBS (1985, 1986, 1990) und BERG et al. (1988). Sie fanden auch Eingang in zentrale Übersichten, wie z. B. in BUSCHENDORF (1984), SCHIEMENZ & GÜNTHER (1994), GROSSE & NAUMANN (1995) sowie MEYER et al. (2004) und GROSSE et al. (2014), wobei an den beiden letzteren mit JÜRGEN REUSCH (Jessen), Dr. BERND SIMON (Plossig) und Dr. UWE ZUPPKE (Wittenberg) auch Mitarbeiter aus dem Kreis Wittenberg an der Herausgabe beteiligt waren.

Die politische Wende brachte einen großen Einschnitt in der feldherpetologischen Arbeit, da die bisherige Organisationsform des Kulturbundes (bzw. Gesellschaft für Natur und Umwelt) mit den Fachgruppen wegfiel. 1993 erfolgte ein Neubeginn im Landesmaßstab unter der Organisationsform des Naturschutzbundes (NABU). Ab 1995 wurden landesweite Erhebungen auf MTB-Basis durchgeführt, die 2004 zu einer Landesfauna der Lurche und Kriechtiere zusammengefasst wurden (MEYER et al. 2004). Eine Vielzahl von Daten wurde nun auch im Rahmen von Umweltverträglichkeitsuntersuchungen (UVS) oder Landschaftspflegerischen Begleitplänen (LPB) gewonnen. Durch den Europäischen Landwirtschaftsfond für die Entwicklung des ländlichen Raumes erfolgte die Finanzierung einer Erfassung der so genannten „FFH-Arten" in FFH-Gebieten und Flächen mit hohem Naturschutzwert in den Jahren 2009–2013. An dieser Erfassung nahmen in der Wittenberger Region auch herpetologisch versierte Kartierer teil, wie J. BERG, R. HENNIG, U. HEISE, T. KARISCH, J. REUSCH, A. SCHONERT, B. SIMON und U. ZUPPKE. Der enorme Zuwachs an Verbreitungsdaten für diese Arten, aber auch für „Nicht-FFH-Arten" führte dann zur Neubearbeitung der Landesfauna (GROSSE et al. 2014). Die Erfassung von Vorkommensdaten von Lurchen und Kriechtieren ist auch weiterhin dringend geboten, um die Entwicklung dieser Vorkommen und des Bestandes der einzelnen Arten verfolgen zu können. Allerdings erfolgt dies derzeit nur lokal von Einzelpersonen, wobei unklar ist, ob die Beobachtungsergebnisse überhaupt schriftlich fixiert werden. Sie werden dadurch leider auch nicht mehr zentral zusammen geführt und erfasst.

Die Betreuer an den mobilen Amphibienschutzanlagen an den Straßen, die dem nach 1990 verstärkten Verkehrsaufkommen Rechnung tragend, an den Schwerpunkten der Amphibienwanderung aufgebaut werden, bestimmen die gefangenen Arten sowie erfassen die Anzahl der geborgenen Tiere und melden diese nach Abschluss der Fangaktion der UNB. Wenn auch die Artbestimmungen bei den Braun- und Wasserfröschen mitunter mit Unsicherheiten behaftet sind, bietet dieser Datenpool wertvolle Hinweise für die Bestandsentwicklung. Die Beteiligung von Schülergruppen an diesen Aktionen, wie anfangs von der Heinrich-Heine-Schule Reinsdorf praktiziert, verbietet sich infolge des starken Verkehrsaufkommens aus Sicherheitsgründen. Allerdings betreut diese Schule mit Schülergruppen unter Leitung von Frau G. KÖHLER den „Krötenzaun" an der Zufahrtstraße zur Schule und übermittelt alljährlich ihre Erfassungsergebnisse der Naturschutzbehörde. Am Gymnasium Jessen ist eine Schülergruppe unter Leitung von J. REUSCH herpetologisch tätig und verfolgt die Besiedlung der Kiesabbaustätten bei Steinsdorf - Dixförda und ist dafür bereits mit Preisen ausgezeichnet worden.

Neben der Auswertung der regionalen Datenbank (WINART-Datei) haben für die vorliegende Ausarbeitung zahlreiche Personen, Behörden und Institutionen den Autoren ihre Beobachtungen oder Meldungen mündlich oder schriftlich mitgeteilt. Unbedingt zu erwähnen sind die zahlreichen Helfer, die täglich die Amphibienschutzanlagen an den Straßen kontrollieren, die in den Fangeimern gefangenen Tiere bestimmen, zählen und über die Straßen tragen, um sie an den Gewässern gefahrlos auszusetzen. Die Ergebnisse ihrer fleißigen Tätigkeit wurden für diese Übersicht mit verwertet. Ihnen gebührt für diese Leistung der uneingeschränkte Dank. Dies gilt auch für die uns nicht bekannten und daher hier leider nicht genannten Helfer.

Stellvertretend für alle weiteren danken wir folgenden Personen und Einrichtungen:

Herr Andersch
Frau Barth. Ch. (Rackith)
Frau und Herr Batek (Jüdenberg)
Herr Behrend, G. (Gräfenhainichen)
Herr Berg, J. (Kemberg)
Herr Berg, A. (Wittenberg)
Herr Berg, R.
Herr Berger, R. (Annaburg)
Frau Biermann, D.
Herr Bieselt, U. (Jessen)
Herr Braun, P. (Wittenberg) †
Herr Ehlert, E. (Holzdorf)
Frau Elz, I. (Apollensdorf)
Herr Gerth, W.
Herr Glöckner, K. (Leipzig) †
Herr Groschup, M. (Bergwitz)
Herr Grünert
Herr Günther (Möhlau)
Frau Hanl, H. (Apollensdorf)
Herr Hannemann, G. (Wittenberg)
Herr Heinrich (Coswig)
Herr Heise, U. (Dessau)
Frau Henkelmann, P. (Wittenberg)
Herr Hennig, R. (Heinrichswalde)
Herr Hepke, H. (Bülzig)
Herr Herrmann, J. (Eutzsch)
Herr Hilgenhof, S. (Wittenberg)

Herr Hinkel, A. (jetzt Hamburg)
Herr Hirschfeld, R. (Schmilkendorf)
Herr Jakobs, Dr. W. (Wittenberg) †
Herr Jakobs, V. (Neuenhagen/NWM)
Frau Jantz
Herr Jauer, K. (Rackith) †
Herr Joestel, Dr. V. (Wittenberg)
Herr John, W. (Wittenberg)
Herr Jurgeit, F. (Sollnitz)
Herr Kauerauf, D. (Zahna) †
Herr Karisch, Dr. T. (Dessau)
Herr Kettner (Wittenberg)
Frau Kirmes † (Apollensdorf)
Herr Kluge, Dr.
Frau Köhler, G. (Reinsdorf)
Frau Körnicke
Frau Krummhaar, B. (Wittenberg)
Herr Lotter
Herr Lubitzki, P. (Wartenburg)
Frau Mattigit, K. (Kakau)
Frau Meißner, J. (Bad Schmiedeberg)
Frau Mende, B. (Raßdorf)
Herr Mitzka, A. (Schwemsal)
Herr Nehring, K. (Annaburg)
Frau Planert (Gräfenhainichen)
Herr Poppe, P.
Herr Pötzsch, A. (Ateritz)

Herr Puhlmann, G. (Griebo)
Herr Rauchfuß, Dr. G. (Bad Schmiedeberg)
Herr Raschig, P. (Jessen)
Herr Reichhoff, Dr, L. (Horstdorf)
Herr Reusch, J. (Jessen)
Herr Reuter, M. (Halle)
Herr Richter, A. (Schmilkendorf)
Frau Rohte, I.
Frau Schacht, M. (Hundeluft)
Frau Scharapenko, S. (Globig)
Frau Schneider (Euper-Abtsdorf)
Herr Schneider, E. (Premsendorf)
Herr Schonert, A. (Bleddin)
Herr Schönau, H.-D. (Tornau)
Herr Schrödter
Frau Schumacher, A. (Dessau)
Frau Seifert, I. (Wittenberg)
Herr Seifert, G. (Mühlanger)
Herr Seyring, M. (Halle)
Herr Simon, Dr. B. (Plossig)
Herr Simon, U. (Prettin)
Herr Tuchelt, G. (Möhlau)
Herr Tukay, T
Herr Weißköppel, G.
Herr Wolter, C.-R. (Zieko)
Herr Zuppke, H. (jetzt Dresden)
Herr Zuppke, Dr. U. (Wittenberg)

Untere Naturschutzbehörde Wittenberg
Landesbetrieb für Hochwasserschutz und Wasserwirtschaft Wittenberg
Landesamt für Umweltschutz Sachsen-Anhalt, Abt. Naturschutz
Biosphärenreservat Mittlere Elbe

Links: Wichtiger Bestandteil der Fachgruppenarbeit war die gemeinsame Bestandserfassung und Kontrolle der Laichgewässer (Foto: J. Berg). Rechts: Arbeitseinsätze zur Pflege und Erweiterung von Laichgewässern waren Bestandteil der Jahresprogramme der Fachgruppe (Foto: P. Sacher) (beide aus BERG at all 1988).

Auf gemeinsamen Exkursionen, hier 1980 nach Heinrichswalde, wurde die Artenkenntnis erweitert und gefestigt. Rechts unten im Bild Dr. Wolfram Jakobs beim Erklären der Artkennzeichen vom Moorfrosch im Unterschied zum Grasfrosch (Foto: U. Zuppke).

1980 führte eine Fachexkursion zur Teucheler Tongrube, deren Sohle damals wasserbedeckt und ein artenreiches Laichgewässer für viele Lurche war, später aber als Mülldeponie genutzt wurde und inzwischen vollkommen verfüllt ist (Foto: U. Zuppke).

Als 1980 das Vorkommen der Rotbauchunke im Gewässer in der Elbaue bei Griebo durch das Anwachsen der Schadstoffdeponie des Stickstoffwerkes Piesteritz (im Bildhintergrund) bedroht war, fingen die Mitglieder der Fachgruppe über 700 Unken und setzten sie um (Foto: U. Zuppke).

Links: Erinnerungsteller zum 5-jährigen Bestehen der Fachgruppe „Feldherpetologie" Wittenberg im Jahr 1984 (Foto: U. Zuppke). Rechts: Die damals unter Schutz gestellten Amphibien-Laichgewässer wurden noch mit selbst gefertigten Schildern gekennzeichnet (Foto: J. Berg aus BERG at all 1988).

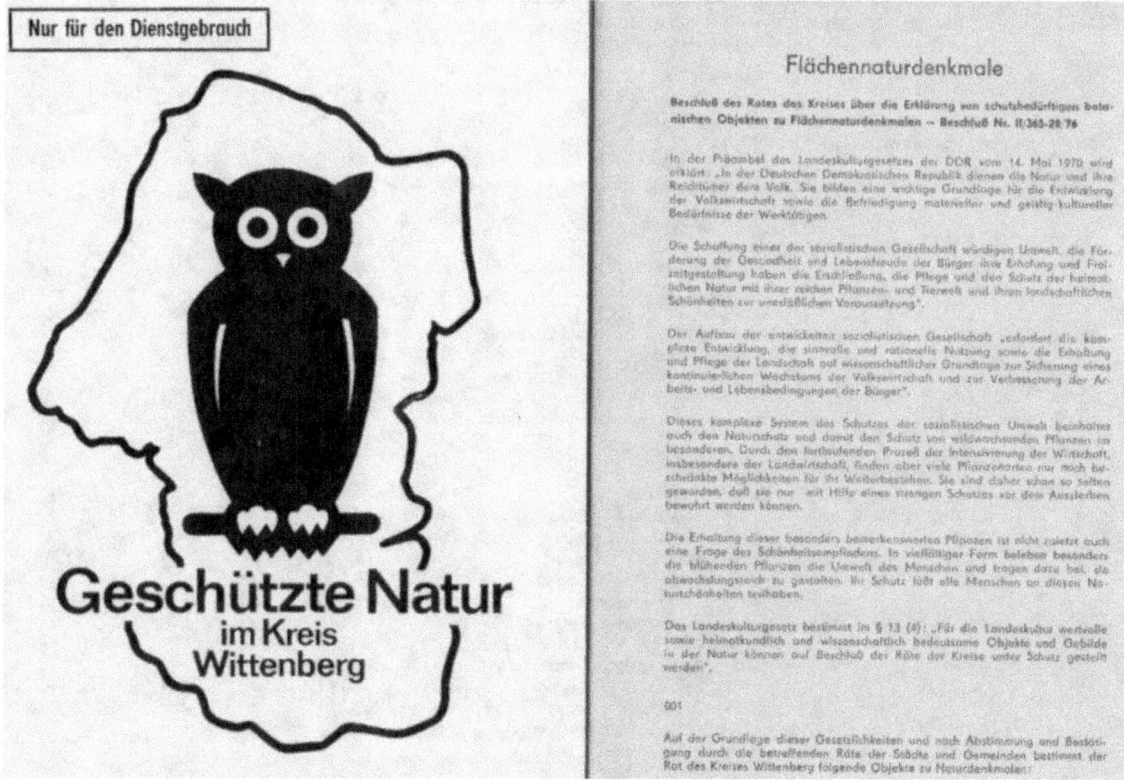

Der Beschluss des Rates des Kreises zur Unterschutzstellung von Amphibien-Laichgewässer als FND im Jahr 1976 wurde zwar als Broschüre gedruckt, aber leider als „Nur für den Dienstgebrauch" nicht für die breite Öffentlichkeit verbreitet (Foto: U. Zuppke).

Kulturbund der DDR
Fachgruppe Feldherpetologie Wittenberg

Feldherpetologische Beobachtungen 1982 im Kreis Wittenberg

Beobachter:

Be	= Jürgen und Ute Berg		Ku	= Frank Kusera
Br	= Peter Braun		Le	= Günther Lennig
Ei	= Franz Eichler		Ma	= Ralf Martens
Glö	= Helga u. Klaus Glöckner		Me	= Erika u. Michael Menz
Ha	= Günter Hannemann		Pla	= Dr. Joachim Placke
He	= Jörg Herrmann		Pö	= Andreas Pötzsch
Hei	= Oswin Heinrich		Sei	= Irene Seifert
Hi	= Arthur Hinkel		G.Sei	= Günter Seifert
Ja	= Dr. Wolfram Jakobs		Zu	= Uwe Zuppke
Jag	= Dr. Horst Jage		H.Zu	= Heiko Zuppke
Kau	= Dieter Kauerauf			

Abkürzungen:

m	= männlich		Lsch	= Laichschnüre
w	= weiblich		L	= Larven
juv	= juvenil=Jungtier		dj	= diesjährig
ad	= Adult=Alttier		vj	= vorjährig
R	= Rufe		fgs	= frisch geschlüpft

Datum	Häufigkeit	Ort der Beobachtung	MTB-Quadrant	Habitat	Beobachter

Kammolch (Triturus cristatus)

Datum	Häufigkeit	Ort der Beobachtung	MTB-Quadrant	Habitat	Beobachter
1.5.	1w	Kiesgrube Jahmo	4042/1	1.2.7.2	Ja
13.5.	4m,6w	Seehofteich Splau Anm.1)	4242/4	1.2.4	H.Zu,Ku
23.5.	einige	Griebohalde	4141/1	1.2.7.2	Sei
23.6.	2L	Weiher östl.Str. B.Schmiedeberg./Ogkeln	4242/3	1.2.4	Ja
26.6.	2 ad	Waldweiher Apollensdorf/N., unter Plane in Landtracht	4041/3	"	"
"	1 ad	Waldrand westl. Apollensdorf/N., Baumst.		2.3.2	"
27.6.	einige	Griebohalde	4141/1	2.16.1	Sei
30.6.	4 L	Grubenweiher südl. Kropstädt, im Wald	4042/1	1.2.4	Ja
11.7.	mehrere	am Schloßteich Reinharz	4242/3	2.4.2/1.2.4	Be
30.7.	2	Griebohalde	4141/1	2.16.1	Sei
21.8.	1 ad	Feldsoll östl. Kropstädt, unter Holz	4042/2	2.14	Ja
25.8.	3 große L	Kiesgrube Grabo	4041/2	1.2.7.2	"
29.8.	1 juv	Waldweiher westl.Bülzig, unter Holz	4142/1	2.14	"
"	1 ad	Grubensee Ziegelei " " "			
		Kastanienallee Apollensdorf/Nord	4141/1		Ei

Teichmolch (Triturus vulgaris)

Datum	Häufigkeit	Ort der Beobachtung	MTB-Quadrant	Habitat	Beobachter
17.3.	1m	Dorfteich Teuchel	4141/2	1.2.4	Ja
24.3.	1m (Hochz.kl.)	Waldweiher Apollensdorf/Nord	4141/1	1.2.7.2	H.Zu
31.3.	1m,1w	Feldweiher westl. Jahmo	4042/1	1.2.4	Ja
3.4.	1w	Grubenweiher östl. Assau	"	"	"
4.4.	1m	Zentr. Mülldeponie Teuchel Anm.2)	4041/4	1.2.7.1	"
11.4.	2w	Waldweiher Nudersdorf	4041/3	1.2.4	"
21.4.	1m	Tongruben südl. Str. Straach/Berkau	4041/2	1.2.3	"
28.4.	1w	Fünf-Ruten-Pfuhl Schmilkendorf	4041/4	1.2.4	"
"	ca. 20	gestauter Bach nördl. Str. Mochau/Schm.	"	1.1.2	"
30.4.	6	Zentr. Mülldeponie Teuchel Anm.2)	4041/4	1.2.3	Sei
1.5.	1w	Kiesgrube Jahmo	4042/1	2.14	Ja
"	1w,4m	Tagebaurestloch Nudersdorf	4041/3	1.2.7.2	"
2.5.	2w	Weiher am Vorwerk Gallun		1.2.4	"
5.5.	1m	Tonteich östl. Bülzig	4142/2	"	"
8.5.	1w	2 Feldsölle südl. Trebitz	4045/3	"	"
"	1m	Feldsoll nördl. Jahmo	4042/1	"	"
9.5.	zahlr.	Zentr. Mülldeponie Teuchel Anm.2)	4041/4	1.2.7	Sei,Br

Mit damaliger Vervielfältigungstechnik angefertigter „Jahresbericht" 1982

Die Lurch- und Kriechtierarten der Region Wittenberg

Nachfolgend werden alle im Kreisgebiet Wittenberg nachgewiesenen Lurch- und Kriechtierarten vorgestellt und ihre bekannte Verbreitung beschrieben. Es kommen hier 14 Lurcharten, davon drei Schwanzlurch- und elf Froschlurcharten, vor. Weiterhin wurden sechs Kriechtierarten, davon eine Schildkröten-, drei Echsen- und zwei Schlangenarten, im betrachteten Gebiet nachgewiesen. Außerdem wurden in der vergangenen Zeit mehrfach fremdländische Arten festgestellt, die nur durch Entweichen aus der Gefangenschaft oder Aussetzung in die heimische Natur gelangt sein können. Die bekannt gewordenen Fälle werden nach den etablierten Arten behandelt.

Zur Veranschaulichung der Verbreitung wird für jede Art die aktuelle Fundpunktkarte als Ausschnitt aus der Karte der Landesfauna (GROSSE et al. 2015) dargestellt, die auf die vom LANDESAMT FÜR UMWELTSCHUTZ im Rahmen des ELER-Projektes beauftragten Erfassungen von 2009 bis 2013 beruhen und von Marcel SEYRING (LAU) gebietsbezogen bearbeitet und dargestellt wurden.

Die Namensgebung und die Reihenfolge der behandelten Arten richten sich nach der Nomenklatur in der aktuellen „Artenliste der Amphibien und Reptilien Europas und der angrenzenden Atlantischen Inseln" mit Stand vom Februar 2014 (GLANDT 2014).

In den Beschreibungen der Arten steht, wie in zoologischen Veröffentlichungen international üblich, das Marssymbol ♂ (gedeutet als runder Schild und Speer des Kriegsgottes Mars) für Männchen und das Venussymbol ♀ (gedeutet als stilisierter Handspiegel der Liebesgöttin Venus) für Weibchen.

Die etablierten Arten

Lurche (Amphibia)

Ordnung Schwanzlurche

1. Bergmolch - *Ichthyosaura alpestris* (LAURENTI, 1768)

Der Bergmolch ist ein mittelgroßer Wassermolch (♂♂ bis 8 cm, ♀♀ bis 11 cm) mit einem seitlich abgeflachten Schwanz. Die Männchen sind oberseits blaugrau gefärbt und haben eine niedrige schwarz-gelbe Rückenleiste. An den Flanken befindet sich ein silberweißes Band mit schwarzen Flecken, darunter ein hellblaues, das in den leuchtend orangeroten Bauch übergeht, der ungefleckt ist. Die Weibchen sind ähnlich gefärbt, besitzen aber keine Rückenleiste. Während die Haut in der Wassertracht glatt ist, wird sie beim Landleben körnig-rau.

Der Bergmolch kommt im Berg- und Hügelland Mitteleuropas vor, wo Deutschland am Nordostrand des Verbreitungsareals liegt und die Elbe etwa die nordöstliche Verbreitungsgrenze darstellt. In Sachsen-Anhalt liegt sein Hauptverbreitungsgebiet im Harz. Kleinere Vorkommen gibt es inselartig in der nordwestlichen Altmark, dem Flechtinger Höhenzug, den Südwestausläufern der Colbitz-Letzlinger Heide sowie im Helme-Unstrut-Buntsandsteinland. Vom sachsen-anhaltischen Fläming war die Art bislang nicht bekannt (MEYER et al. 2004), lediglich unmittelbar nördlich angrenzend gibt es im Planetal bei Raben/Land Brandenburg ein kleines insuläres Vorkommen (PAEPKE 1983, JAKOBS 1985b).

Aus dem Kreisgebiet Wittenberg waren bisher keine Vorkommen des Bergmolchs bekannt (BUSCHENDORF 1984, JAKOBS 1985a, BERG et al. 1988). In den Jahren 2009 und 2010 wurden im Rahmen der vom Landesamt für Umweltschutz Sachsen-Anhalt beauftragten landesweiten Erfassungen von Lurch- und Kriechtierarten auch im Nordosten Sachsen-Anhalts (rechtselbisch) Untersuchungen durchgeführt. Dabei fand Ralf HENNIG am 2. Juli 2009 einzelne Bergmolche in einer Fahrspur auf einem Waldweg nördlich von Göritz inmitten eines Kiefernforstes im Hochfläming (MTB 3940). Bei nachfolgenden Untersuchungen 2010 wurden an weiteren elf Standorten im sachsen-anhaltischen Fläming Bergmolche nachgewiesen (BERG & HENNIG 2010; BERG & HENNIG 2011). Die Fundorte befanden sich in Höhenlagen von 145 bis 174 m NN. Fünf Nachweise wurden in temporären Kleinstgewässern (Fahrspuren, Tümpel, Pfützen, Wildsuhlen) erbracht, sechs in Stillgewässern (Waldweiher, Jägerteiche, Wildtränken). In den Folgejahren 2011 und 2012 gelangen weitere Nachweise im brandenburgischen Fläming, so dass bisher an insgesamt 48 Fundorten im Fläming Bergmolche nachgewiesen bzw. bestätigt wurden. BERG (2013a) rechnet bei Fortführung der Nachsuche mit weiteren Nachweisen und vermutet eine Ausbreitung, bei der er als eine Ursache Klimaveränderungen erwägt (BERG 2013b).

Der Bergmolch ist in Sachsen-Anhalt eine Lurchart der bodenfeuchten Laubmischwälder (Buchen- und Buchenmischwälder der collinen bis submontanen Stufe [WESTERMANN 2015a]). Von den in der Wittenberger Region erbrachten elf Nachweisen befinden sich fünf Standorte im Laubmischwald und sechs in Kiefernforsten. Bei den dortigen sommerlichen Trockenperioden ist es schwer vorstellbar, wo die Bergmolche ihren Landaufenthalt im Sommer-Lebensraum verbringen. Am 23. April 2011 fanden E. & U. ZUPPKE einen Bergmolch in einer total ausgetrockneten Wegpfütze im Kiefernwald Wildbahn nördlich von Straach unter einem herabgefallenen Ast, mit vollkommen trockener Haut und total mit Erdkrumen behaftet. Diese Abweichung von den von WESTERMANN (2015a) beschriebenen Tagesverstecken, die feucht und kühl sein sollen, ist in den trockenen Lebensräumen des Flämings sicherlich nicht nur eine einmalige „Notlösung". Von den hier vom Bergmolch besetzten Laichgewässern gewährleisten über die Hälfte (Wegpfützen) nicht die benötigte Zeit für die Embryonalentwicklung (14–30 Tage) und Metamorphose (2–4 Monate), da sie nach kurzer Zeit ausgetrocknet sind, so dass von keinen optimalen Habitatbedingungen ausgegangen werden kann, da hier keine Reproduktion gesichert ist.

Es bleibt festzustellen, dass die Bergmolchvorkommen im Fläming der Wittenberger Region stark gefährdet sind. Die temporären Kleinstgewässer unterliegen einer hohen Austrocknungsgefahr. Durch Verfüllung der Fahrspuren im forstlichen Bereich können genutzte Laichgewässer verloren gehen. Hierzu wurden 2010 erste Absprachen zwischen der Naturschutzbehörde Wittenberg und dem hoheitlichen Förster des Besitzers der Waldgebiete nördlich von Göritz, des Fürsten von Hohenlohe, getroffen, demzufolge die Waldwege mit ihren Pfützen erhalten bleiben und während der Fortpflanzungszeit offiziel nicht befahren werden. Eine adäquate Vereinbahrung mit dem Landesforst und möglichst auch mit dem Betreuungsforstamt steht noch aus. In den kleinen Stillgewässern mit Bergmolchvorkommen würde Fischbesatz den Bestand erlöschen lassen, da der Laich bzw. kleine Larven von den Fischen verzehrt werden. Hier wären diesbezügliche Informationen an die lokalen Anglervereine bzw. zutreffenden Gemeinden erforderlich.

Der Bergmolch ist also in der Wittenberger Region eine seltene Lurchart, deren Verbreitung auf eine relativ eng begrenzte Lokalität beschränkt ist. Die erkennbar kleinen Bestände bewohnen nur suboptimale, fast sogar pessimale Lebensräume und unterliegen natürlichen (Witterung) und anthropogen bedingten Gefährdungseinflüssen. Das Vorkommen im Wittenberger Fläming weist eine hohe zoogeographische Bedeutung auf und sollte daher auf lokaler Ebene besondere Beachtung und Schutz genießen.

Der Bergmolch ist nach dem **Bundesnaturschutzgesetz** eine besonders geschützte Tierart. Innerhalb der EU ist der Schutz durch den Anhang III der **Berner Konvention** geregelt. In der aktuellen **Roten Liste der Bundesrepublik Deutschland** (KÜHNEL et al. 2009) ist der Bergmolch nicht gelistet. In der gültigen **Roten Liste Sachsen-Anhalts** (MEYER & BUSCHENDORF 2004) ist er für dieses Bundesland in der Gefährdungskategorie G (Gefährdung anzunehmen, aber Status unbekannt) eingruppiert. (Die Erläuterung der Begriffe der gesetzlichen Grundlagen und der Schutzkategorien der Roten Listen erfolgt im Kapitel „Schutz heimischer Lurche und Kriechtiere" ab S. 162 bzw. im Kapitel „Zusammenfassung" ab S. 204).

2. Teichmolch - *Lissotriton vulgaris* (LINNAEUS, 1758)

Der Teichmolch ist eine kleine Molchart, die nur bis zu 8 cm lang wird. Molche gleicher Größe sind in Deutschland der Bergmolch und der Fadenmolch (*Lissotriton helveticus*). Die Männchen des Teichmolchs zeichnen sich gegenüber diesen beiden anderen Arten durch einen stark entwickelten Rückenkamm aus, der ohne Einkerbung in den Schwanzkamm übergeht. Die Oberseite ist gelb-grünlich bis graubraun mit dunklen Flecken gefärbt, die Unterseite intensiv orange bis rot. Die kleinen dunklen Punkte auf dem Bauch unterscheiden beide Geschlechter vom Berg- und Fadenmolch. Auffallend ist die Unterseite des Schwanzsaums beim Männchen, die blau und orange gefärbt ist. Die Weibchen haben keinen Kamm auf Rücken und Schwanz. Der auffällige Rückenkamm der Männchen bildet sich beim sommerlichen Landleben zurück.

Der Teichmolch ist weit verbreitet und fehlt in Europa nur in Nordskandinavien, auf der Iberischen Halbinsel, in Westfrankreich und Süditalien. In Deutschland gehört er zu den weit verbreiteten Arten, von deren Vorkommen es nur kleine Verbreitungslücken gibt, am ehesten im Alpenvorland und in den Alpen. Auch in Sachsen-Anhalt ist der Teichmolch über das ganze Land verbreitet und besiedelt nach der aktuellsten Erfassung 91 % aller Messtischblätter (BUSCHENDORF 2015). Nur in den Ackerebenen und im Mittelgebirgsvorland sind die Vorkommen durch die geringere Zahl der Laichgewässer sehr zerstreut.

Die Region um Wittenberg ist vom Teichmolch infolge der Gewässerdichte sehr dicht besiedelt. Da der Teichmolch recht anspruchslos ist, findet er in fast jedem Gewässer Bedingungen zur Fortpflanzung. MALCHAU & SIMON (2010) haben sogar eine „Fundpunkthäufung" im Wittenberger Raum festgestellt. Selbst in kleinsten Gewässern wurde er nachgewiesen. Schon Dr. W. JAKOBS konnte in den 1980er Jahren feststellen, dass der Teichmolch in vielen Kleingewässern des Flämings vorkommt (JAKOBS 1985a). Diese Feststellung wurde bei nachfolgenden Erfassungen und auch für das östlich angrenzende Südliche Fläming-Hügelland bestätigt (MEYER et al. 2004; MALCHAU & SIMON 2010). Nicht nur die Kleingewässer in den Wald- und Wiesengegenden sowie in der Feldflur, sondern auch im urbanen Raum werden von dieser Art besiedelt. So konnten im Mai 1984 aus einer wassergefüllten Baugrube in der Stadt Wittenberg 458 Teichmolche geborgen oder im September 1987 aus einem Gebäudekomplex in Wittenberg-Piesteritz 236 Teichmolche aufgesammelt werden (BERG et al. 1988). Sicherlich kommt er auch in manchem Gartenteich auf Privatgrundstücken vor, wo er durch die Kartierer nicht erfasst werden kann. Als Gewässer mit starkem Teichmolchbesatz wurden im Fläming erfasst: Gewässer an der Arnsdorfer Straße in Jessen, Moospuhl Berkau, Gewässer W Nudersdorf, Aufzuchtgewässer Abtsdorf, Aspentümpel im Stadtwald Wittenberg, Waldtümpel am Triftweg Teuchel, Kiesweiher an der Autobahn Coswig, Weiher NW Bahnhof Elster, Waldweiher Woltersdorf, Waldweiher NW Düben, Fichtenweiher Pfaffenheide, Tümpel am westlichen Ortsrand Iserbegka, Feldsoll N Mark Friedersdorf, Spülteich Sandwäsche Nudersdorf, Wiesentümpel Boßdorf, Wildtränke NE Serno, Weiher Assau, Oberer Tonteich Dobien, ehemalige Grube B Nudersdorf und Waldtümpel N Göritz. In den Moorgräben des Moospuhls bei Berkau fand J. BERG auffalend hell gefärbte Teichmolche. Nach BUSCHENDORF & GÜNTHER (1996) könnte dies durch den Carotingehalt der Nahrung beeinflusst worden sein.

In der Elbaue kommt der Teichmolch spärlicher vor. In den großen Auengewässern wirken die arten- und individuenreichen Fischvorkommen, besonders die Raubfischvorkommen dezimierend, so dass sich wohl keine stabilen Teichmolchbestände etablieren können. Hier beschränkt sich sein Vorkommen oft nur auf ortsnahe Kleingewässer, Feldweiher, Lehmgruben oder Entwässerungsgräben in der Feldflur. Außendeichs gibt es nur wenige Nachweise, wie es schon JAKOBS (1990) feststellte. Dagegen ist die Aue der Schwarzen Elster mit nur kleinen Lücken besiedelt.

Die Gewässer der Dübener Heide werden fast vollständig vom Teichmolch als Laichgewässer genutzt, sofern sie gut besonnt sind. Schon JAKOBS (1986) fand ihn auf allen Messtischblattquadranten. Beim Teichmolch zeichnen sich die Lausiger Teiche als ein Vorkommens-Schwerpunkt ab. An den mobilen Schutzzäunen wurden in den einzelnen Fortpflanzungsperioden bis zur Errichtung der stationären Tunnelanlage u.a. folgende Zahlen an Teichmolchen gefangen (UNB WB):

2002	- 3387	2005	- 1497
2003	- 4916	2005	- 560
2004	- 867	2007	- 4467

Eine annähernd reale Bestandsgröße wurde jedoch nur 2001 sichtbar, als bedingt durch einen zeitigen Temperaturanstieg, die Zäune schon Anfang März aufgestellt wurden. In der Zeit vom 10. März bis 15. April fingen sich allein am Kleinen Lausiger Teich 17.968 Teichmolche in den Fangeimern. Das ist gleichzeitig die höchste Fangzahl in Sachsen-Anhalt (BUSCHENDORF 2004). Weitere Vorkommen sind die Waldteiche bei Reinharz, die Gewässer bei Scholis, in Schköna und bei Radis, die Schleifbachniederung bei Söllichau, die Mühlbachniederung bei Jüdenberg und die Steinbruchseen bei Möhlau. In jüngerer Zeit wurden auch Nachweise aus dem Tagebaugebiet Gräfenhainichen erbracht, ebenso aus der Oranienbaumer Heide. Auch im Landschaftsraum der Annaburger Heide konnte der Teichmolch nachgewiesen werden.

Abgesehen von den Lausiger Teichen handelt es sich bei den Fundpunkten stets um kleine Gewässer (Weiher oder Tümpel). Diese Gewässer können sich im Wald, auf dem Grünland oder in der Feldflur befinden, aber auch im Siedlungsraum. Auch in langsam fließenden Gräben wurde er gefunden. Nachweise im Landhabitat gelingen nur selten, meistens in Gewässernähe. Entgegen mancher Literaturangabe wird er bis in den Sommer (Ende Juli/Anfang August) in den Gewässern gefunden, wo er in günstigen Jahren vermutlich mehrfach ablaicht, denn bis in den September kommen Larven unterschiedlicher Größe und Entwicklungsstadien vor (noch am 25. August 2016 mit Außenkiemen). Am 22. November 2016 wurden auf einem Grabenufer östlich von Schweinitz diesjährige Teichmolche (4–5 cm lang) gefangen, die vermutlich gerade das Gewässer verlassen hatten (B. SIMON). BERG et al. (1988) führen sogar eine Teichmolchlarve von 4 cm Länge vom 19. April 1981 an, die also überwintert haben müsste.

Der Teichmolch hat zahlreiche natürliche Feinde. Teichmolchlarven werden leichte Beute für große Schwimmkäfer, Larven der Großlibellen, Wasserwanzen und Fische. Adulte Teichmolche werden von Raubfischen, Vögeln (Reihern, Störche, Möwen u.a), Ringelnattern, Wieseln, Ratten, Waschbären und Minke erbeutet. Die natürlichen Prädatoren haben bisher jedoch den Teichmolchbestand nicht gefährden können. Viel drastischer wirken die Lebensraumverluste oder -veränderungen, wie Verfüllung der Wasser führenden Senken und Kleingewässer, ganz besonders in Ortsnähe sowie die Einleitung von Abwasser und Ablagerung von Müll und Gartenabfällen. Die Austrocknung der Kleingewässer in Trockenperioden führt zur Vernichtung ganzer Nachwuchsgenerationen, die Trockenlegung von Feuchtgebieten zur totalen Vernichtung von Lebensraum. Nicht zu vernachlässigen sind die Verluste durch den Straßenverkehr, auch wenn sie wegen der geringen Größe der Tiere kaum wahrgenommen werden, wie etwa die 35 toten Teichmolche am 6. April 2008 auf einer Straße in Wittenberg.

In der Wittenberger Region kann insgesamt der Teichmolch als eine sehr verbreitete und häufige Lurchart angesehen werden. Die allgemein auf feuchtgebietsbewohnende Tierarten wirkenden Gefährdungsfaktoren beeinflussen zwar auch den lokalen Teichmolchbestand, haben aber (noch?) nicht zu gravierenden Bestandseinbußen geführt.

Der Teichmolch ist nach dem **Bundesnaturschutzgesetz** eine besonders geschützte Tierart. Innerhalb der EU ist der Schutz durch den Anhang III der **Berner Konvention** geregelt. Auf Grund seiner gegenwärtig noch weiten Verbreitung und großen Häufigkeit ist er weder in der **Roten Liste Deutschlands** noch in der **Roten Liste Sachsen-Anhalts** als gefährdet eingestuft.

3. Nördlicher Kammmolch - *Triturus cristatus* (LAURENTI, 1768)

Die Systematik der Kammmolch-Artengruppe befindet sich in einem grundlegenden Umbruch. Die bisherigen Unterarten werden gegenwärtig als eigene Arten deklariert, wonach es nunmehr sechs Kammmolch-Arten in Europa gibt. In Deutschland kommt neben dem „Nördlichen Kammmolch" in einem sehr kleinen Areal im Süden noch der „Alpen-Kammmolch" vor. Nachfolgend wird der in der Region vorkommende Nördliche Kammmolch wie im normalen Sprachgebrauch als Kammmolch bezeichnet.

Der Kammmolch ist ein großer (♂♂ bis 16 cm, ♀♀ bis 18 cm) Wassermolch, der oberseits dunkelbraun bis fast schwärzlich gefärbt ist und große schwarze Flecken aufweist. Unterseits ist er gelb bis orange gefärbt mit unregelmäßigen, schwarzen Flecken. Die Flanken sind weißlich getüpfelt. Im Frühjahr haben die Männchen auf dem Rücken einen hohen gezackten Hautsaum, der an der Schwanzbasis tief eingekerbt ist. An den Schwanzseiten zeigt sich ein silbrig-weißes Band. Die Weibchen haben keinen Rückenkamm. In der Landtracht bildet sich der Rückenkamm der Männchen zurück, die Haut wird rau und warzig.

Der Kammmolch kommt in Europa von Großbritannien bis zum Ural vor, fehlt aber im nördlichen Skandinavien, Finnland und Russland sowie im südlichen Europa (Iberische Halbinsel, Italien, Balkan). Deutschland ist fast gänzlich besiedelt. Hier fehlt er lediglich in den Watt- und Marschgebieten an der Nordsee, in den ausgesprochenen Ackergebieten und in den Alpen. In Sachsen-Anhalt besiedelt er die gesamte Altmark, das Elbtal und den Fläming in hoher Dichte, während der mittlere und südliche Landesteil mit der Magdeburger Börde, dem Zerbster, Köthener und Halleschem Ackerland, der Querfurter Platte, dem Harzvorland, dem Harz und den Buntsandstein- und Muschelkalkplatten an Saale, Unstrut und Helme in wesentlich geringerer Dichte besiedelt sind.

Auch in der Wittenberger Region weist der Kammmolch eine weite Verbreitung auf. Im Fläming und Südlichen Fläming-Hügelland kommen Kammmolche in fast allen Kleingewässern vor, oft sogar in relativ großer Anzahl. So fing Egon SCHNEIDER bei Kontrollfängen am 28. April 2010 im Fünf-Ruten-Pfuhl bei Schmilkendorf 50 Kammmolche in Eimerfallen (MALCHAU & SIMON 2010). Auch der Vorwerksteich bei Braunsdorf, die Wiesentümpel bei Boßdorf, der Waldtümpel nördlich Göritz, der Stallweiher bei Klebitz, der Weiher an der Bahnlinie bei Elster, der Weiher bei Pülzig, der Stauteich nördlich Cobbelsdorf, der Feldsoll bei Jahmo und der Aspentümpel im Stadtwald Wittenberg weisen große Individuendichten des Kammmolchs während der Laichzeit auf. Gerade letzteres Vorkommen scheint sehr stabil zu sein, denn der Autor (U.Z.) fing hier bereits im Jahr 1953 Kammmolche.

Dagegen gibt es in der Elbaue nur sehr lückenhafte Vorkommen dieser Art. Nicht nur die gewässerarme Ackeraue, sondern auch das gewässerreiche Vordeichland ist nur schwach besiedelt, wie es auch schon die Verbreitungskarte bei BERG et al. (1988) zeigt und von ÖKOTOP (2013) sowie GROSSE & SEYRING (2015a) bestätigt wird. Der Fischbesatz in den Auengewässern dürfte auch bei dieser Art der Grund dafür sein. Die schwache Besiedlung der Überflutungsaue könnte aber auch dadurch bedingt sein, dass die leistungsschwachen Molche in Hochwassersituationen durch die dann herrschende starke Strömung aus den Wiesenweihern, -tümpeln und -kolken vertriftet werden und sich dort keine ständigen Vorkommen etablieren können. Auch die Aue der Schwarzen Elster ist nur lückenhaft besiedelt, wofür die Ursache analog der Elbaue sein dürfte.

In der Dübener Heide kommt der Kammmolch in den Gewässerhabitaten regelmäßig vor, wie es bereits JAKOBS (1986) erkannte. Aktuelle Erfassungen (ÖKOTOP 2013) erbrachten weitere Nachweise, auch in der Tagebauregion Gräfenhainichen und der bis 1990 nicht betretbaren Oranienbaumer Heide. Trotz der Nutzung als Fischteiche sind die Lausiger Teiche, insbesondere der Kleine Lausiger Teich, ein Schwerpunkt des Vorkommens in der Dübener Heide. So wurden im Frühjahr bei den Wanderungen zum Gewässer am mobilen Amphibienschutzzaun Kleiner Lausiger Teich in den Fangeimern bis zur Errichtung der stationären Tunnelanlage folgende Zahlen an Kammmolchen geborgen (UNB WB):

2000 - 158	2004 - 143
2001 - 201	2005 - 124
2002 - 145	2006 - 360
2003 - 169	2007 - 176

Im Jahr 2013 gelangen im Rahmen einer landesweiten Erfassung auch Neunachweise in der Annaburger Heide, die als militärisches Sperrgebiet normalerweise nicht betreten werden darf.

In der Wittenberger Region wurden die Kammmolche überwiegend in Kleingewässern (< 1 ha) festgestellt, die sich in Wald- oder Wiesengebieten befinden. Im Fläming werden aber auch die Feldsölle besiedelt, die inmitten intensiv genutzter Ackerfluren liegen. Da bei den letzteren die Ackernutzung oft bis unmittelbar an das Gewässer reicht, stellt sich hier die Frage nach dem Sommer-Lebensraum auf dem Land. Insgesamt stimmen aber die Habitatanforderungen mit den bei GROSSE & SEYRING (2015a) genannten überein, die überwiegend Kleingewässer < 1 ha gefolgt von Abgrabungsgewässern angeben. Im Gebiet sind die ersten Kammmolche ab Mitte März zu beobachten, die Hauptaktivität liegt aber im April. Direkte Landbeobachtungen sind selten, sie erfolgen meist nur in Gewässernähe. So gibt es auch keine Aussage über die Wanderungsentfernungen in dem Gebiet. Die zu überquerenden Straßen befinden sich stets in unmittelbarer Gewässernähe, so dass auch aus den Aktionen an den Schutzzäunen keine Schlüsse über die Entfernung der Winterquartiere gezogen werden können. Manchmal finden sich Kammmolche in Vertiefungen an Häusern, in Gärten oder Kellern, oftmals von den Anwohnern wegen der orangegelben Bauchfärbung für Feuersalamander gehalten (die hier im Gebiet nicht vorkommen!).

Obwohl der Kammmolch relativ weit verbreitet ist, bestehen für ihn mehrere Gefährdungsursachen. So hat er zahlreiche natürliche Feinde, wie Wasserinsekten (Gelbrandkäfer und seine Larven), Raubfische, größere Wasserfrösche, Ringelnattern, Vögel (Grau- und Silberreiher, Weiß- und Schwarzstorch, Greifvögel u.a.) und Säugetiere (Wildschweine, Iltis, Waschbär). Die größte Gefährdung besteht aber im Verlust seiner Lebensräume, besonders der Laichgewässer durch Verfüllung, Austrocknung, Grundwasserabsenkung, Eintrag von Schad- und Nährstoffen, Vermüllung. Dazu kommt der Verlust der wandernden Tiere durch den Straßenverkehr und Verlust von Laich und Jungtieren durch Fischbesatz.

Insgesamt betrachtet, ist der Kammmolch in der Wittenberger Region eine häufige und verbreitete Lurchart mit naturräumlich bedingten Bestandslücken. Obwohl analog der vorigen Art auch der Kammmolch von den allgemein auf feuchtgebietbewohnende Tierarten wirkenden Gefährdungsfaktoren beeinflusst wird, haben diese in der Region bisher nicht zu gravierenden Bestandseinbußen geführt.

Der Kammmolch ist nach dem **Bundesnaturschutzgesetz** eine streng geschützte Tierart. Innerhalb der EU ist der Schutz durch den Anhang II der **Berner Konvention** geregelt. Weiterhin ist er in den Anhängen II und IV der **FFH-Richtlinie** gelistet. In der **Roten Liste Deutschlands** (KÜHNEL et al. 2009) ist er in der Vorwarnliste eingestuft, als Art also, deren Gefährdung in den nächsten Jahren zu erwarten ist. Da die Zahl der bekannten Vorkommen in Sachsen-Anhalt rückläufig ist und bei der Hälfte der Vorkommen es sich nur um kleine Bestände handelt, ist der Kammmolch in der **Roten Liste Sachsen-Anhalts** (MEYER & BUSCHENDORF 2004) als „gefährdet" (Gefährdungskategorie 3) eingestuft.

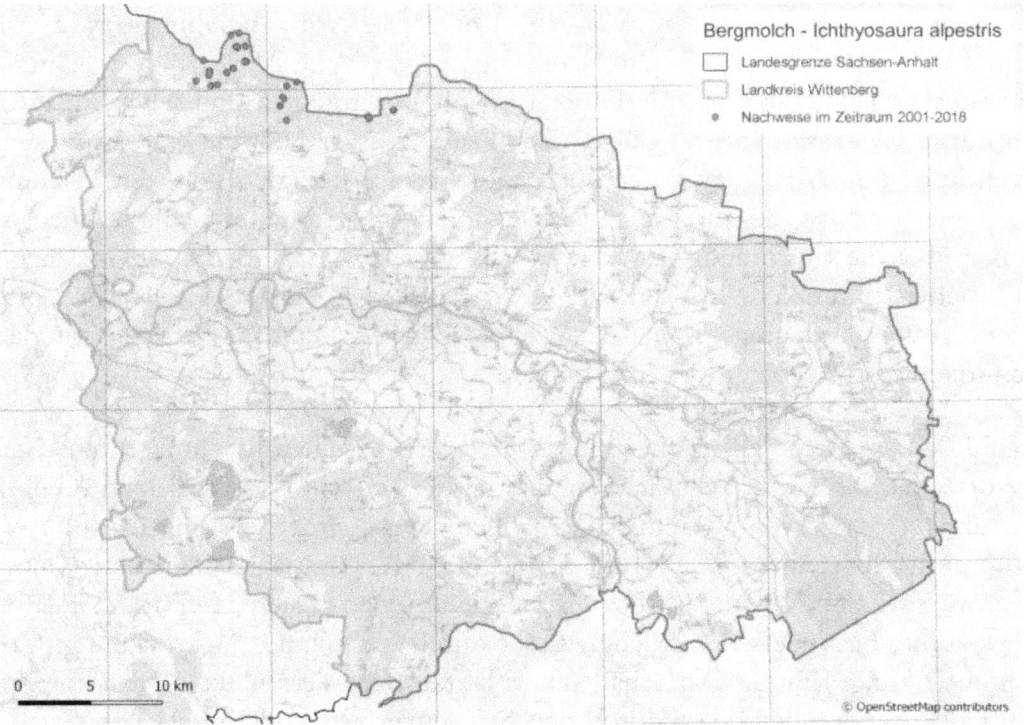

Nachweise des Bergmolchs im Landkreis Wittenberg (Fundpunkte)

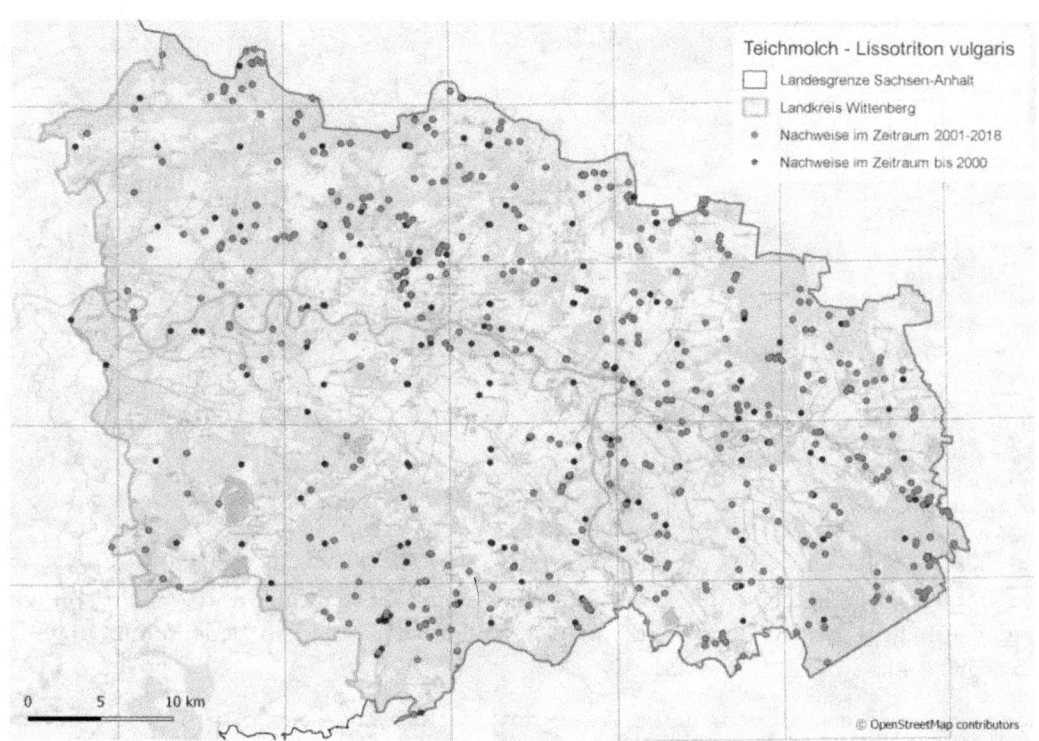

Nachweise des Teichmolchs (oben) und des Kammmolchs (unten) im Landkreis Wittenberg (Fundpunkte)

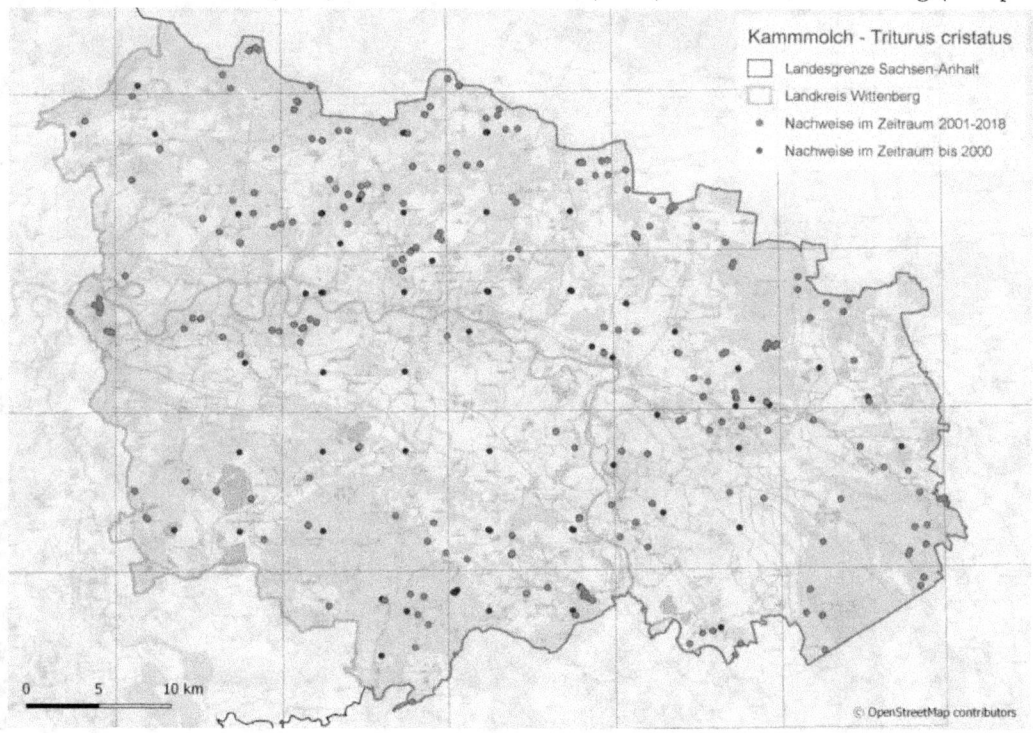

Oben: Bergmolch-Männchen aus einer Wegpfütze im Kiefernwald nordöstlich von Göritz (Aquarienaufnahme am Fundort). Artkennzeichnend ist der orangerot leuchtende, ungefleckte Bauch (Foto: I. Elz).

Unten: Wasserpfütze auf einen Forstweg im Kiefernwald nordöstlich von Göritz als Laich"gewässer" des Bergmolchs, das oftmals jedoch frühzeitig austrocknet (Foto: U. Zuppke).

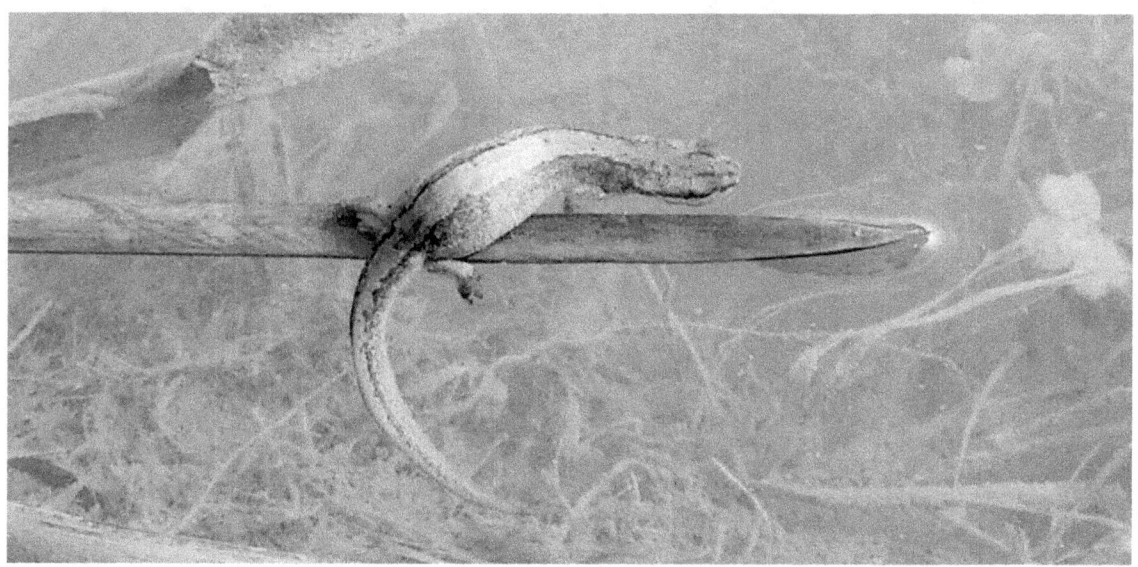

Oben: Ein Teichmolch-Weibchen (ohne Rückenkamm) in einem Entwässerungsgraben in der landwirtschaftlich genutzten Ackeraue bei Bleddin am 21. März 2018 (Foto: I. Elz).

Unten: Teichmolch-Männchen (durchgehender Rückenkamm) aus dem Feldsoll am Karlshof nordöstlich von Kerzendorf am 6. April 2010/Aquarienaufnahme am Fundort (Foto: U. Zuppke).

Oben: Teichmolchlarve mit Außenkiemen aus dem Feldsoll am Karlshof nordöstlich von Kerzendorf im Fläming am 8. Juni 2009/Aquarienaufnahme am Fundort (Foto: U. Zuppke).

Unten: Der „Aspentümpel" am Waldrand des Stadtwaldes Wittenberg (25. März 1999) ist ein seit Jahrzehnten bekanntes Laichgewässer von Teich- und Kammmolchen (Foto: U. Zuppke).

Oben: Ein Kammmolch-Männchen (Rückenkamm vom Schwanzkamm getrennt) aus dem Feldsoll am Karlshof nordöstlich von Kerzendorf im Fläming am 6. April 2010/Aquarienaufnahme am Fundort.

Unten: Eine Kammmolch-Larve aus dem Feldsoll am Karlshof nordöstlich von Kerzendorf im Fläming am 9. Juni 2010/Aquarienaufnahme am Fundort (beide Fotos: U. Zuppke).

Oben: Weiher auf einer großen Wiese nördlich von Boßdorf im Hochfläming am 12. Mai 2010 als ein Laichgewässer für einen individuenreichen Kammmolchbestand (Foto: U.Zuppke).

Unten: Bei der vom Landesamt für Umweltschutz organisierten landesweiten Erfassung wurden 2010 nächtliche Lichtkastenfallen eingesetzt, die eine effektive Bestandserfassung ermöglichen. Dies ist das Ergebnis vom Gewässer auf dem obigen Bild am 29. Mai 2010 (Foto: U. Zuppke).

Ordnung Froschlurche

Die Ordnung der Froschlurche unterteilt sich in fünf Familien: Unken (Bombinatoridae), Krötenfrösche (Pelobatidae), Kröten (Bufonidae), Laubfrösche (Hylidae) und Echte Frösche (Ranidae).

4. Rotbauchunke - *Bombina bombina* (LINNAEUS, 1758)

Die Unken, von denen in Deutschland zwei Arten – die Rotbauch- und die Gelbbauchunke (*Bombina variegata*) – vorkommen, unterscheiden sich von den anderen Froschlurchen durch Besonderheiten im Bau der Wirbelsäule und Rippenbögen sowie durch eine rundliche Zunge, die am Mundhöhlenboden festgewachsen ist, also nicht zum Beutefang vorgeschnellt werden kann.

Die Rotbauchunke ist ein mittelgroßer, krötenartiger Froschlurch mit einer stark warzigen Haut. Ihr fehlen die typischen Ohrdrüsenwülste (Parotiden) der Kröten. Sie hat eine hell- bis dunkelgraue, teilweise grüne Oberseite mit dunkelbraunen bis schwärzlichen Flecken. Charakteristisches Merkmal ist die graue bis schwärzliche Unterseite mit auffälligen orange bis rötlichen Flecken unterschiedlicher Größe und Form, die sich bis zu den Beinen erstrecken, aber keine Verbindung zu den Flecken der Gliedmaßen haben. Unverkennbar ist die Stimme: die Männchen rufen zur Paarungszeit ein lang gezogenes „Uuuh….uuuh…uuuh", das bei Anwesenheit mehrerer Männchen zu einer weithin hörbaren „angenehmen, ständig schwingenden Klangglocke" (NÖLLERT 1992) anschwellen kann.

Die Rotbauchunke ist eine osteuropäisch verbreitete Art, deren westliche Arealgrenze gegenwärtig etwa im Elbtal (mit kleinen Ausläufern nach Niedersachsen) verläuft, so dass sie in Deutschland mit kleinen Ausnahmen fast nur östlich der Elbe vorkommt. Diese Grenze verläuft auch durch die Wittenberger Region (SY & MEYER 2001), wie es auch die Fundpunktkarte aus GROSSE et al. (2015) mit der Konzentration der Fundpunkte entlang der Elbe deutlich zeigt (vgl. S. 72).

Von Pretzsch bis Wartenburg kommt die Rotbauchunke an vielen Gewässern beiderseits der Elbe vor. Ein Verbreitungsschwerpunkt liegt im Raum Pretzsch - Bösewig - Bleddin. Hier werden Gewässer beiderseits des Deichs bewohnt. Frühere Verbreitungskarten (BERG et al. 1988, JAKOBS 1990, ZUPPKE & VOLLMER 2004) zeigen eine große Verbreitungslücke von Elster/Wartenburg über Wittenberg/Pratau bis Griebo/Seegrehna. Da aus diesem Gebiet einige Rufnachweise aus den 1950er Jahren vorliegen, kann angenommen werden, dass diese Lücke früher besiedelt war. Nach den großen Hochwasserereignissen 2002 und 2013 waren im Gebiet um Wartenburg und im Wittenberger Luch wieder Unken zu hören. Sogar in einer größeren, flachen, temporären Wasserpfütze auf einem Acker südöstlich von Seegrehna riefen nach Abzug des Hochwassers am 2. Juli 2013 zwei Rotbauchunken, wo zuvor im weiten Umkreis jahrelang keine vorkamen, so dass sich diese Verbreitungslücke aktuell verkleinert hat. Offensichtlich werden durch Hochwasser Rotbauchunken vertriftet und somit ihre Verbreitung gefördert. Ab Griebo - Coswig nehmen die Nachweise wieder zu und erreichen im Wörlitzer Gebiet einen Schwerpunkt (VOLLMER 1998; VOLLMER 2001). Durch die totale Abschrankung eines Gewässers bei Wörlitz konnte dort ein Bestand von 252 Rotbauchunken, davon 164 adulte Tiere mit 101 Männchen und 63 Weibchen ermittelt werden (VOLLMER & GROSSE 1999). Eigenartigerweise fehlt die Rotbauchunke aber fast gänzlich an der Schwarzen Elster.

Nördlich der Elbe finden sich im Gebiet um Rahnsdorf - Klebitz - Naundorf - Mark Friedersdorf, also im Hochfläming mit Übergang zum Vorfläming, weitere Vorkommen der Rotbauchunke, die nach Norden in Brandenburg ihre Fortsetzung finden (SCHNEEWEIß 1996). JAKOBS (1985) berichtete damals von vier stabilen Vorkommen und drei weiteren mit einzelnen Rufern. In Fortführung dieser Erfassungen fand ZUPPKE (2014) im Fläming 15 Kleingewässer oder Feldsenken mit Rotbauchunken-Besatz, wobei es sich stets um Sölle inmitten der Feldflur handelte:

Lfd. Nr.	Feldsoll	2001	2009	2012
1	2. Feldsoll W Friedemanns Teich	2–3	5–10	
2	1. Feldsoll W Friedemanns Teich	2–3	10–20	
3	FND Friedemanns Teich	5		
4	Feldsoll SE Friedemanns Teich		10	
5	FND Beers Wiese		ca. 50	ca. 50
6	Feldsoll SE Rahnsdorf		5	
7	Gewässer am Silo	2	10–15	1–3
8	Kleingewässer W Klebitz	1	5	
9	Gewässer am Stall Klebitz	10	ca. 50	ca. 50
10	Gewässer am Sportplatz Klebitz	1	1–3	
11	Feldsoll N Klebitz		10	5
12	1. Feldsoll S Klebitz	5	3	
13	2. Feldsoll S Klebitz		2–3	10–15
14	3. Feldsoll S Klebitz		1	
15	Ackersenke S Klebitz			1

	Entfernter liegende Sölle			
16	Feldsoll N Mark Friedersdorf	3	3–5	
17	Feldsoll NE Mark Friedersdorf		1–2	
18	Feldsoll W Kropstädt			1–3

Während die Entfernungen zwischen diesen Feldsöllen maximal 1.500 m betrugen, konnten außerdem an drei weiter entfernten Söllen (3–5 km) bei Mark Friedersdorf und Kropstädt rufende Rotbauchunken nachgewiesen werden (vgl. Detailkarte aus

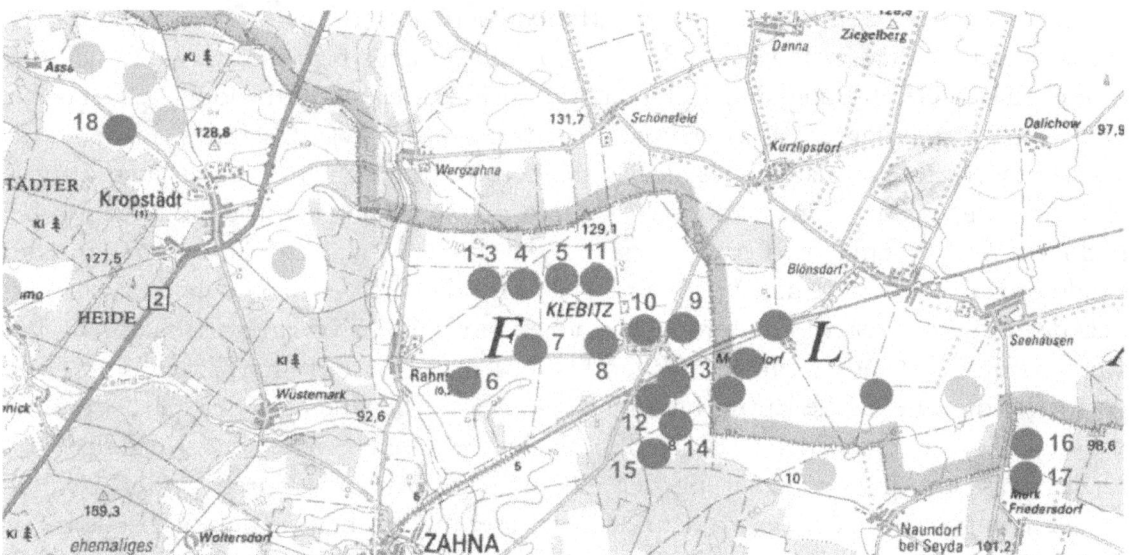

ZUPPKE (2014): schwarze Punkte = Feldsölle mit Unkenvorkommen, graue Punkte = Feldsölle ohne Unkenvorkommen). Dazu kamen noch zwei Nachweise zwischen Fläming und Elbaue bei Zemnick. Das Gebiet um Rahnsdorf - Klebitz erweist sich als die südliche Fortsetzung des brandenburgischen Vorkommensgebietes um Blönsdorf im einheitlichen Naturraum des Hochfläming. Grundlage für diese inmitten der Feldflur relativ isoliert gelegenen Vorkommen ist das Vorhandensein geeigneter Fortpflanzungsgewässer durch die Konzentration der Feldsölle im Gebiet.

Alle diese besiedelten Kleingewässer sind ausnahmslos sonnenbeschienene Flachgewässer mit sub- und emersen Wasser- und Uferpflanzen in der offenen Agrarlandschaft des Flämings, die nicht nur im Hochsommer austrocknen können, sondern in niederschlagsarmen Jahren mitunter auch ganzjährig trocken liegen. Nach GÜNTHER & SCHNEEWEIß (1996) besitzen derartige Gewässer durch diesen Umstand ein eingeschränktes Prädatorenspektrum (keine Wasserinsekten, Fische u.a.), wodurch die

Lurchpopulationen wohl die trockenen, reproduktionslosen Jahre im Rahmen der Lebenserwartung der Individuen überstehen.

GÜNTHER (1996) bezeichnet die Rotbauchunke als „Sorgenkind", deren Bestände durch anthropogene Maßnahmen in weiten Teilen ausgerottet sind oder aber stark schrumpfen. Die Rotbauchunke hat zahlreiche Fressfeinde, wie Grau- und Silberreiher, Weiß- und Schwarzstorch, Mäusebussard und andere Greifvögel sowie Waldkauz. Auch Raubsäuger wie Iltis, Mink, Waschbär und Fuchs fangen sie, wegen des toxischen, übel riechenden Hautsekrets werden die ergriffenen Tiere aber oftmals verschmäht. Durch diese natürliche Prädation war die Rotbauchunke allerdings bisher nicht gefährdet. Die Ursachen der Gefährdung sind vielgestaltig und überwiegend anthropogener Ursache. Die Verschlechterung der Wassersituation (Absinken des Wasserstandes) in den Vorkommensgebieten im Fläming ist hier zu nennen, wo die kleinen Populationen oftmals mehrere Jahre ohne Reproduktion überdauern müssen. Die gefährdende Situation bei geringem Wasserstand wird noch verstärkt durch das verstärkte Auftreten tierischer Prädatoren (z. B. Graureiher, Weißstörche) infolge der leichten Erreichbarkeit der Larven der Lurche. Weitere Gefährdungsursachen sind: intensive landwirtschaftliche Bewirtschaftung der angrenzenden Flächen bis in den Uferbereich mit Eintrag von Düngestoffen, die eine rasche Eutrophierung der Gewässer bewirken, in der Elbaue die Beweidung des angrenzenden Grünlandes bis in die Uferbereiche, das Verfüllen von Kleingewässern, die Verkleinerung der feuchten Lebensräume durch veränderte Flächennutzungen sowie der Besatz der Kleingewässer mit Fischen (z. B. Goldfische).

In der Wittenberger Region war in den 1970/80er Jahren das Gewässer an der „Griebohalde", der Abfallhalde des Stickstoffwerkes, in dem es ein individuenstarkes Rotbauchunken-Vorkommen gab, durch das Fortschreiten der Deponie bedroht. 1980 entschloss sich die Fachgruppe Wittenberg zu einer Umsetzungsaktion: Auf drei Fangexkursionen wurden fast 700 Rotbauchunken gefangen und in den Schwemmpuhl Apollensdorf-Nord, in den Biberstau Wüstemark und den Fünf-Ruten-Puhl Schmilkendorf, alles Gewässer im Vorfläming, umgesetzt. Die Unken wurden dort jedoch nicht heimisch und begründeten keine dauerhaften Ansiedlungen, so dass dieser Aktion leider kein Erfolg beschieden war (ob die Ursache dafür die Laichplatztreue der adulten Froschlurche ist, bleibt spekulativ!).

Ein Ergebnis kooperativer Zusammenarbeit zum Schutz der Rotbauchunke konnte im Gebiet der Rahnsdorfer Feldsölle erreicht werden: Dank überzeugender Argumente konnte 1980 der damalige LPG-Vorstand dazu bewegt werden, zwischen den inmitten der bewirtschafteten Feldflur liegenden zwei Feldsöllen und Friedemanns Teich einen

Streifen unbewirtschaftet zu lassen, um einen ökologischen Verbund dieser drei Laichgewässer von mehreren Lurcharten, darunter auch der Rotbauchunke, zu erzielen. Erfreulicherweise wird dieser Modus auch unter den veränderten Nutzungsverhältnissen nach 1990 beibehalten, zumal das betreffende Gebiet als FFH-Gebiet ausgewiesen wurde.

Für die Rotbauchunke wurde im Bundesland Sachsen-Anhalt ein umfangreiches und ausgesprochen detailliertes Artenschutzprogramm erarbeitet (SY & MEYER 2004) und 2004 vom Landesamt für Umweltschutz herausgegeben. Auch für die Rotbauchunken-Vorkommen der Wittenberger Region wurden zahlreiche notwendige Maßnahmenkomplexe vorgeschlagen, deren Umsetzung aber größtenteils noch aussteht.

Zusammenfassend wird eingeschätzt, dass die Rotbauchunke in der Wittenberger Region die Elbaue besiedelt und in Verbindung mit den überregionalen Vorkommen die westliche Arealgrenze ihrer europäischen Verbreitung bildet. Weiterhin besteht ein räumlich begrenztes Vorkommensgebiet im agrarisch geprägten Teil des Hochfläming als südlicher Ausläufer der nördlich angrenzenden Vorkommen in Brandenburg. Während die Vorkommen in der Elbaue außer durch natürliche Prädation und Hochwasserereignissen ungefährdet erscheinen, unterliegen die Vorkommen im Fläming durch Trockenperioden und landwirtschaftliche Bewirtschaftung des Umlandes einer hohen Gefährdung. Als Grenzvorkommen genießen die Rotbauchunken-Vorkommen der Wittenberger Region eine hohe überregionale bis nationale Bedeutung.

Die Rotbauchunke ist nach dem **Bundesnaturschutzgesetz** eine streng geschützte Tierart. Innerhalb der EU ist der Schutz durch den Anhang II der **Berner Konvention** geregelt. Weiterhin ist sie in den Anhängen II und IV der **FFH-Richtlinie** gelistet. In der **Roten Liste Deutschlands** (KÜHNEL et al. 2009) ist sie in der Gefährdungskategorie „stark gefährdet" (Kategorie 2) eingestuft. Auch in der **Roten Liste Sachsen-Anhalts** (MEYER & BUSCHENDORF 2004) ist die Rotbauchunke als „stark gefährdet" (Kategorie 2) eingestuft. Da sich die Bestandssituation nicht grundlegend verbessert hat, die Arealgrenze weiterhin durch Sachsen-Anhalt verläuft und die Gefährdungsfaktoren nach wie vor wirken, wird bei einer Aktualisierung der Roten Liste dieser Gefährdungsstatus beibehalten bleiben müssen.

5. Westliche Knoblauchkröte - *Pelobates fuscus* (LAURENTI, 1768)

Die zu den Krötenfröschen gehörenden beiden früheren Unterarten der Knoblauchkröte wurden aktuell in den Artrang erhoben, so dass es nunmehr die beiden Arten Westliche Knoblauchkröte (*Pelobates fuscus*) und Östliche Knoblauchkröte (*Pelobates vespertinus*) gibt. In Deutschland kommt nur die Westliche Knoblauchkröte vor. Im nachfolgenden Text wird sie als „Knoblauchkröte" bezeichnet.

Die Knoblauchkröte hat einen krötenähnlichen Körperbau, aber eine relativ glatte, feuchte Haut mit nur flachen Drüsenwarzen. Kennzeichnendes Merkmal sind die großen Augen mit senkrechten, schlitzförmigen Pupillen. Der Kopf hat in der Mitte eine helmartige Erhebung. Die Knoblauchkröte ist grau bis braun gefärbt und hat auf der Oberseite dunkelbraune flächige Flecken. An der Schläfe und an den Flanken befinden sich kleine rötliche Flecken und Warzen. Als Grabinstrumente hat die Knoblauchkröte scharfkantige, längliche Fersenhöcker an den Hinterbeinen, mit denen sie sich sehr schnell rückwärts in das Erdreich eingraben kann, wo sie tagsüber versteckt bleibt, so dass man sie nur selten zu Gesicht bekommt. Zur Laichzeit am Gewässerrand stehend, hört man die Männchen vom Gewässergrund abgehackt „ock-ock" rufen. Die Larven der Knoblauchkröte werden außergewöhnlich groß und können Längen von über 10 cm erreichen und überwintern sogar teilweise im Gewässer.

Das Verbreitungsgebiet der Knoblauchkröte erstreckt sich vom Elsass ostwärts über den Ural bis nach Asien. Die nördliche Arealgrenze verläuft über Norddeutschland, Dänemark und Polen, die südliche durch Baden-Württemberg und Bayern sowie Österreich über den Balkan bis zum Schwarzen Meer. Daran schließt sich das Verbreitungsgebiet der Östlichen Knoblauchkröte an. In Deutschland besiedelt die Knoblauchkröte Ostdeutschland und Schleswig-Holstein fast flächendeckend, westlich davon ist sie nur lückenhaft verbreitet.

In der Wittenberger Region ist die Knoblauchkröte in allen Naturräumen zu finden. Da sie grabbares Bodensubstrat für ihre tagsüber verborgene Lebensweise benötigt, wird sie in den Waldgebieten kaum gefunden, so dass sowohl der Hochfläming als auch der Vorfläming lückenhaft und hier insbesondere nur die waldfreien Rodungsinseln um die Ortschaften besiedelt sind. Hier begünstigen die vorhandenen leichten Böden ihre Lebensweise. Im Südlichen Fläming-Hügelland nördlich von Jessen ist sie etwas zahlreicher vertreten und fehlt auch nicht in den agrarisch bewirtschafteten Bereichen, wenn Gewässer zur Fortpflanzung in erreichbarer Nähe sind. So wurden z. B. im Jahr

2001 an der Amphibienschutzanlage an der Arnsdorfer Straße am nördlichen Stadtrand von Jessen 1.109 Knoblauchkröten gefangen und zum Laichgewässer gesetzt. 2003 waren es noch 452.

In der Elbaue „findet man sie zur Laichzeit in vielen Kleingewässern des Ackerbaugebietes" (JAKOBS 1990). Nach dem gleichen Autor nutzt sie in der Überflutungsaue einige Gewässer in Deichnähe zur Fortpflanzung, meidet aber sonst „diesen sommerharten Lehmboden". Die Untersuchungen von ÖKOTOP (2013) brachten eine bemerkenswerte Nachweisdichte „von bis zu 32 aktuellen Vorkommen je MTB zwischen Pretzsch und Dabrun". Eine bedeutende Population mit mehr als 300 Rufern wurde in einem ausgedehnten, überstauten Röhricht im Deichhinterland der Elbe bei Prettin (MTB 4343) festgestellt. SACHER & BERG (1989) beschreiben ein Massenauftreten von 828 jungen Knoblauchkröten Ende Juli/Anfang August 1987 in Wittenberg-Piesteritz, die ihrer Meinung nach durch anhaltende Nässe aus südlich angrenzenden, tiefer gelegenen Gebieten, also der Elbaue, vertrieben wurden. Das Vorkommen der Knoblauchkröte im Stadtrandbereich von Wittenberg wird durch Beobachtungen eines Bestandes dieser Art im Neubaugebiet am nordöstlichen Stadtrand von 1983 bis 1986 durch SACHER (1987) ebenso belegt wie durch die Fangzahlen an der bisherigen mobilen Amphibienschutzanlage an der Dr.-Behring-Straße sowie durch gelegentliche Meldungen von ausgegrabenen Knoblauchkröten in verschiedenen Gartenanlagen oder Einzelgärten in Vorstadtbereichen und in Apollensdorf. Auch der inmitten der Bebauung gelegene Dorfteich des Wittenberger Stadtteils Teuchel wird jährlich von einer erheblichen Zahl von Knoblauchkröten zum Laichen genutzt (wie es auch stets überfahrene Tiere auf der Dorfstraße zeigen!). Besonders deutlich zeigen es die Zahlen der in den Fangeimern der bisherigen mobilen Amphibienschutzanlage in der Dresdner Straße in Wittenberg jährlich gefangenen Knoblauchkröten, die aus den Gärten der Anwesen am Luthersbrunnen kommen müssen und zu den südlich gelegenen Laichgewässern wandern wollen (UNB WB), z. B.:

2001 - 238	2008 - 194
2004 - 169	2009 - 112
2005 - 161	2010 - 201

Auch die Dübener Heide ist von der Knoblauchkröte besiedelt. JAKOBS (1986) fand sie an besonnten, vegetationsreichen und nicht zu tiefen Gewässern, die überwiegend „im landwirtschaftlich genutzten Grundmoränenbereich" liegen. Anscheinend meidet sie auch hier den bewaldeten Teil. Allerdings bilden die Lausiger Teiche und der Ausreißerteich eine Ausnahme. In den Fangeimern der mobilen Amphibienschutzanlage konnten bis zur Errichtung der stationären Tunnelanlage erhebliche Zahlen an Knoblauchkröten nachgewiesen werden, die in den angrenzenden Waldgebieten, besonders am Kleinen Lausiger Teich, ihr Winterquartier (vermutlich auch ihren Sommer-Lebensraum?) finden müssen (UNB WB):

2001	- 862	2005	- 713
2002	- 816	2006	- 597
2003	- 1.049	2007	- 868
2004	- 652		

Auch an der Straße bei Scholis wurden in den Fangperioden stets ansehnliche Anzahlen an Knoblauchkröten gefangen, die von der Feldflur zum gegenüber liegenden Gewässer wandern wollten.

Aus der militärisch genutzten und bisher nicht betretbaren Annaburger Heide liegen erste Erfassungsergebnisse von ÖKOTOP (2013) vor. Sie zeigen ebenfalls das Meiden der geschlossenen Waldgebiete durch die Knoblauchkröte an. Andererseits fand sich hier aber auch ein größeres Vorkommen mit ca. 200 Rufern in einem großflächig überstauten Röhricht am Grabensystem der Annaburger Heide (MTB 4344). Bedingt durch das Fehlen von geeigneten Gewässern gibt es aus der Oranienbaumer Heide nur wenige Nachweise der Knoblauchkröte.

Die Knoblauchkröte hat viele Fressfeinde, besonders Störche, Reiher und Greifvögel sowie Säugetiere wie Wildschwein, Dachs, Marder u. a., obwohl sie sich sehr schnell durch rückwärtiges Eingraben ihren Feinden entziehen kann (eine Fotoserie von A. WESTERMANN in: GROSSE & SEYRING [2015b] belegt diesen Vorgang in einer Zeit von 1:42 Min.). Bestandsgefährdend wirken dagegen anthropogen bewirkte Ursachen, wie Straßenverkehr, schnelle Verlandung der Gewässer, Fischbesatz in Laichgewässern, Pestizideinsatz in der Landwirtschaft und regelmäßiges Tiefpflügen. Die von SACHER & BERG (1989) geschilderten Funde von jungen Knoblauchkröten in Kellereingängen und -fensterschächten zeigen, dass derartige Strukturen wie Bodenfallen wirken und ohne Kontrolle zu Bestandseinbußen führen können. An einer Wittenberger Knoblauchkrötenpopulation konnte SACHER (1987) übrigens ermitteln, dass der oftmals als Abwehrreaktion geschilderte „Knoblauchgeruch" nur im Zusammenhang mit einer starken Schreckreaktion auftritt.

Die vorliegenden Fundmeldungen lassen erkennen, dass die Knoblauchkröte in der Wittenberger Region nicht selten und weit verbreitet ist. Sie fehlt nur in den bewaldeten Gebieten, wo sie wohl keine geeigneten Lebensbedingungen vorfindet. Die bisher wirkenden Gefährdungsursachen haben den Bestand nicht gravierend geschädigt.

Die Knoblauchkröte ist nach dem **Bundesnaturschutzgesetz** eine streng geschützte Tierart. Innerhalb der EU ist der Schutz durch den Anhang II der **Berner Konvention** geregelt. Weiterhin ist sie im Anhang IV der **FFH-Richtlinie** gelistet. In der **Roten Liste Deutschlands** (KÜHNEL et al. 2009) ist sie in der Gefährdungskategorie „gefährdet" (Kategorie 3) eingestuft. In der **Roten Liste Sachsen-Anhalts** (MEYER & BUSCHENDORF 2004) ist die Knoblauchkröte nicht aufgeführt, gilt also als ungefährdet.

6. Erdkröte - *Bufo bufo* (LINNAEUS, 1768)

Eine „Kröte" im landläufigen Sinne ist wohl immer eine Erdkröte. Sie gehört, ebenso wie die nachfolgenden, zu den Echten Kröten. Sie zählt zu den häufigsten und auch bekanntesten Lurchen, die in vielen Gärten vorkommt und im Frühjahr in großen Anzahlen über die Straßen wandert. Allerdings besteht immer noch verbreitet eine Aversion gegenüber dem „hässlichen" Tier, obwohl es harmlos ist und durch seine bemerkenswerte Iris gar nicht hässlich aussieht.

Die Erdkröten erreichen eine Körperlänge von 9 cm (Männchen) bis 12 cm (Weibchen). Sie haben eine warzige und drüsenreiche Haut, auf dem Kopf befinden sich zwei längliche, halbmondförmig gebogene Ohrdrüsen. Die Augen besitzen eine waagrechtovale Pupille und eine orange- bis kupferfarbene Iris. Oberseits sind die Erdkröten dunkel- bis hellbraun gefärbt mit vielen Farbabstufungen, manchmal auch grau, rötlich, gelblich oder olivfarben. Im Frühjahr besitzen die Männchen an den ersten drei Fingern der Vorderfüße feste, schwarze Hornschwielen.

Erdkröten sind weit verbreitet und fehlen in Europa nur auf Irland, Island und den Mittelmeerinseln Korsika, Sardinien, Malta, Kreta und den Balearen. Im Norden überschreitet sie sogar den Polarkreis. So ist auch Deutschland von der Küste bis zu den Alpen (bis etwa 1.300 m Höhe) gänzlich besiedelt. BUSCHENDORF (2015b) errechnete für Sachsen-Anhalt eine Rasterfrequenz von 94 %, die damit wesentlich höher liegt als die aller Lurche und eine flächenhafte Verbreitung der Erdkröte anzeigt. Von BUSCHENDORF (2015b) werden drei Verbreitungsschwerpunkte hervorgehoben: der Norden mit Altmark, Drömling und Elbtal, die Harzregion und der Osten des Landes mit Fläming, Elbtal und Heiden. Somit ist die Wittenberger Region ein Teil eines dieser Schwerpunktgebiete. Die Verbreitungskarte aus GROSSE et al. (2015) bestätigt diese Aussage.

Der gesamte Fläming mit seinen Landschaftseinheiten Hochfläming, Vorfläming und Fläming-Hügelland ist von der Erdkröte besiedelt. Bereits JAKOBS (1985) fand

32 Laichplätze, davon sechs mit etwa 100 Tieren und einen Massenlaichplatz mit etwa 1.000 Tieren. Bei den Erfassungen 2009/2010 wurden in der Wittenberger Region nördlich der Elbe über 450 Gewässer kontrolliert, worin im überwiegenden Teil Erdkröten festgestellt wurden, in vielen davon Laichgruppen von über 100 Tieren. Da Erdkröten an die Gewässerbeschaffenheit keine gesteigerten Ansprüche stellen, nehmen sie mit fast allen Gewässern vorlieb.

In der Elbaue fand sie JAKOBS (1990) in „fast jedem Gewässer des Ackerbaugebietes", jedoch keinen Massenlaichplatz. Auch in den Dorfteichen und in Fischgewässern wird sie angetroffen. Im Gegensatz zu anderen Lurcharten ist sie auch im Überschwemmungsgebiet und in den Auwäldern häufig.

In der Dübener Heide werden ebenfalls alle geeigneten Gewässer als Laichplatz genutzt, woraus auf eine fast flächenhafte Verbreitung zu schließen ist. Ein zahlenmäßig sehr starkes Vorkommen wird an den Lausiger Teichen sichtbar: An den mobilen Schutzanlagen wurden bis zur Errichtung der Tunnelanlage dort jährlich folgende Anzahlen an Erdkröten geborgen:

1998 - 3.659	2003 - 5.283
1999 - 5.412	2004 - 4.659
2000 - 6.455	2005 - 5.086
2001 - 5.870	2006 - 3.734
2002 - 4.384	2007 - 5.347

Diese Zahlen zeigen aber nur die Zuwanderung aus nördlicher und östlicher Richtung an. Es ist davon auszugehen, dass von den in südlicher und westlicher Richtung angrenzenden Waldgebieten bestimmt ebenso viele Tiere zuwandern.

Das aus den Erfassungen abgeleitete Bild der etwas spärlicher und lückenhafter besiedelten Annaburger Heide kann ein Ergebnis der nur sporadisch durchgeführten Erfassungen in diesem militärisch genutzten Sperrgebiet sein. Die tiefen Grubenseen der ehemaligen Tagebaue, wie z. B. der Bergwitzsee und der Gremminer See, aber auch die kleineren Restgewässer in den ehemaligen Kiesgruben werden in den flachen Randbereichen als Fortpflanzungsgewässer genutzt.

Abschließend seien die Gesamtzahlen der jährlich an den mobilen Schutzanlagen geborgenen Erdkröten genannt, wobei zu beachten ist, dass durch die Errichtung stationärer Anlagen die Zahl der betreuten mobilen Zäune stetig abnahm:

1998 - 8.414	2006 - 7.546
1999 - 7.677	2007 - 8.967
2000 - 12.087	2008 - 4.155
2001 - 11.173	2009 - 5.029
2002 - 11.780	2010 - 5.649
2003 - 11.538	2011 - 5.832
2004 - 13.297	2012 - 2.942
2005 - 10.190	

Diese Zahlen können aber nur eine vage Vorstellung von der Bestandsgröße dieser Art in der Region vermitteln, da an den zahlreichen abseits der Verkehrswege liegenden Laichgewässern keine absoluten Bestandszahlen erfasst wurden. Überhaupt nicht zu erfassen sind die in den Gärten der Privatgrundstücke lebenden Erdkröten.

Zahlreich sind die Fressfeinde der Erdkröte. Während der Laich und die jungen Larven infolge von Toxinen für die meisten Fischarten ungenießbar sind, werden die älteren Larven von Raubfischen, wie Hecht und Barsch, sowie Wasserkäfer- und Großlibellenlarven und Pferdeegel nicht verschmäht. Adulte Erdkröten haben unter den Raubsäugern und Greifvögeln zahlreiche Feinde, neuerdings auch ganz besonders den Waschbären, wie es WÜSTEMANN (2002/2003) aus dem Harz schildert. Viel gravierender als die natürlichen Fressfeinde wirken die menschlichen Einflüsse auf die Bestände der Erdkröte, insbesondere die Beeinträchtigung der Laichgewässer: Austrocknung, Verlandung und Verfüllung von Gewässern, Einleitung oder Eindringen von Nähr- oder Schadstoffen sowie Ablagerung von Müll und Gartenabfällen. Bei Straßenüberquerungen während der Laichwanderungen sind hohe Bordsteinkanten große Hindernisse, insbesondere für die rückwandernden Jungtiere. Auch die terrestrischen Habitate der Erdkröte werden beeinträchtigt, besonders durch intensive land- und forstwirtschaftliche Nutzung (Flurbereinigungen, Umwandlung von Grünland zu Ackerland, Aufforstung zu monotonen Nadelwäldern).

Im April 1985 wurden aus der damaligen Schlammspülhalde des Stickstoffwerkes Piesteritz 150–200 Erdkröten geborgen und umgesetzt, etwa gleich viele waren in den alkalischen Abwässern schon verendet. 1987 mussten an gleicher Stelle 250–300 tote Erdkröten festgestellt werden, ferner etwa 140 tote Teichmolche und 24 Kammmolche (BERG et al. 1988). Vielfach wirken Schächte, Kellerfenster oder andere Vertiefungen mit glatten Wänden als Fallen, aus denen sich Kröten nicht befreien können.

Die Auswirkungen des Straßenverkehrs sind oftmals verheerend, leider auch manchmal durch unangebrachte Bauweisen verstärkt, insbesondere durch hohe Bordkanten. Um den erforderlichen Schutz zu gewährleisten, ist ein schnelles Verlassen der Fahrbahn durch die Lurche erforderlich. Dies ist in der üblichen Bauweise mit Fahrbahnbegrenzungen durch Hochbordsteine mit 15 cm Rückenhöhe nicht möglich. Ein Überwinden dieser Höhe ist bereits den Alttieren, die oftmals schon im Amplexus verpaart die Laichwanderung durchführen (d.h. die Männchen umklammern die Weibchen und werden mitgetragen), unmöglich oder derart erschwert, dass es erst nach mehreren Bemühungen in einer großen Zeitspanne gelingt. In dieser Zeit sind sie den Gefahren des Straßenverkehrs ausgesetzt. Für die Jungtiere, die im Sommer beim Verlassen des Gewässers nach der Metamorphose nur 1–2 cm groß sind, ist die Überwindung dieses Hindernisses unmöglich! Sie könnten ihren Landlebensraum nicht erreichen und würden vollständig Opfer des Straßenverkehrs oder bei hohen sommerlichen Temperaturen vertrocknen. Beim Ausbau der Heinrich-Heine-Straße in Reinsdorf im Jahr 2016 wurde versucht, den Einbau hoher Bordkanten zu verhindern, da die im dortigen Mischwald lebende Erdkrötenpopulation alljährlich im Frühjahr diese Straße überquert und dieses Hindernis nicht oder nur mühsam übersteigen kann. Leider erlaubten die Straßenbauvorschriften nur eine geringe Absenkung.

Dennoch ist die Erdkröte in der Wittenberger Region eine häufige und weit verbreitet vorkommende Lurchart, die alle Landschaftsformen besiedelt. Durch ihre hohe Reproduktionskraft hat die Erdkröte in der Region trotz der vielfältigen Gefährdungsfaktoren ihre Bestände und Verbreitung erhalten können und kann derzeitig als ungefährdet betrachtet werden.

Die Erdkröte ist nach dem **Bundesnaturschutzgesetz** eine besonders geschützte Tierart. Innerhalb der EU ist der Schutz durch den Anhang III der **Berner Konvention** geregelt. In der **Roten Liste Deutschlands** (KÜHNEL et al. 2009) ist sie nicht als gefährdete Art aufgeführt. In der **Roten Liste Sachsen-Anhalts** (MEYER & BUSCHENDORF 2004) ist die Erdkröte in der Vorwarnliste aufgeführt, gilt also als Art, deren Gefährdung in den nächsten Jahren zu erwarten ist.

7. Kreuzkröte - *Epidalea calamita* (LAURENTI, 1768)

Die Kreuzkröte hieß lange Zeit *Bufo calamita*. 2006 hatten FROST et al. vorgeschlagen, sie in einer eigenen Gattung *Epidalea* zu führen. GLANDT (2014) folgt in der aktuellen europäischen Artenliste dieser Auffassung.

Die Kreuzkröte ist mit 4,5 bis 7 cm (Männchen) und 5 bis 8 cm (Weibchen) die kleinste einheimische Kröte. Sie ist oberseits olivgrün bis bräunlich gefärbt mit grauen bis rötlichgrauen Flecken und vielen Warzen. Artcharakteristisch ist ein dünner, gelber Streifen längs über den Rücken. Der hellgraue Bauch hat ein dunkelgraues bis schwärzliches Fleckenmuster. Die Ohrdrüsenleisten verlaufen im Gegensatz zur Erdkröte parallel. Mit ihren kurzen Hinterbeinen läuft die Kreuzkröte wie eine Maus.

Kreuzkröten bewohnen Europa in einem breiten Streifen von der Pyrenäen-Halbinsel bis zum Baltikum und fehlen in Großbritannien, Skandinavien und Südosteuropa. In Deutschland kommt sie in allen Bundesländern vor, fehlt aber im hohen Mittelgebirge, in den Alpen und in den Marschlandschaften. In Sachsen-Anhalt ist die Kreuzkröte eine verbreitete Art, die in mäßiger Häufigkeit vorkommt. Die aktuelle Kartierung (GROSSE & SEYRING 2015c) zeigt ein schwerpunktmäßiges Vorkommen im Norden und Osten des Landes. Sie bewohnt trocken-warme Landhabitate mit spärlicher Vegetation und lockerem Bodensubstrat (sandige Böden), wie Heiden, Ruderalflächen, Trocken- und Magerrasen, besonders auch Kiesabbaugebiete. Als Laichgewässer werden gern Sohlgewässer in Kies- und Sandgruben, aber auch Flachgewässer in der Feldflur genutzt. Da sie die kürzeste Entwicklungszeit aller heimischen Froschlurche aufweist, laicht sie auch oft in temporären Kleinstgewässern (Wegpfützen).

In der Wittenberger Region konzentrieren sich die Nachweise im Fläming (BERG et al. 1988). JAKOBS (1985) fand hier elf Laichplätze in „konstanten Gewässern". Auch die aktuelle Kartierung bestätigt ein konzentriertes Vorkommen im Fläminggebiet. Allerdings werden die waldreichen Gebiete offensichtlich gemieden. Dagegen konzentrieren sich etliche Fundpunkte im Südlichen Fläming-Hügelland in dem Gebiet des großräumigen Kiesabbaus um Dixförda - Steinsdorf. Auf dem ehemaligen Truppenübungsgebiet Teucheler Heide wurden Kreuzkrötenlarven mehrfach in kleinsten Wasserpfützen auf den lehmigen Wegen gefunden. Ob die Zeit bis zum Austrocknen dieser Wegpfützen für die Embryonal- und Larvalentwicklung reicht, hängt von der Intensität und Dauer der Sonneneinwirkung ab. In einer großen Ackerpfütze nordwestlich von Gadegast fanden sich am 6. Juni 2016 zahlreiche (mehrere Tausend) Kreuzkrötenlarven, die am 14. Juni alle verendet waren, da diese Wasserpfütze ausgetrocknet war. Nach Regenfällen zeigten sich am 23. Juni 2016 in einer etwa 1x3 m großen Pfütze an der gleichen Stelle ca. 500 neue Kreuzkrötenlarven (etwa 1 cm lang), die also aus neuem Laich frisch geschlüpft sein mussten. Allerdings war am 30. Juni 2016 auch diese Pfütze wieder ausgetrocknet. Kreuzkröten scheinen sehr mobil zu sein, denn sie finden nasse Bodensenken und Regenwasserpfützen inmitten sehr großer Felder, wobei sie lange trockene Strecken zurücklegen müssen. So werden adulte Kreuzkröten oftmals weitab vom nächsten Gewässer angetroffen, wie in der Woltersdorfer oder Glücksburger Heide. Vom 15. Mai bis 7. Juni 2017 hielt sich eine Kreuzkröte rufend an benachbarten Gartenteichen in der Schlossvorstadt von Wittenberg auf, kilometerweit vom nächsten bekannten Vorkommen entfernt. Auch sie zeigte damit an, dass Kreuzkröten auf der Suche nach geeigneten Habitaten große Entfernungen zurücklegen können. 1983 und 1984 konnte am nordöstlichen Stadtrandgebiet von Wittenberg an einem etwa 4 m breiten und langen Tümpel und einer benachbarten Regenwasserpfütze von SACHER (1983; 1984) ein Kreuzkrötenbestand kontinuierlich beobachtet werden. Sie erschienen dort bereits am 1. April am Laichgewässer. Ihre Paarungsrufe waren auch tagsüber zu hören. 1983 laichten dort die Kreuzkröten im April, in der zweiten Maihälfte und Anfang August, also mehrfach im gleichen Jahr, wobei vermutlich jedes Mal Regenfälle der Auslöser waren. Vom gleichen Verfasser konnten hier in den Jahren 1983 bis 1986 wesentliche Erkenntnisse zur Larvenentwicklung der Kreuzkröte gewonnen werden (SACHER 1987). So fand er heraus, dass die kürzeste Zeitspanne vom Ablaichen bis zum Schlüpfen der Larven zwei Tage betrug, die bis zum Verlassen des Wassers 21 Tage, womit die hohe Anpassungsfähigkeit der Kreuzkrötenlarven an flache, nährstoffarme und sonnenexponierte Temporärgewässer bestätigt wurde.

Die Elbaue mit ihren sommerharten, lehmigen Böden wird von der Kreuzkröte nur lokal bewohnt, da sie grabbares Bodensubstrat bevorzugt. JAKOBS (1990) kannte nur zwei Laichplätze im damaligen Kreis Wittenberg. Auch gegenwärtig wurde sie hier nur vereinzelt in den Fangeimern der Amphibienschutzanlagen bei Gorsdorf und Seegrehna gefunden. Sie meidet auch hohe und dichte Bodenvegetation. Das direkt an der Elbe gelegene und mit hoher Dichte von der Kreuzkröte besiedelte ehemalige militärische Manövergebiet bei Iserbegka wurde nach dem Ende der militärischen Übungen 1990 und dem Zuwachsen der Fläche infolge der natürlichen Sukzession bald von den Kreuzkröten aufgegeben. Im Bereich der früheren Nachweishäufung im Elbtal bei Prettin wurde bei der aktuellen Erfassung nur noch ein Vorkommen mit einem rufenden Individuum festgestellt (ÖKOTOP 2013). Derartige Bestandsrückgänge resultieren auch in dem dortigen ehemaligen Kiesabbaugebiet aus der fortschreitenden Sukzession. Dagegen gibt es aus dem neu aufgeschlossenen Kiesabbau bei Rackith Neunachweise, welche die schnelle Besiedlungsfähigkeit und Flexibilität der Kreuzkröte anzeigen. Dabei kommt ihr wohl auch die Fähigkeit zu weiten Wanderungen zugute. Aus der Aue der Schwarzen Elster gibt es ebenfalls nur vereinzelte Nachweise.

Die Dübener Heide wird nur randlich besiedelt, da die Kreuzkröte auch hier die großflächigen Waldgebiete meidet (MEYER 2004). JAKOBS (1986) kannte nur drei Fundmeldungen aus dem Randgebiet und bezeichnet die Art für die Dübener Heide als selten. ÖKOTOP (2013) konnte auch die ehemaligen Nachweise im westlichen Ausläufer der Oranienbaumer Heide trotz intensiver Begehungen aktuell nicht mehr bestätigen. Da die lautstarken Fortpflanzungsrufe der Kreuzkröten nicht zu überhören sind, dürfte es kaum methodisch bedingte Erfassungslücken geben. Somit kann die Verbreitung in der Dübener Heide nur mit wenigen Einzelvorkommen bezeichnet werden.

Wie alle Froschlurche haben auch die Kreuzkröte und ihre Larven zahlreiche natürliche Fressfeinde: Wasserinsekten, Fische und Molche sowie Frösche, Ringelnattern, Krähenvögel, Reiher, Störche, Waldkäuze und Raubsäuger, vermehrt auch der Mink. Infolge der starken Bindung an vegetationsarme Standorte mit lockerem Bodensubstrat ist das Vorkommen der Kreuzkröte in der Region abhängig vom Vorhandensein von Kies- oder Sandabbaugebieten und deren Zustand. Nach Aufgabe der Nutzung unterliegen diese Standorte meistens der Sukzession oder werden zur Folgelandschaft umgestaltet. Dadurch erlischt dann die Habitateignung und somit das Vorkommen dieser Art. So sind das Vorkommen und die Verbreitung der Kreuzkröte einem ständigen Wechsel unterworfen.

Die Kreuzkröte ist somit eine relativ selten und sehr zerstreut vorkommende Lurchart in der Region Wittenberg, die in den Waldbereichen, aber auch auf den sommerharten Böden der Elbaue völlig fehlt. Die natürliche Sukzession der offenen Landschaftsteile zwingt sie zu oftmaligen Wechseln ihrer Siedlungsräume, so dass es nur wenige dauerhafte Ansiedlungen gibt und eine weitere Besiedlung vom Vorhandensein und Ausmaß von trocken-warmen Landhabitaten mit spärlicher Vegetationsdecke und lockerem Bodensubstrat abhängig ist.

Die Kreuzkröte ist nach dem **Bundesnaturschutzgesetz** eine streng geschützte Tierart. Innerhalb der EU ist der Schutz durch den Anhang II der **Berner Konvention** geregelt. Weiterhin ist sie im Anhang IV der **FFH-Richtlinie** gelistet. In der **Roten Liste Deutschlands** (KÜHNEL et al. 2009) ist sie in der Vorwarnliste eingestuft, in der **Roten Liste Sachsen-Anhalts** (MEYER & BUSCHENDORF 2004) dagegen als „stark gefährdet" (Gefährdungskategorie 2).

8. Wechselkröte - *Bufotes viridis* (LAURENTI, 1768)

Die Systematik und Nomenklatur der Wechselkröten (Gattung *Bufotes*) sind im Umbruch begriffen. Der Gattungsname für die Mitglieder der Gruppe der Wechselkröten lautete lange Zeit *Bufo*. FROST (2013) hat die Mitglieder der Wechselkröten-Gruppe in eine eigene Gattung *Bufotes* gestellt. Dieser Auffassung wird neuerdings gefolgt.

Die Wechselkröte ist oberseits auf hellgrauem Grund dunkelgrün bis bräunlich gefleckt und besitzt viele Warzen, die einen dornenartigen Höcker aufweisen. Die Warzen sind überwiegend bräunlich, an den Flanken orange bis rötlich gefärbt. Die ebenfalls weißliche bis hellgraue Unterseite ist dunkel gefleckt. Die Augen haben waagrecht-ovale Pupillen und eine gelbe bis grünliche Iris. Die flachen Ohrdrüsenleisten verlaufen parallel zueinander. Die Wechselkröte ist 4,5 bis 9 cm (Männchen) bzw. 5,5 bis 10 cm (Weibchen) groß.

Die Wechselkröte ist eine östlich verbreitete Art, die in Europa von Deutschland und Italien bis zum Ural vorkommt. Die nördliche Verbreitungsgrenze erreicht Südschweden und das Baltikum. In Deutschland zeichnen sich zwei Verbreitungsschwerpunkte ab: Der Nordosten und der Südwesten. In großen Teilen Schleswig-Holsteins, Niedersachsens und Nordrhein-Westfalens sowie am Alpenrand fehlt die Wechselkröte völlig. Ob die nordostdeutschen Wechselkröten einer eigenen Art – *Bufotes variabilis* – zugehören, wird gegenwärtig noch diskutiert. In Sachsen-Anhalt erreicht sie teilweise ihre westliche Arealgrenze und ist daher nicht gleichmäßig im Bundesland vertreten. Ihre Vorkommen konzentrieren sich in den mittleren und südlichen Bereichen. Die höchsten Dichten werden nach GROSSE & SEYRING (2015d) in der planaren Stufe des Nördlichen Harzvorlandes erreicht.

BERG et al. (1988) bezeichnen die Wechselkröte als die seltenste Krötenart des damaligen Kreises Wittenberg. JAKOBS (1985; 1986) erwähnt keine im Fläming und der Dübener Heide. Auch BUSCHENDORF (1984) schreibt vom Fehlen „im intensiv durchforschten Roßlau-Wittenberger Vorfläming sowie einigen Teilen der Dübener Heide". Nach MEYER (2004) werden „die großen Waldgebiete vollständig gemieden", „die ausgeräumten und gehölzarmen Ackerländer" dagegen „überrepräsentativ besiedelt".

In der Wittenberger Region zeigt das aktuelle Verbreitungsbild aus GROSSE et al. (2015) eine Trennung des Vorkommensgebietes. Während der Roßlau-Wittenberger Vorfläming unbesiedelt ist, weist das Südliche Fläming-Hügelland mehrere Fundpunkte auf. Diese befinden sich auch hier in den waldfreien Ackergebieten um Seyda und um Steinsdorf-Kleinkorga. Südlich der Elbe reicht das größere Verbreitungsgebiet des Köthener Ackerlandes östlich bis in die Tagebauregion Gräfenhainichen (ÖKOTOP 2013). Die Dübener Heide ist nach wie vor unbesiedelt und das Elbtal um Wittenberg bis auf die Kiesgrube Rackith ebenso. Die südliche Elbaue ab etwa Wartenburg bis

Pretzsch und die gesamte rechtselbische Ackeraue um Prettin bis zur Annaburger Heide ist dagegen von der Wechselkröte besiedelt. In nördlicher Ausdehnung erreicht dieses Vorkommensgebiet die Linie Merkwitz - Trebitz - Schöneicho. Die Vorkommen im Schwarze-Elster-Tal konnten nicht mehr bestätigt werden. Bemerkenswert ist ein weit abgelegener Nachweis der Wechselkröte im Elbetal bei Riesigk. Dort wurde ein rufendes Männchen festgestellt. Die nächsten Vorkommen befinden sich ca. 7,5 km südwestlich in der Kies-/Sandgrube Jüdenberg. Das von BERG et al. (1988) beschriebene Vorkommen auf dem Manövergelände Iserbegka existiert nicht mehr. Hier kam die Wechselkröte gemeinsam mit der Kreuzkröte vor, ebenso wie im ehemaligen Torfstich Wolfswinkel am Südrand des Flämings, obwohl GROSSE & SEYRING (2015) bemerken, dass syntope Vorkommen beider Arten selten sind. Das Waldgebiet der Annaburger Heide ist ebenfalls nicht besiedelt.

Die Wechselkröte bewohnte ursprünglich Steppen- und Flusslandschaften mit gut grabbaren Böden und wärmegetönten Offenlandbereichen. Da es solche Standorte nur noch vereinzelt gibt, nutzt sie Ersatzlebensräume in der Ackerlandschaft. So wurde sie in der Region mehrfach in feuchten (unbewirtschafteten) Ackersenken und breiteren Wagenspuren inmitten von Getreide- oder anderen -kulturen angetroffen. Auch in Dorfteichen, wie in Lammsdorf und Globig, zeigt sie sich vereinzelt, meistens aber nicht für längere Zeit. Auch im direkten Siedlungsbereich, wie in Pretzsch (Keller) und Plossig (Hof) wurde sie gefunden. Die wanderfreudige und agile Wechselkröte neigt wohl zu Ortswechseln, so dass ihr Vorkommen in nur pessimalen oder suboptimalen Habitaten oftmals nicht von längerer Dauer ist. Die sehr geringen Populationsgrößen (oftmals nur Einzeltiere) und die Isolation lassen ein längeres Überdauern an derartigen Standorten unwahrscheinlich erscheinen. Wechselkröten sind mitunter noch spät im Jahr aktiv, wohl in Folge von milden Witterungsperioden, wie am 1. November 2018 auf einem Hofgelände in Plossig (B. SIMON mdl.). Der Beginn der Aktivität liegt im März. An der mobilen Amphibienschutzanlage in Söllichau/Gleinermühle wandern Wechselkröten über Jahre hinweg zwischen dem 1. und 8. März.

Wie alle Froschlurche haben auch die Wechselkröten und ihre Larven zahlreiche tierische Fressfeinde. Der eigentliche Grund für ihr Fehlen in großen Bereichen der Region ist aber wohl das Fehlen von geeigneten Lebensräumen, die einen ständigen Aufenthalt von stabilen Beständen gewährleisten. Besonders kritisch ist die fortschreitende Sukzession der ungenutzten Abbaugruben. Insgesamt sprechen die aktuellen Ergebnisse dafür, dass ihre Populationen gefährdet sind, obwohl die Art zu Bestandsschwankungen neigt.

Die Wechselkröte ist nach dem **Bundesnaturschutzgesetz** eine streng geschützte Tierart. Innerhalb der EU ist der Schutz durch den Anhang II der **Berner Konvention** geregelt. Weiterhin ist sie im Anhang IV der **FFH-Richtlinie** gelistet. In der **Roten Liste Deutschlands** (KÜHNEL et al. 2009) zwingt die aktuelle Situation mit dramatischen Bestandseinbußen, sie als „gefährdet" (Gefährdungskategorie 3) einzustufen. In der **Roten Liste Sachsen-Anhalts** (MEYER & BUSCHENDORF 2004) ist die Wechselkröte ebenfalls als „gefährdet" (Gefährdungskategorie 3) eingestuft.

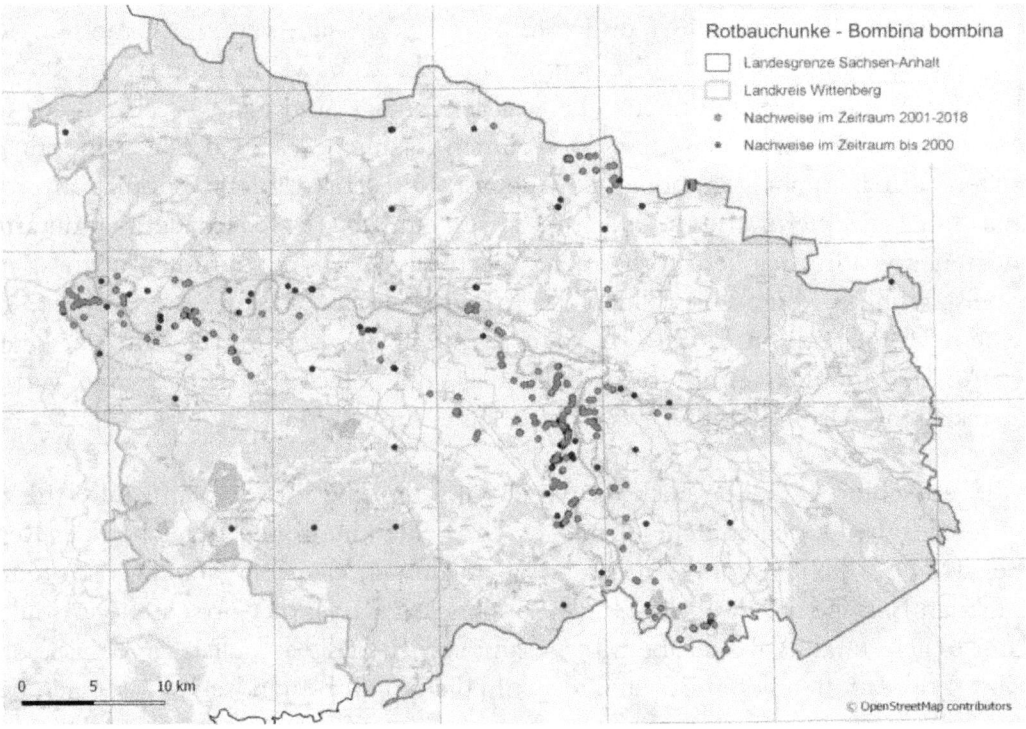

Nachweise der Rotbauchunke im Landkreis Wittenberg (Fundpunkte)

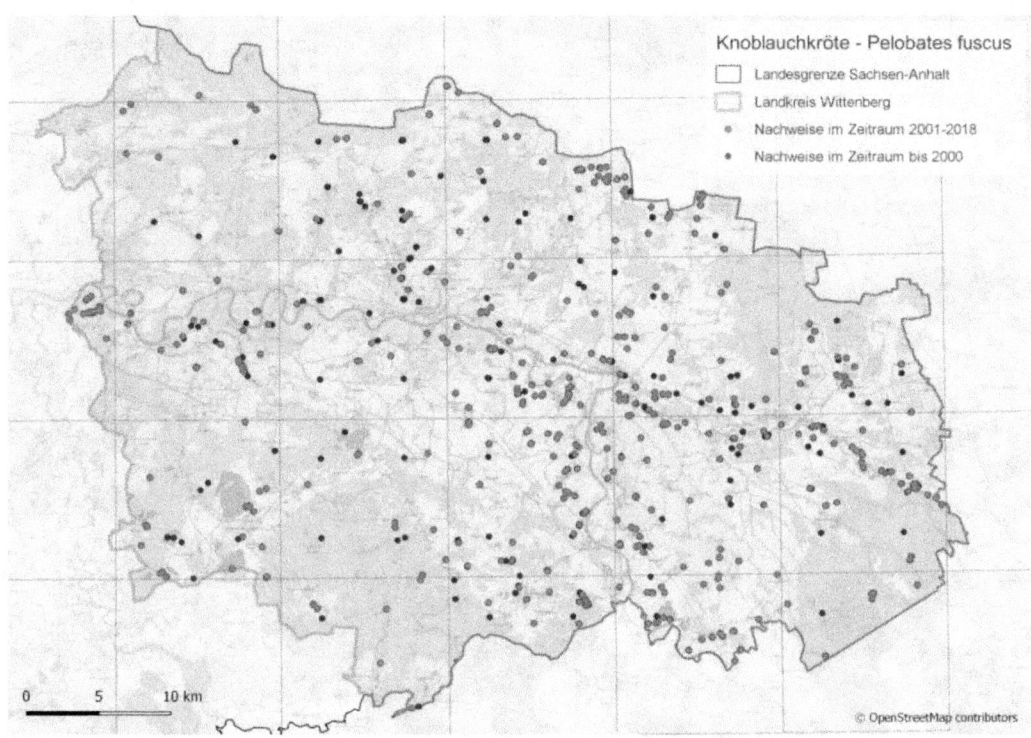

Nachweise der Knoblauchkröte (oben) und der Erdkröte (unten) im Landkreis Wittenberg (Fundpunkte)

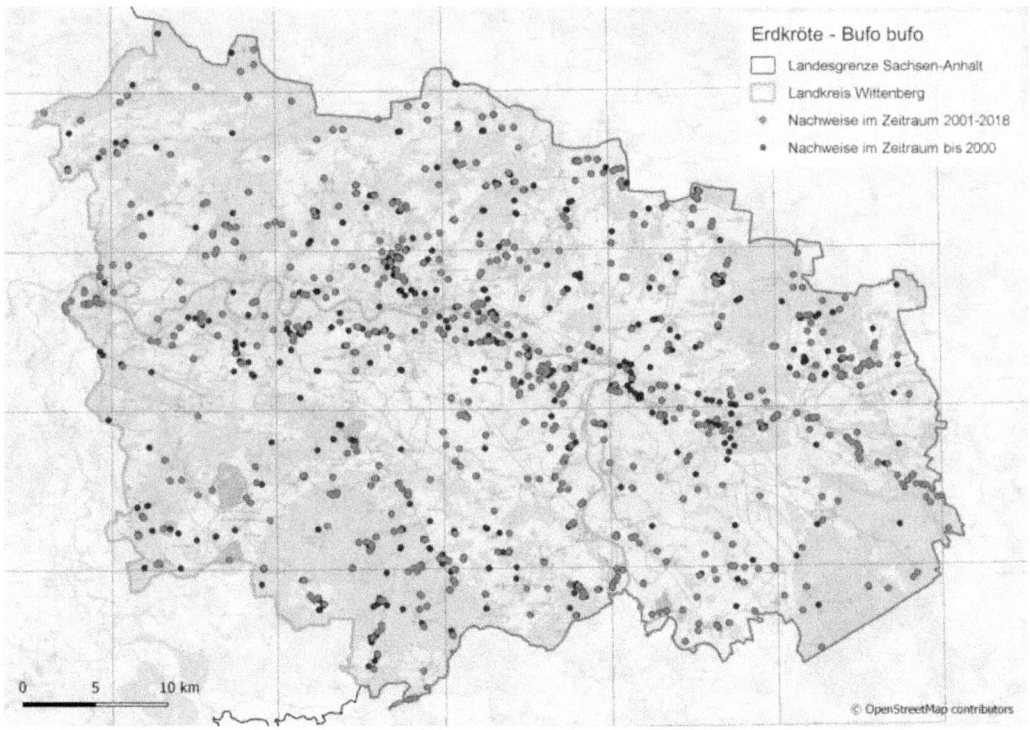

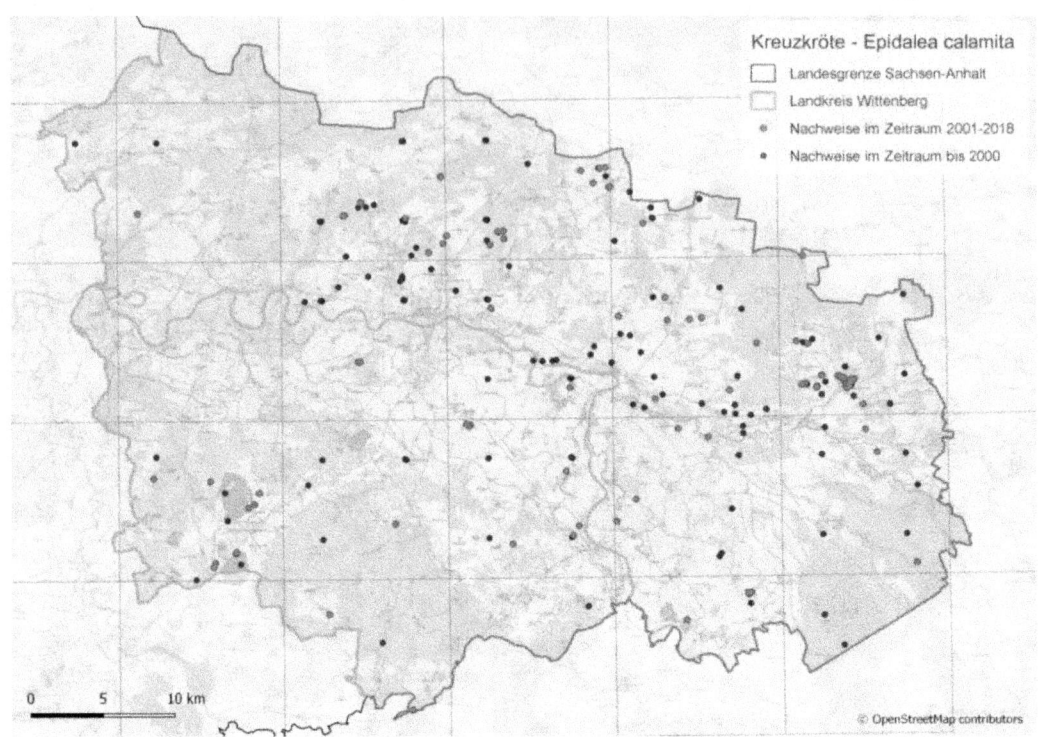

Nachweise der Kreuzkröte (oben) und der Wechselkröte (unten) im Landkreis Wittenberg (Fundpunkte)

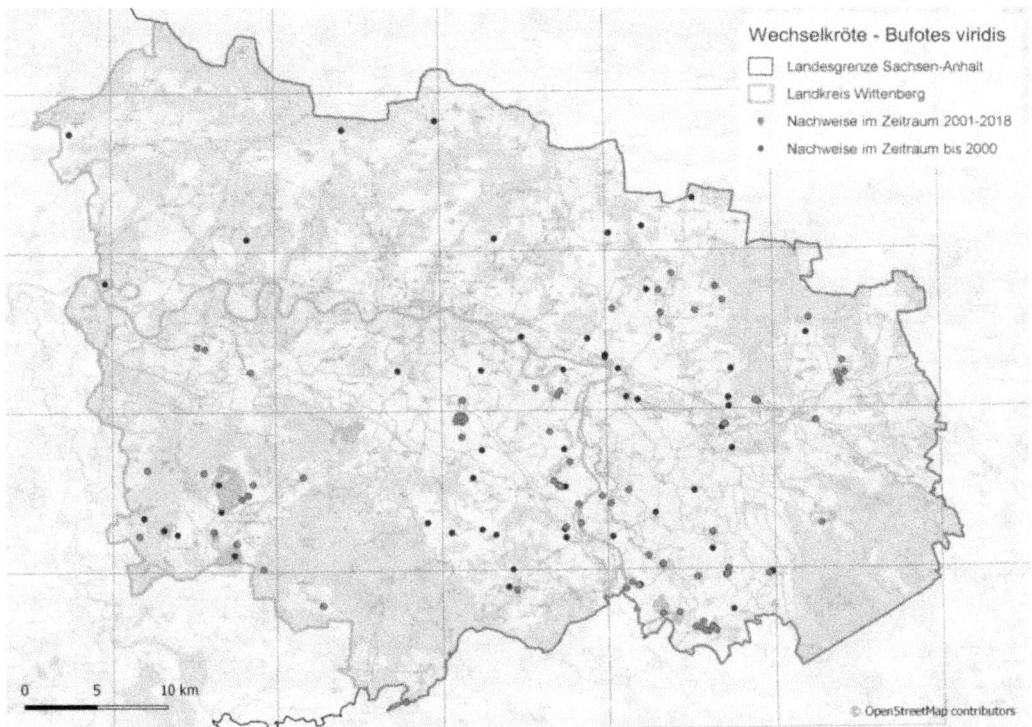

Oben: Die namensgebende orangerote Bauchfleckung der Rotbauchunke ist beim Aufenthalt auf dem Land normalerweise nicht sichtbar. Links: 3. Juni 1985 Bleddin; rechts: 4. April 2009 Rahnsdorf/Aquarienaufnahme (beide Fotos: U. Zuppke).

Unten: Das FND „Beers Wiese" ist ein flaches Gewässer in der Feldflur östlich von Rahnsdorf, dass von Rotbauchunken, neben anderen Lurcharten, zum Laichen aufgesucht wird, aber in niederschlagsarmen Jahren im Sommer oftmals austrocknet, 15. Mai 2002 (Foto: U. Zuppke).

Oben: Bei den Rufen während der Paarungszeit füllen die Männchen der Rotbauchunken ihre Lungen mit Luft an, dadurch liegt ihr aufgeblähter Körper auf der Wasseroberfläche. Der Ruf ertönt, wenn die Luft durch die aufgeblasene Kehlblase ausgestoßen wird. (Foto: A. Westermann).

Unten: Der aufgeblasene Körper dient als Resonanzboden und Stimmverstärker. Durch die Vibration des Körpers werden deutlich sichtbare Wasserwellen erzeugt. (Foto: A. Schonert).

Oben: Aus dem Tagesversteck im Erdboden am 4. April 2015 gegrabene Knoblauchkröte in einem Gartengrundstück in Apollensdorf, sichtbar die typisch senkrechte Pupille (Foto: I. Elz).

Unten: Die aus den Eiern schlüpfenden Larven der Knoblauchkröte wachsen sehr schnell. Am 9. Juni 2009 waren die Larven im Weiher Karlshof bereits 60 mm lang, im Vergleich eine Teichmolchlarve rechts unter dem Schwanz/Aquarienaufnahme am Fundort (Foto: U. Zuppke).

Oben: Oftmals zeigen Erdkrötenmännchen schon auf dem Weg zum Laichgewässer den Klammerreflex und werden dann vom Weibchen getragen, wie am 4. April 2018 auf dem Weg zum Gewässer Sarmen in der Oranienbaumer Heide (Foto links: A. Schonert, Foto rechts: U. Zuppke).

Unten: An den Gewässern nutzen die Erdkröten die sonnenbeschienenen Bereiche an den Nordufern zum Ablaichen, hier: Waldweiher bei Möllensdorf am 17. Mai 2013 (Foto: I. Elz).

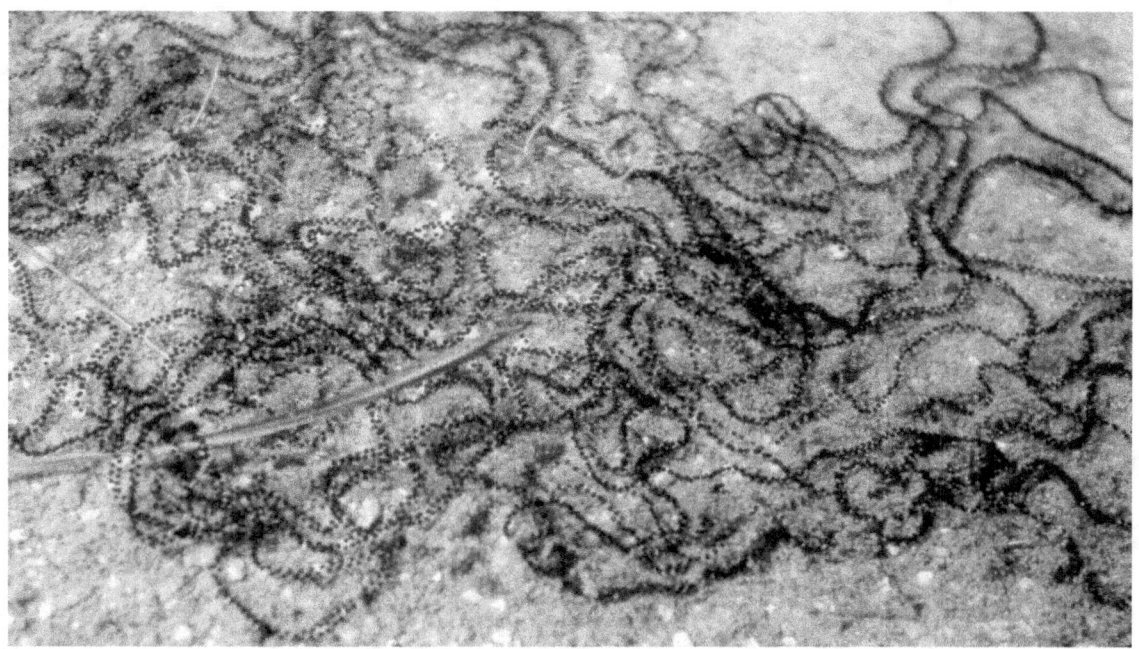

Oben: In den Eischnüren der Erdkröten befinden sich die Eier meistens in einer Doppelreihe, wie hier am 19. April 1978 in der Tongrube bei Reinsdorf-Dobien (Foto: U. Zuppke).

Unten: Haben viele Erdkröten-Weibchen in einem Gewässer ohne Feinddruck gelaicht, bilden sich 2 bis 6 Wochen nach dem Schlupf oftmals viele Meter lange Kaulquappenschwärme im flachen Wasser, wie hier im Waldweiher Möllensdorf am 17. Mai 2013 (Foto: I. Elz).

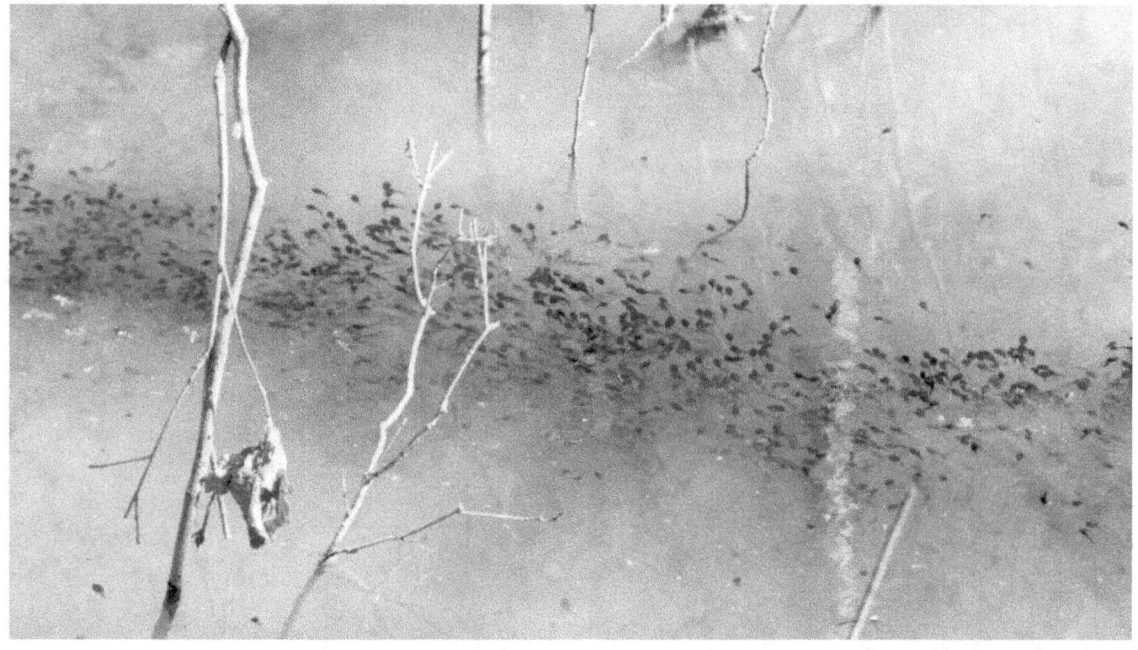

Oben: Der deutsche Name Kreuzkröte bezieht sich auf den schmalen gelblichen Streifen, der sich von der Kopfmitte über das „Kreuz" bis zum Steißbein hinzieht und das typische Artmerkmal ist. Aufnahme am 4. April 2014 im Kiestagebau Dixförda (Foto: J. Reusch).

Unten: Die oft einreihigen Laichschnüre werden an flachen Gewässerstellen bis 10 cm Tiefe abgelegt/Grube B bei Nudersdorf, 3. Mai 1980 (Foto: U. Zuppke). Die schwarze Larvenfärbung dient der effektiven Wärmespeicherung/Ackerpfütze bei Gadegast, 8. Juni 2016 (Foto: U. Zuppke).

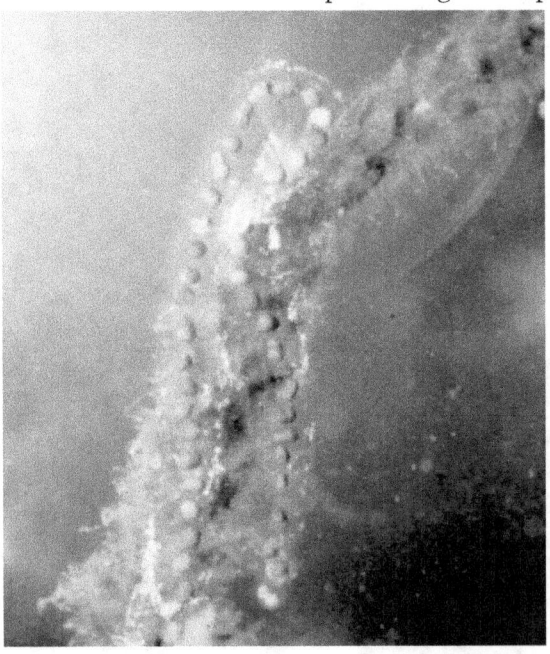

Oben: In den offenen Abhängen der Sandgrube Nudersdorf graben die Kreuzkröten ihre Tagesverstecke, in den flachen Uferbereichen des Sohlengewässers laichen sie ab (Foto: U.Zuppke).

Unten: In der anthropogen geprägten Kulturlandschaft nutzt die Kreuzkröte flache Temporärgewässer zur Fortpflanzung sogar im Siedlungsbereich, wie 1983 diese Regenwasserpfütze im damaligen Neubaugebiet in Wittenberg-Lerchenberg (Foto: P. Sacher aus: BERG et al. 1988).

In dieser Regenwasserpfütze (oben links) auf einer Naßstelle in einem Getreidefeld nordwestlich von Gadegast im Fläming fand sich am 6. Juni 2016 ein riesiger Schwarm von Kreuzkrötenlarven (unten). Am 14. Juni 2016 war diese Wasserfläche total ausgetrocknet und die Vielzahl der Larven verendet (oben rechts). Nach zwischenzeitlichen Regenfällen hatte sich am 23. Juni 2016 erneut eine kleine Pfütze von 2 x 3 m gebildet, in der wieder Kreuzkrötenlarven schwammen, so dass die Kreuzkröten noch mal gelaicht haben müssen (Fotos: U. Zuppke).

Oben: Durch das ausgeprägte grobe grünfleckige Muster auf der Oberseite ist die Wechselkröte unverwechselbar, hier am 1. November 2018 im Siedlungsbereich in Plossig (Foto: B. Simon). Unten: Beim rufenden Wechselkrötenmännchen (links) liegt die aufgeblähte kehlständige Schallblase auf der Wasseroberfläche, 30. April 2010, Dorfteich Axien (Foto: A. Schonert). Der Wechselkröte genügen auch wassergefüllte Spurrinnen (rechts) im Gelände mit niedriger Vegetation, hier auf einer Feuchtstelle in der Feldflur südlich Gentha am 17. Juni 2002 (Foto: U. Zuppke).

9. Europäischer Laubfrosch - *Hyla arborea* (LINNAEUS, 1758)

Von den sechs (nach STÖCK et al. 2012 [in: GROSSE & SEYRING 2015e] sogar acht) in Europa vorkommenden Laubfroscharten ist der Europäische Laubfrosch am weitesten verbreitet und kommt als einzige Art in Deutschland vor. Im Folgenden wird er als Laubfrosch bezeichnet.

Der Laubfrosch ist ein kleiner, „grasgrüner" Frosch mit heller Unterseite und glatter Haut. Vom Nasenloch erstreckt sich seitlich über das Auge und Trommelfell bis zum Beinansatz ein schwarzer Streifen, der mitunter hell gesäumt ist. Am großen Kopf treten die Augen seitlich hervor und haben eine waagrecht-elliptische Pupille. Durch Haftscheiben an den Fingern und Zehen ist er zum Klettern an senkrechten Strukturen befähigt, weshalb er oft auf höheren Stauden, Schilf, Sträuchern oder sogar Bäumen angetroffen werden kann. Seine Färbung kann stimmungsabhängig in verschiedene Intensität und Tönung wechseln. Er ist 3,5 bis 5,5 cm (Männchen) bzw. 4 bis 6 cm (Weibchen) groß.

Die in Deutschland vorkommende Laubfroschart *Hyla arborea* ist in Europa von Frankreich über Mitteleuropa bis nach Polen, der Slowakei und dem Balkan verbreitet. In Großbritannien und Skandinavien fehlt sie ebenso wie in Spanien und Italien. In Deutschland kommt der Laubfrosch mit Ausnahme von Berlin, Bremen und dem Saarland überall vor, mit der höchsten Konzentration in Nordostdeutschland. In Sachsen-Anhalt zählt er nach GROSSE & SEYRING (2015e) „zu den durchschnittlich verbreiteten Arten" und zeigt „eine deutliche Nordwest-Südost-Verbreitung".

In der Wittenberger Region ist der Laubfrosch sehr ungleichmäßig verbreitet: Von BUSCHENDORF (1984) werden für die damaligen Kreise Wittenberg, Gräfenhainichen und Roßlau „stabile und individuenreiche Populationen" angegeben. BERG et al. (1988) nennen das Schmiedeberger Becken als Zentrum der Verbreitung im Kreis Wittenberg und „eine kleine Restpopulation im Gebiet nordwestlich Klebitz" im Fläming. GROSSE & GÜNTHER (1996) bezeichnen die Elbauen von Wittenberg bis Torgau als einen „weiteren Verbreitungsschwerpunkt im Osten Deutschlands". Zur aktuellen Verbreitung zählen GROSSE & SEYRING (2015e) zahlreiche Vorkommen aus der Region auf.

Im Roßlau-Wittenberger Vorfläming wurden früher keine Laubfrosch-Nachweise erfasst, zu Zeiten von JAKOBS (1985) war nur „ein Nachweis in einem parkartigen Gelände im Stadtgebiet von Zahna" bekannt. Im nördlich angrenzenden Übergang zum

Hochfläming wurde im Jahr 2000 der erste Laubfrosch an Friedemanns Teich bei Rahnsdorf gehört. 2012 waren dann am Gewässer Beers Wiese und am Gewässer am östlichen Ortsrand sowie an einem kleinen Feldsoll nördlich von Klebitz ebenfalls Laubfrösche zu hören. Da JAKOBS dieses Gebiet sehr gründlich untersucht hat, kann nicht davon ausgegangen werden, dass er diese Art damals überhört hat. Auch wenige Kilometer entfernt in Kurzlipsdorf und Blönsdorf (Brandenburg) erfolgten aktuell Laubfroschnachweise. Daher kann angenommen werden, dass mit diesen Vorkommen zusammenhängend, eine Ausbreitung stattgefunden hat. Ob dieser Prozess abgeschlossen ist oder die Verbreitung sich noch weiter ausdehnt, könnte durch zukünftige Untersuchungen geklärt werden. Auch im östlich angrenzenden, bisher laubfroschfreien Fläming-Hügelland wurden an den Kiesseen bei Steinsdorf und an Wiesentümpeln bei Mügeln kleine Laubfroschvorkommen entdeckt, wobei B. SIMON (mdl. Mitt.) hier eine anthropogene Verschleppung nicht ausschließt (GROSSE & SEYRING 2015e).

Während das Elbtal im Biosphärenreservat Mittelelbe westlich der Region ein großer Verbreitungsschwerpunkt des Laubfrosches in Sachsen-Anhalt ist, beginnt etwa bei Riesigk, ähnlich wie bei der Rotbauchunke (vgl. Nr. 4) ein größerer unbesiedelter Bereich der Elbaue, der sich ostwärts entlang der Elbe und der Schwarzen Elster erstreckt. Erst die Elbaue oberhalb der Einmündung der Schwarzen Elster ist wieder vom Laubfrosch (und auch der Rotbauchunke!) besiedelt. Daran schließt sich eine Konzentration der Fundpunkte um Bleddin – Bösewig an, die JAKOBS (1990) noch als „kleine Restpopulationen" einstufte. Am 5. Mai 1990 konnten jedoch mindestens 20–30 Laubfrösche „wie Weihnachtsbaumschmuck" verteilt auf einen Weidenbusch an der Flutrinne Bösewig gesehen werden, bevor in den Folgejahren auch stets lautstarke Rufkonzerte, besonders am Bräken, aber auch am Bleichkolk und im Ort selbst zu hören waren, so dass ein individuenstarker Bestand anzunehmen ist. Neunachweise gelangen im Elbtal zwischen Pretzsch und Melzwig, wo für große Teilbereiche bisher keine Vorkommen belegt waren. Diese Vorkommen reichen bis in die ackerbaulich genutzte Gegend um Rackith In der Aue östlich der Elbe sind nur die Vorkommen am Rötkolk und am Waldtümpel bei Schützberg bekannt. Eventuell erfolgt auch hier eine langsame Ausbreitung, denn inzwischen wurden kleine Laubfroschvorkommen bei Wartenburg und Listerfehrda gefunden. Dafür spricht auch ein Neunachweis der Art im Schwarze-Elster-Tal westlich von Gorsdorf-Hemsendorf. Dieser Nachweis stellt das östlichste Vorkommen dar und liegt über 5 km entfernt von den aktuellen Verbreitungszentren an der Elbe (ÖKOTOP 2013). Aus der sonstigen Ackeraue östlich der Elbe liegen keine Nachweise vor, ebenso wie aus der anschließenden, bewaldeten Annaburger Heide.

Im Bereich der Dübener Heide liegt das Schmiedeberger Becken, das von BUSCHENDORF (1984) und JAKOBS (1986) als regionales Zentrum der Laubfrosch-Verbreitung genannt werden. Hier wurden in den 1980er Jahren am Seehofteich Splau und am Feldweiher bei Reinharz die ersten Laubfrösche der Region gefunden. Insgesamt fand JAKOBS (1986) 15 Fundstellen. Das Vorkommen an den Lausiger Teichen reichte bis nach Patzschwig, wo 1980 eine Schüler-Arbeitsgemeinschaft aus einem Maisfeld über 80 Laubfrösche vor der Erntemaschine absammelte (K. JAUER †, mdl. Mitt.). Aktuell kommt der Laubfrosch in der Dübener Heide neben den bekannten Vorkommen um Bad Schmiedeberg auch in den weiter westlich gelegenen bewaldeten Gebieten vor. Auch ein isoliertes Vorkommen im Hammerbachtal wurde aktuell mit über 50 rufenden Tieren bestätigt (ÖKOTOP 2013). Auch die ehemaligen Tagebaubereiche sind teilweise besiedelt, ÖKOTOP fand hier „höchste Besiedlungsdichten".

Da der Laubfrosch unüberhörbar ist, kann davon ausgegangen werden, dass die nach der Kartierung von 1995−2000 dargestellte Verbreitung (GROSSE 2004) nahezu vollständig war. Die gegenwärtige Situation lässt daher darauf schließen, dass sich der Laubfrosch seit dieser Kartierung weiter ausgebreitet hat. Eine deutliche Ausbreitung ist vor allem im Bereich der Tagebauregionen, der Dübener Heide und vermutlich auch im Fläming festzustellen. Der Lebensraum des Laubfroschs umfasst drei Teilbereiche: das Fortpflanzungsgewässer, den Sommerlebensraum und das Winterquartier. Für eine Besiedlung durch den Laubfrosch und dessen Ausbreitung ist das vernetzte Vorhandensein dieser Teilbereiche die Voraussetzung. Am Beispiel der Feldsölle im Fläming, die inmitten der bewirtschafteten Feldfluren liegen, zeigt sich aber, dass diese Bereiche keine große Ausdehnung haben müssen. Wichtig sind sonnige Sitzwarten auf senkrechten Strukturen, wie großblättrige Hochstauden, Brombeerdickichte, Schilf- und Landröhrichte, Gebüsche und Bäume. U. SIMON stellte im Mai 2011 in der Elbaue bei Bösewig Laubfrösche auf mannshohen, oben offenen Rohren fest, wobei beim Rufen eine stimmenverstärkende Resonanzwirkung auftrat (mdl. Mitt. in: GROSSE & SEYRING 2015e). Dort „klebte" auch am 13. August 2008 einer am völlig glatten NSG-Schild! Während Laubfrösche in der Wittenberger Region normalerweise von Mitte April bis Anfang Oktober aktiv sind, fand B. SIMON noch einen am 4. November 2018 bei Schützberg.

Als kleiner Froschlurch hat der Laubfrosch auch die vielen, bei den anderen Lurcharten genannten, tierischen Fressfeinde, die ihn besonders zur Fortpflanzungszeit in den Gewässern fangen. Auf seinen Sitzwarten spürt er die Erschütterungen der Zweige oder Stängel beim Nahen eines Feindes und kann rechtzeitig flüchten. Gefährdet wird sein Vorkommen durch anthropogene Beeinträchtigungen der von ihm bewohnten Feuchtgebiete und Kleingewässer (Trockenlegung, Grundwasserabsenkung, Gewässerverfüllung u.ä.). So wurde z. B. der frühere Vorkommens-Schwerpunkt - der Seehofteich Splau - zur anthropogenen Nutzung völlig umgestaltet und der gesamte Schilfbestand entfernt, so das dort gegenwärtig keine Laubfrösche mehr vorkommen.

Der Laubfrosch ist in der Wittenberger Region eine nicht seltene Art, deren Verbreitung in der südöstlichen Elbaue und Dübener Heide konzentriert ist. Im Fläming breiten sich nördlich von Zahna und Jessen kleinere Populationen eventuell aus. Während die Bestände in der Elbaue und Dübener Heide nur der natürlichen Prädation und witterungsbedingten Faktoren (Hochwasser, Austrocknung) unterliegen, werden die kleineren Bestände im Fläming darüber hinaus durch die Einflüsse der Bewirtschaftung des Umfeldes und dem Trockenfallen der Kleingewässer gefährdet.

Der Laubfrosch ist nach dem **Bundesnaturschutzgesetz** eine streng geschützte Tierart. Innerhalb der EU ist der Schutz durch den Anhang II der **Berner Konvention** geregelt. Weiterhin ist er im Anhang IV der **FFH-Richtlinie** gelistet. In der **Roten Liste Deutschlands** (KÜHNEL et al. 2009) ist er als „gefährdet" (Gefährdungskategorie 3) eingestuft. In der **Roten Liste Sachsen-Anhalts** (MEYER & BUSCHENDORF 2004) ist der Laubfrosch ebenfalls als „gefährdet" (Gefährdungskategorie 3) eingestuft.

10. Moorfrosch - *Rana arvalis* (NILSSON, 1842)

In Deutschland kommen drei sehr ähnlich aussehende Arten der Gattung *Rana* vor, die zusammenfassend oft als „Braunfrösche" bezeichnet werden – Moorfrosch, Grasfrosch und Springfrosch. Von diesen kommen natürlicherweise nur der Moor- und Grasfrosch in der Wittenberger Region vor.

Als einer der beiden in der Region vorkommenden „Braunfrösche" hat der schlanke Moorfrosch eine braune Grundfarbe, die auch rötlich, gelblich oder grau getönt sein kann. Öfters kommt auch ein breites helles Rückenband vor. Im Übergang zu den Flanken ragt beiderseits eine Drüsenleiste deutlich hervor. Der Bauch ist hell, fast weißlich und fleckenlos. Hinter den Augen besitzt er einen großen, dunkelbraunen Schläfenfleck. Von der Seite gesehen hat er ein spitzes Schnauzenprofil. Auf der Ferse sitzt ein großer, harter, halbkreisförmiger Höcker, der bei gefangenen Tieren ein relativ sicheres Erkennungsmerkmal ist. Zur Paarungszeit verfärben sich die Männchen durch Lymphansammlungen unter der Haut für wenige Tage leuchtend blau (Der Zweck dieser Blaufärbung ist bis heute unbekannt). Sie rufen dann blubbernd, als ob Luft aus einer untergetauchten Flasche ausdringt. Moorfrösche sind 4 bis 7 cm groß.

Der Moorfrosch ist in Europa weit verbreitet und fehlt nur auf den Britischen Inseln, dem größten Teil Frankreichs und im südlichen Europa. Im Norden überschreitet er den Nördlichen Polarkreis. In Deutschland erreicht der Moorfrosch in Nordrhein-Westfalen und Niedersachsen seine westliche Arealgrenze und ist in Nord- und Nordostdeutschland flächendeckend verbreitet. In Sachsen-Anhalt ist er besonders im Norden (Altmark und Elbtal) und Osten (Elbtal und Fläming) verbreitet, während der Westen und Südwesten nur sehr weitlückig besiedelt ist.

Für die Wittenberger Region bezeichnet BUSCHENDORF (1984) das Gebiet nördlich und westlich von Wittenberg und den Raum Bad Schmiedeberg als Schwerpunkte der Verbreitung. BERG et al. (1988) nennen ihn für die Feldsölle im Fläming ein Charaktertier und für die Elbaue als regelmäßig anzutreffen, wobei er dort häufiger auftreten soll als der Grasfrosch. GÜNTHER & NABROWSKY (1996) wiederum nennen das „Elbe-Mulde-Tiefland westlich von Wittenberg" und den Raum Schmiedeberg als Schwerpunkte der Verbreitung. Nach der aktuellsten Kartierung sind nach GROSSE & SEYRING (2015f) die Dessau-Wörlitzer Elbauen und das Schwarze-Elster-Tal flächendeckend und die Dübener und auch Annaburger Heide lückig besiedelt.

Im Fläming fand JAKOBS (1985) 22 Laichgewässer mit Bevorzugung der „vegetationsreichen, sonnigen Flachweiher der Feldflur". Die aktuelle Fundpunktkarte zeigt eine Konzentration der Fundpunkte im Übergang vom Vorfläming zum Hochfläming (Jahmo - Kropstädt - Rahnsdorf - Klebitz) und bestätigt den von JAKOBS ermittelten Zustand der besiedelten Feldflur, sofern Laichgewässer vorhanden sind. Auch GROSSE & SEYRING (2015f) weisen darauf hin, dass der Moorfrosch nicht, wie es sein Name vermuten lässt, auf Moore beschränkt ist, sondern eine Vielzahl unterschiedlicher Lebensräume besiedelt. Für Sachsen-Anhalt errechneten sie nahezu 18 % besiedelte Ackerhabitate. Auch im östlich angrenzenden Südlichen Fläming-Hügelland bewohnen Moorfrösche das Offenland und kommen außer im bewaldeten Korgschen Busch an den Gewässern bei Dixförda - Lindwerder - Steinsdorf sowie am Schweinitzer Fließ vor.

Der eigentliche Verbreitungsschwerpunkt in der Region sind aber die Flussauen von Elbe und Schwarzer Elster. Auf die überregionale Bedeutung der Flussauen für das Vorkommen des Moorfroschs macht besonders REUTER (2004) am Beispiel der Elbaue zwischen Dessau und Aken aufmerksam. Er fand ihn dort an ca. 140 Gewässern, davon an 15 Gewässern mit über 200 Individuen. Diese dort vorhandene Vielzahl an Wald- und Wiesengewässern setzt sich ostwärts bis in die Wittenberger Region fort. Nach JAKOBS (1990) laicht er in vielen Flachgewässern und besiedelt ebenso den Auwald.

„Aber auch im Ackerbaugebiet der Flusstalniederung ist er in fast allen Tümpeln, Kolken, Weihern, auch in Dorfteichen zu finden". So wurden auch aktuell in der Wittenberger Elbaue zahlreiche Moorfrosch-Vorkommen bestätigt bzw. neu gefunden, u.a. auch im neu entstandenen Kiesabbaugebiet bei Rackith. Bemerkenswert ist die sehr hohe Dichte von Moorfroschnachweisen im FFH-Gebiet „Dessau-Wörlitzer Elbauen" (ÖKOTOP 2013), das bis in die Auwaldbereiche von Heinrichswalde reicht. Das Nordufer des Crassensees und in Abhängigkeit von den Niederschlägen auch die Wiesensenken sind bevorzugte Laichplätze des Moorfroschs. Auch das Schwarze-Elster-Tal ist nach den aktuellen Ergebnissen flächendeckend besiedelt. Besonders die Kuhlache bei Jessen weist für das Vorkommen des Moorfroschs gute Bedingungen auf, so dass hier Gemeinschaften von 100–350 Rufern gefunden werden konnten.

In der Dübener Heide fand JAKOBS (1986) zwölf Fundstellen mit „deutlicher Konzentration im Schmiedeberger Becken" bei gleichzeitigem Vorkommen des Grasfroschs, obwohl zwischen beiden Arten nach SCHLÜPMANN & GÜNTHER (1996) „in vielen Regionen zumindest tendenziell ein vikariierendes Verhältnis" besteht, d.h. dort wo der Moorfrosch häufig ist, ist der Grasfrosch selten und umgekehrt. Die aktuelle Erfassung von ÖKOTOP (2013) bestätigte trotz mehrerer Neunachweise eine „lückige Besiedlung" der Dübener Heide. Dennoch gibt es auch dort Verbreitungsschwerpunkte. Bei der ersten Kontrolle an der neu errichteten stationären Amphibienschutzanlage an den Lausiger Teichen im Jahr 2007 wurden 3.115 Moorfrösche gezählt, selbst bei abzüglicher Berücksichtigung von möglichen Fehlbestimmungen eine erstaunliche Zahl! Diese ist für dieses Gebiet aber nicht außergewöhnlich, denn auch in den Jahren der mobilen Schutzeinrichtungen wurden dort in den Fortpflanzungsperioden derartige Anzahlen gefangen, 2005 allein am Kleinen Lausiger Teich 1.124 Moorfrösche, so dass eine dichte Besiedlung des dortigen Gebietes angenommen werden muss.

Egel und Larven von Wasserkäfern und Libellen sind natürliche Fressfeinde des Laichs und der Larven des Moorfroschs. Ringelnattern, Raubfische, Möwen, Krähenvögel, Reiher, Störche, Fischotter, Iltisse, Minke und Waschbären fressen die Jung- und Alttiere. Wie auch bei allen anderen Lurcharten geht aber die größte Gefährdung von der Zerstörung oder Veränderung der Laichgewässer aus. Dazu kommen niederschlagsarme Winter, die durch das Fehlen der Schneeschmelze zum Trockenbleiben der Wiesensenken führen, in denen die Moorfrösche sehr gern laichen. Befinden sich die Fortpflanzungsgewässer in Straßennähe fordert der Straßenverkehr seine Opfer. Dies erfolgt auch schon auf einfachen Zufahrtstraßen, wie es jährlich die zahlreich überfahrenen Moorfrösche an der Zufahrt zum Campingplatz Bergwitzsee in der Region zeigen.

Der Moorfrosch ist also eine in der Wittenberger Region weit verbreitete und häufige Froschart, die in den Auen von Elbe und Schwarzer Elster ihren Verbreitungsschwerpunkt aufweist. Er ist hier in seinem Bestand bisher nicht gefährdet. Dieser weist aber durch Austrocknung der Gewässer in niederschlagsarmen Jahren, die zum Reproduktionsausfall führt, und durch den Feinddruck durch den starken Anstieg der Waschbärenpopulation größere Schwankungen auf.

Der Moorfrosch ist nach dem **Bundesnaturschutzgesetz** eine streng geschützte Tierart. Innerhalb der EU ist der Schutz durch den Anhang II der **Berner Konvention** geregelt. Weiterhin ist er im Anhang IV der **FFH-Richtlinie** gelistet. In der **Roten Liste Deutschlands** (KÜHNEL et al. 2009) ist er als „gefährdet" (Gefährdungskategorie 3) eingestuft. In der **Roten Liste Sachsen-Anhalts** (MEYER & BUSCHENDORF 2004) ist der Moorfrosch ebenfalls als „gefährdet" (Gefährdungskategorie 3) eingestuft.

11. Grasfrosch - *Rana temporaria* (LINNAEUS, 1758)

Der ebenfalls oft als „Braunfrosch" bezeichnete Grasfrosch sieht dem Moorfrosch sehr ähnlich und kann leicht mit diesem verwechselt werden.

Er ist oberseits in den verschiedensten Tönen bräunlich gefärbt mit dunkelbraunen bis schwarzen Flecken in den unterschiedlichsten Formen und mit glatter Haut. Die beiden eng zueinander stehenden Rückendrüsenleisten ragen nicht so stark hervor wie beim Moorfrosch. Die Unterseite (Bauch) ist hellgrau bis gelblich mit brauner Marmorierung (Moorfrosch ungefleckt!). Der Grasfrosch hat im Gegensatz zum Moorfrosch von der Seite gesehen eine stumpfe, leicht aufgewölbte Schnauze. Zur Erkennung an gefangenen Tieren dient auch der Fersenhöcker, der klein, flach und weich ist. Grasfrösche werden relativ groß und erreichen eine Körperlänge von bis zu 9 cm (Weibchen). Die knurrenden Rufkonzerte sind in Abhängigkeit von der Witterung und Anzahl der anwesenden Männchen während der Hauptbalzzeit meist nur wenige Tage zu hören.

Der Grasfrosch ist mit Ausnahme des Mittelmeerraumes fast über ganz Europa weit verbreitet, auch in Skandinavien, und erreicht als einzige Lurchart das Nordkap. Nach Osten dringt er weit über den Ural hinaus und besiedelt weite Teile Westsibiriens. Die Verbreitungskarte bei SCHLÜPMANN & GÜNTHER (1996) zeigt die vollständige Besiedlung Deutschlands von den Küsten bis zu den Alpen an, wo er mit Ausnahme der Agrargebiete und Ballungsräume bis in Höhenlagen von fast 2.000 m flächendeckend vorkommt. Auch das Land Sachsen-Anhalt ist „nahezu flächendeckend" besiedelt (GROSSE 2015b). Die unterschiedliche Ausstattung der Naturräume führt lediglich zu

Unterschieden in der Dichte der Vorkommen. Insgesamt war der Grasfrosch bei der letzten landesweiten Erfassung die dritthäufigste Lurchart (nach Erdkröte und Teichfrosch) mit 5.890 Datensätzen an über 5.000 Fundorten (GROSSE et al. 2015).

Auch in der Wittenberger Region ist der Grasfrosch weit verbreitet und kommt in allen Landschaftseinheiten vor, wie es auch BERG et al. (1988) bereits für den damaligen Kreis Wittenberg beschreiben. Für den Fläming nennt JAKOBS (1985) 31 Laichplätze, geht aber davon aus, dass diese „in ihrer Gesamtheit schwer zu erfassen" sind. Jedoch wird hier die Verbreitung von der Anzahl an Gewässern limitiert und der Grasfrosch fehlt nach BERG et al. (1988) „in der Nordostecke im Rotbauchunkengebiet völlig". Ansonsten werden die im Gebiet vorhandenen Gewässer aber fast vollzählig als Laichplätze genutzt, die Tümpel und Weiher in der Feldflur ebenso wie die im Wald oder in den Siedlungen (Dorfteiche). Auch die Hausgärten werden von vereinzelten Grasfröschen besiedelt, wo diese dann im Frühjahr an den Gartenteichen erscheinen. Dies erfolgt auch in den Vorstadtbereichen von Wittenberg. Daneben laicht er auch in Wiesengräben und wassergefüllten Wegsenken. An den Flämingbächen findet er sich aber nur vereinzelt. Die oftmals kaskadenförmig vorhandenen Staubereiche oberhalb der zahlreichen Biberstaue sind ebenfalls kaum besiedelt. Auch im östlich angrenzenden Fläming-Hügelland findet sich die gleiche Besiedlung. Die Meldung von zwölf unter dem Eis eines Gartenteichs verendeten Grasfröschen in der Bungalowsiedlung Jahmo im Jahr 2006 zeigt, dass auch im Fläming etliche Grasfrösche in den Gewässern überwintern. BERG et al. (1988) berichten über die Bergung von 29 Eimern voller Grasfroschlaich von einer trocken gefallenen Wiese im Fläming, der von einer recht großen Gruppe stammen muss.

Die Verbreitung im Fläming geht südlich in das Flusstal mit seiner Aue an Elbe und Schwarzer Elster über, wenngleich hier die Grasfrösche sich gegenüber dem Moorfrosch „deutlich in der Minderzahl" befinden (JAKOBS 1990). Allerdings berichtet JAKOBS auch von Laichgemeinschaften beider Arten. Im direkten Übergang von der Niederterrasse zur Überflutungsaue am Luthersbrunnen östlich von Wittenberg wurden in den 1990er Jahren jährlich bis über 1.000 Grasfrösche an der mobilen Amphibienschutzanlage geborgen. Allerdings gingen diese Zahlen später aus nicht erkennbaren Gründen stetig zurück. Bei der aktuellen Erfassung zeigen sich nach ÖKOTOP (2013) größere Besiedlungslücken im Elbetal südlich von Rackith sowie östlich davon bis zur Landesgrenze. Dort wurden aktuell lediglich zwei Vorkommen des Grasfrosches festgestellt. Da es sich hierbei jedoch zum Teil um die für die Betretung gesperrte und daher nur mit „offiziellen" Aufträgen aufgesuchte Annaburger Heide handelt, sind hier Bearbeitungslücken nicht auszuschließen. Aber auch die südlich von Jessen gelegene

Ackeraue weist eine deutlich geringere Fundpunktdichte auf. Die intensive landwirtschaftliche Nutzung wird hier wie auch in der Elbaue den ansonsten oftmals weitab vom Gewässer anzutreffenden Grasfrosch stören.

In der Dübener Heide fand JAKOBS (1986) 43 Laichstellen und an Land den Grasfrosch „im Wald und auf den Wiesen überall". Besonders die angelegten Stauteiche werden gern genutzt, die vom Biber angestauten Bereiche an den Fließgewässern erstaunlicherweise kaum. ÖKOTOP (2013) bezeichnet die Dübener Heide als Verbreitungsschwerpunkt der Art im Gebiet. Kleine Verbreitungslücken, die vermutlich auf Bearbeitungslücken zurückzuführen sind, existieren zwischen Gräfenhainichen und Wörlitz. Die Zahl der geborgenen Grasfrösche an der mobilen Amphibienschutzanlage an den Lausiger Teichen zeigte, dass dieses Gebiet, trotz erheblicher Schwankungen zwischen den Jahren, ein bedeutender Schwerpunkt des Vorkommens des Grasfroschs ist. Auch bei Scholis und an der Gleinermühle bei Söllichau queren eine erhebliche Anzahl an Grasfröschen die Straßen (UNB WB) und zeigen eine stärkere Besiedlung an. Bei der Entschlammung des Feldweihers Röste bei Ogkeln am 10. Februar 2003 wurden bei Temperaturen um 0° C mit dem Schlamm auch einzelne Grasfrösche ausgebaggert, die dadurch anzeigten, dass Vertreter dieser Art auch in der Dübener Heide in den Gewässergründen überwintern.

Insgesamt kann also der Grasfrosch für die Wittenberger Region als eine weit verbreitete und auch recht häufige Lurchart angesehen werden. Wie alle anderen Lurcharten hat auch der Grasfrosch zahlreiche natürliche Feinde, die aber in der zurückliegenden Zeit den Bestand dieser Art nicht gefährdet haben. Aber eine Vielzahl von Faktoren, insbesondere das Verschwinden von Laichgewässern und die Verluste durch den Straßenverkehr, bewirken an vielen Stellen eine Verkleinerung der Populationen. Dennoch wird gegenwärtig in Sachsen-Anhalt von stabilen Beständen ausgegangen (GROSSE 2015b), was auch für die Wittenberger Region zutrifft.

Der Grasfrosch ist nach dem **Bundesnaturschutzgesetz** eine besonders geschützte Tierart. Innerhalb der EU ist der Schutz durch den Anhang III der **Berner Konvention** geregelt. Weiterhin ist er im Anhang V der **FFH-Richtlinie** gelistet. In der **Roten Liste Deutschlands** (KÜHNEL et al. 2009) ist er nicht eingestuft, gilt also (noch) als ungefährdet. In der **Roten Liste Sachsen-Anhalts** (MEYER & BUSCHENDORF 2004) ist der Grasfrosch in die „Vorwarnliste" eingestuft.

12. Teichfrosch - *Pelophylax esculentus* (LINNAEUS, 1758)

Der vor dem herannahenden Menschen vom Gewässerufer im hohen Sprung ins Wasser flüchtende grüne Frosch ist in der Regel immer ein Teichfrosch – unsere häufigste Frosch"art", der gemeinsam mit Seefrosch und Kleinem Wasserfrosch die Gruppe der Wasserfrösche bildet, oft auch „Grünfrösche" genannt.

Bis vor wenigen Jahren wurden die heimischen Wasserfrösche gemeinsam mit den „Braunfröschen", wie Moor- oder Grasfrosch, unter dem Gattungsnamen *Rana* geführt. Jüngere genetische Untersuchungen haben jedoch ergeben, dass sowohl die Braun- als auch die Wasserfrösche eigene monophyletische Gruppen bilden (zu denen noch weitere asiatische Arten zählen). Deshalb wurden die beiden Gruppen aufgespaltet und die Wasserfrösche werden nunmehr unter dem von FITZINGER 1843 vorgeschlagenen Gattungsnamen *Pelophylax* geführt (KAUFMANN 2014).

Gemeinsam mit den beiden anderen Wasserfröschen bildet der Teichfrosch eine der interessantesten Wirbeltiergruppen, die PLÖTNER (2005) als „biologische Sensation" bezeichnete. Denn der polnische Herpetologe LESZEK BERGER hatte 1967 durch Kreuzungsversuche herausgefunden, dass der Teichfrosch keine richtige „biologische Art" ist, sondern ein Kreuzungsprodukt aus Seefrosch und Kleinem Wasserfrosch. Zahlreiche Kreuzungsexperimente sowie biochemische und molekulargenetische Untersuchungen bestätigten diese Hypothese. Entgegen der biologischen Tatsache, dass die aus Kreuzungen hervorgegangenen Hybriden nicht fortpflanzungsfähig sind, bildet die Hybridart Teichfrosch reproduktive Bestände, die durch einen speziellen Fortpflanzungsmodus – der Hybridogenese – sich sowohl untereinander als auch mit beiden Elternarten erfolgreich fortpflanzen. Infolge dieser Fortpflanzungsweise besitzen die sich entwickelnden Tiere äußerst vielfältige Zusammensetzungen des Erbgutes und demzufolge eine sehr variable Kombination der morphologischen Körpermerkmale, so dass es sowohl in der Gestalt als auch in der Färbung der Teichfrösche Übergangsformen zu den beiden Elternarten gibt, welche die Artbestimmung nach äußeren Merkmalen im Felde außerordentlich erschweren.

Hinzu kommt, dass durch die Fortpflanzung triploide Formen entstehen können. Im Normalfall enthält jede Geschlechtszelle (Spermien und Ovarien) einen Chromosomensatz (haploid), so dass die befruchtete Eizelle die Chromosomensätze (und somit die Erbinformationen) beider Elterntiere enthält (diploid). Mitunter werden aber Geschlechtszellen mit zwei Chromosomensätzen produziert, so dass eine derartige befruchtete Eizelle drei Chromosomensätze (und somit die doppelte Erbinformation eines Elterntieres) enthält (triploid). Durch diesen (hier stark vereinfacht dargestellten komplizierten Mechanismus) entstehen Frösche mit weiteren variablen Kombinationen der äußeren Merkmale, so dass in einer „Wasserfrosch"gruppe eine Vielzahl dieser Merkmalskombinationen auftreten können. Daraus ergibt sich, dass eine sichere Artbestimmung nur nach dem Phänotyp kaum möglich ist.

Eine wichtige Bestimmungshilfe im Freiland ist die Fersenhöckerprobe nach GÜNTHER (1990), also nach der Form der warzigen Erhebung an der Basis der innersten Zehe. Dieser Höcker ist beim Teichfrosch als Bastardform zwischen Seefrosch (3) und Kleinem Wasserfrosch (1) eine Zwischenform (2) zwischen dem der beiden anderen Arten. Er ist gewölbt, aber nie halbkreisförmig, sondern der höchste Punkt ist in Richtung Zehenspitze verschoben.

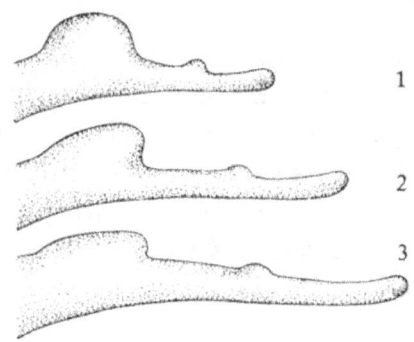

Eine feldherpetologisch sinnvolle Bestimmung der drei Wasserfroscharten erfolgt nach GÜNTHER (1990) und PLÖTNER (2005) über eine Quotientenbildung aus wichtigen biometrischen Daten. Dazu müssen mit einem Messschieber folgende Messdaten ermit-

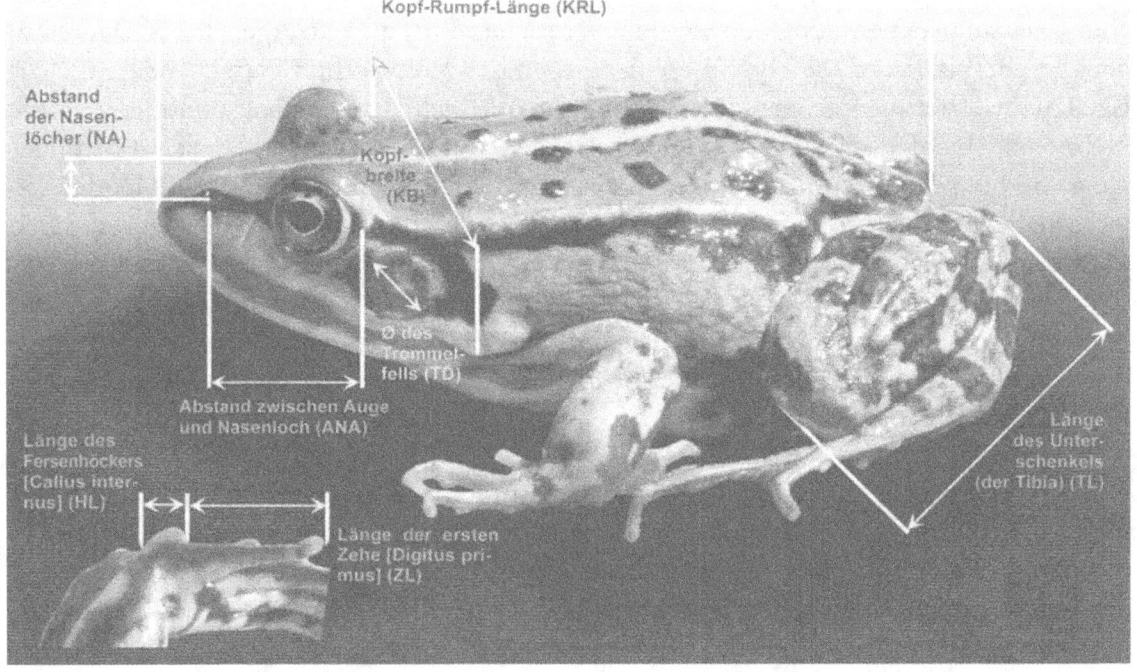

Bestimmung der Messdaten für die Quotientenberechnung bei den Wasserfröschen (nach GROSSE et al. 2015)

telt werden: Kopf-Rumpf-Länge (KRL), Länge des Unterschenkels - Tibia (TL), Länge des Fersenhöckers - Callus internus (HL), Länge der 1. Zehe - Digitus primus (ZL), Kopfbreite (KB) und Abstand zwischen Auge und Nasenloch (ANA) (nach PLÖTNER 2010).

Nach dem Messen werden die entsprechenden Quotienten gebildet, die folgende arttypischen Werte aufweisen müssen:

Quotient	Kleiner Wasserfrosch	Teichfrosch	Seefrosch
KRL : TL	> 2,2	> 2,0	< 2,0
KRL : HL	10,0–14,3	12,0–20,2	17,4–25,4
ZL : HL	< 2,1	1,7–2,9	> 2,3
TL : HL	< 7,0	6,5–9,4	> 8,0
KB : HL	3,5–5,3	4,5–7,2	6,3–9,3
ANA : HL	2,2–2,8	2,5–3,8	3,1–4,7

Viele Beobachtungen sind aber nicht durch derartige Untersuchungen und Messungen gesichert, so dass manche Artzuordnung innerhalb der drei Wasserfroscharten möglicherweise nicht exakt ist, wie es auch REUSCH (2015a) für seine Darstellung der Verbreitung des Teichfroschs in Sachsen-Anhalt voranstellt. Denn es muss abschließend darauf hingewiesen werden, dass die im Feld praktizierte Bestimmung von Wasserfröschen anhand von Färbungs- und Rufmerkmalen mit einer hohen Fehlerquote behaftet ist.

Der Teichfrosch ist der allgemein bekannte, typische grüne Frosch. Die Oberseite ist grasgrün oder hellgrün, manchmal auch bräunlich, mit zahlreichen schwarzen Pigmentflecken, die immer scharf abgesetzt sind. Die Bauchseite ist weiß, öfters auch grau marmoriert. Die langen, kräftigen Oberschenkel haben auf grünem Grund schwarze, oft auch gelbe Flecken. Die Schallblasen sind ausgestülpt hellgrau. Der Teichfrosch kann 10 bis 12 cm lang werden (Weibchen). Die Paarungsrufe sind ein hartes Schnarren und Keckern, das bei Anwesenheit mehrerer Männchen zu einem lautstarken „Konzert" anschwellen kann.

Der Teichfrosch kommt in Europa von Frankreich aus über Mitteleuropa bis zur Wolga-Region vor und fehlt auf den Britischen Inseln, in Skandinavien und in Südeuropa. In Deutschland, wo er alle geeigneten Lebensräume bewohnt, in Höhenlagen jedoch seltener wird, ist er flächendeckend verbreitet. In der Niederung gibt es lediglich in den Agrarräumen und Ballungszentren Fundlücken. Auch in Sachsen-Anhalt ist er nach REUSCH (2015a) bis auf eine kleine Lücke westlich von Hettstedt flächendeckend verbreitet. Es zeigte sich, dass hier selbst die agrarisch genutzten Landschaftsräume, wie z.B. die Magdeburger Börde vom Teichfrosch besiedelt werden, wenn Laichgewässer vorhanden sind.

Für die Wittenberger Region haben BERG et al. (1988) den Teichfrosch als einen der häufigsten Lurche des damaligen Kreises Wittenberg bezeichnet. Auch im östlich angrenzenden, ehemals zum Bezirk Cottbus gehörenden Gebiet um Jessen war nach KRÜGER & JORGA (1990) der Teichfrosch der häufigste Wasserfrosch. Infolge seiner hohen Anpassungsfähigkeit kann er fast alle Gewässertypen zur Fortpflanzung nutzen, vegetationsreiche Ufer- und Flachwasserbereiche sind aber von Vorteil. Daher wird sein Vorkommen überwiegend nur vom Fehlen von Gewässern limitiert. In nährstoffarmen Waldtümpeln ist er oftmals die einzige Lurchart. Die Verbreitungskarte aus GROSSE et al. (2015) zeigt eine dichte Verteilung der Fundpunkte an, die Lücken in den östlichen und südöstlichen Randbereichen sind eher als Bearbeitungslücken als Verbreitungslücken anzusehen, auch eine gewisse Gewässerarmut dieser Gebiete trägt dazu bei.

Die aktuelle Erfassung erbrachte für den Fläming und Vorfläming zahlreiche neue Fundpunkte (MALCHAU & SIMON 2010), so dass hier wohl an fast allen Gewässern diese Art vorkommt. JAKOBS (1985) stellte an 14 Flachweihern und Tümpeln Mischpopulationen von Teichfrosch und Kleinem Wasserfrosch fest. Probeweise führten J. REUSCH und U. ZUPPKE am 4. Juli 2001 an drei Gewässern im Wittenberger Vorfläming nächtliche Fangaktionen zur Messung von biometrischen Daten durch und ermittelten über deren Quotienten die Arten. Dabei stellten sie Verhältnisse vom Kleinen Wasserfrosch zu Teichfrosch (einschl. triploide) von 1 : 2 bis 1 : 3 fest:

1. Standort: Waldtümpel Friedenthal

Nr.	KRL	TL	HL	1.Zehe	1.Zehe:FH	TL : FH	KRL:Tibia	Artansprache
1	10–12				2,0–2,5	7,0–8,5	>2,0	R. esculenta
2					1,8–2,3	6,0–7,5	>2,0	R. esculenta trpl.
3					2,5–3,0	8,0–10,0	>2,0	R. esculenta trpl.
4	6,5–7,5				<2,1	<7,0	>2,2	R. lessonae

2. Standort: Waldweiher Friedenthal

Nr.	KRL	TL	HL	1.Zehe	1.Zehe:FH	TL : FH	KRL:Tibia	Artansprache
1	7,00	3,30	0,43	0,88	2,05	7,67	2,12	R. esculenta
2	7,70	3,55	0,53	0,90	1,70	6,70	2,17	R. esculenta trpl.
3	6,64	2,67	0,47	0,68	1,45	5,68	2,49	R. lessonae
4	6,33	2,62	0,43	0,57	1,33	4,59	2,42	R. lessonae
5	7,10	3,18	0,40	0,85	2,13	7,95	2,23	R. esculenta
6	6,40	3,05	0,40	0,78	1,95	7,63	2,10	R. esculenta
7	7,50	3,42	0,48	0,82	1,71	7,13	2,19	R. esculenta
8	6,40	3,10	0,40	0,80	2,00	7,75	2,06	R. esculenta

3. Standort: Feldsoll „Am Wachtelberg" Jahmo

Nr.	KRL	TL	HL	1.Zehe	1.Zehe:FH	TL: FH	KRL:TL	Artansprache
1	6,30	2,93	0,37	0,65	1,76	7,92	2,15	R. lessonae
2	8,15	3,73	0,55	1,00	1,82	6,78	2,18	R. esculenta trpl.
3	6,70	3,14	0,41	0,80	1,95	3,93	2,13	R. esculenta
4	7,80	3,50	0,42	0,82	1,95	8,33	2,23	R. esculenta
5	5,40	2,33	0,37	0,61	1,65	6,30	2,32	R. lessonae
6	8,45	4,00	0,54	1,03	1,91	7,41	2,11	R. esculenta trpl.
7	5,93	2,63	0,42	0,69	1,64	6,26	2,25	R. lessonae
8	6,68	2,82	0,41	0,78	1,90	6,88	2,37	R. lessonae
9								R. esculenta
10	8,35	3,76	0,52	0,98	1,89	7,23	2,22	R. esculenta trpl.
11-16								R. esculenta
17	6,10	2,60	0,38	0,70	1,84	6,84	2,35	R. lessonae

Teichfrösche kommen auch an Dorfteichen und vereinzelt auch an Gartenteichen in Privatgärten vor. Hier stellen sie sich mitunter plötzlich ein, wie mehrfach in der Schlossvorstadt von Wittenberg und anderswo, obwohl diese oft sehr weit vom nächsten besiedelten Gewässer entfernt liegen.. Da sie oft auch wieder verschwinden, muss angenommen werden, dass sie auf der Suche nach geeigneten Lebensräumen recht weite Wanderungen unternehmen. Im Fläming-Hügelland nördlich von Jessen werden ebenfalls alle vorhandenen Gewässer vom Teichfrosch als Laichgewässer sowie deren Umgebung als Landhabitate genutzt. So werden alljährlich bei der Frühjahrswanderung am Feuchtgebiet an der Arnsdorfer Straße im Norden Jessens erhebliche Anzahlen an der mobilen Amphibienschutzanlage gefangen. Die größeren gewässerarmen Waldgebiete, wie die Glücksburger Heide, stellen dort Besiedlungslücken dar. Ebenso sind die ausgedehnten Flämingwaldungen nördlich von Coswig (beiderseits der Autobahn) arm an Kleingewässern und daher nur sehr grob-lückig vom Teichfrosch besiedelt.

Sehr deutlich ist auf der Fundpunktkarte die außerordentlich dichte Besiedlung der Auen an der Elbe und Schwarzen Elster erkennbar, die durch die hohe Gewässerdichte verursacht wird. Die vielen Gewässer der Überflutungsaue, sowohl größere Altwasser oder Altarme als auch kleine Kolke und sonstigen Gewässer, werden vom Teichfrosch genutzt und ergeben somit diese hohe Fundpunktdichte. JAKOBS (1990) gibt aber auch „fast alle Weiher, Teiche und Kolke des Ackerbaugebietes" als Vorkommen des Teichfroschs in der Elbaue an. 1953/54 zeugten intensive nächtliche Rufkonzerte am Crassensee von damaligen individuenreichen Teichfroschbeständen von „mehreren Hundert" (U. ZUPPKE), die gegenwärtig jedoch längst nicht mehr diese Zahlenstärken erreichen. Die agrarisch genutzte Aue östlich der Elbe ist ebenfalls vom Teichfrosch besiedelt, hier werden auch die strukturarmen Entwässerungsgräben genutzt. Auch hier kommt er an den Dorfteichen vor, wie es B. SIMON von 1960 aus Plossig berichtet (REUSCH 2015a). Aus dem Gebiet der Elbaue liegen Nachweise der ersten und letzten jahreszeitlich aktiven Teichfrösche des Gebietes vor: Am 15. März 1997 hörte J. REUSCH bei Iserbegka die erste und am 8. Oktober 1978 hörte U. ZUPPKE bei Pratau die phänologisch letzte Rufaktivität. Am 1. Oktober 2010 hörte B. SIMON bei Wartenburg, also ebenfalls in der Elbaue, noch zehn rufende Teichfrösche.

Innerhalb des geschlossenen Waldgebietes der Dübener Heide gibt es eine nicht unerhebliche Anzahl von Kleingewässern und darüber hinaus auch einige Stauteiche, die fast alle vom Teichfrosch besiedelt sind. JAKOBS (1986) fand 56 Nachweispunkte und bezeichnete den Teichfrosch als den „am weitesten verbreiteten Lurch" bei gleichmäßiger Verteilung im Gebiet. Dies trifft auch gegenwärtig noch zu, obwohl ÖKOTOP (2013) „eine lückige Verbreitung" einschätzen. Dies liegt aber an der Verteilung der Gewässer in diesem Waldgebiet. Ein Verbreitungsschwerpunkt ist auch bei dieser stark gewässergebundenen Art das Gebiet der Lausiger Teiche. 1.711 an der mobilen Amphibienschutzanlage gefangene Teichfrösche im Jahr 2002, 1.547 im Jahr 2003 und 1.135 im Jahr 2007 (UNB WB) geben beispielhaft eine Vorstellung von der Größe der dortigen Population, wobei zu beachten ist, das hierbei nur die nordöstliche Seite des Gewässerkomplexes (an der Straße) erfasst wurde und nur ein Teil des Teichfroschbestandes terrestrische Winterquartiere nutzt und ein weiterer (ob größerer?) am Gewässergrund überwintert. Auch die Überquerung der Straße an der Gleinermühle bei Söllichau durch Teichfrösche zeigt einen größeren Bestand im dortigen Feuchtgebiet an. ÖKOTOP (2013) ermittelte, dass inzwischen auch die Tagebauregionen dicht besiedelt sind. In der Oranienbaumer Heide wird die lückige Dichte wie in den anderen Waldgebieten von der Gewässerdichte bestimmt.

In der Region wurden in den letzten Jahren nur noch selten richtig große Rufergemeinschaften festgestellt, wenn auch die Froschkonzerte schwer zu quantifizieren sind. Im Juni 2000 schätzte J. BERG eine derartige Gruppe am Gewässer der neuen Kiesgrube Nudersdorf auf 500. Auch REUSCH (2015a) berichtet vom Rückgang der „Froschkonzerte". Als eine Ursache nennt er am Beispiel des Altkreises Jessen den Verlust von über 50 innerörtlichen Gewässern (Dorfteiche, „Tränken", „Lachen") durch Verfüllung. Insgesamt gesehen deuten diese Wahrnehmungen auf einen Rückgang der Teichfroschpopulationen. Zwar hat der Teichfrosch wie alle anderen Lurcharten zahlreiche natürliche Feinde, die aber bisher den Bestand nicht beeinträchtigt haben. Vielmehr wirken auch bei dieser stark an feuchte Lebensräume gebundenen Art die bereits mehrfach angeführten anthropogen bedingten Gefährdungsursachen, deren Auswirkungen beim Teichfrosch infolge seiner weiten Verbreitung und individuenreicheren Bestände nur nicht so gravierend auffallen wie bei anderen Lurcharten.

Da aber selbst bei sorgfältigen Erfassungen stets nur ein Bruchteil der tatsächlich vorhandenen Teichfrösche erfasst wird, kann man davon ausgehen, dass der Teichfrosch in der Wittenberger Region immer noch die wohl häufigste und verbreitetste Froschart ist, die eigentlich nur durch massive Beeinträchtigungen der Laichgewässer gefährdet werden könnte.

Der Teichfrosch ist nach dem **Bundesnaturschutzgesetz** eine besonders geschützte Tierart. Innerhalb der EU ist der Schutz durch den Anhang III der **Berner Konvention** geregelt. Weiterhin ist er im Anhang V der **FFH-Richtlinie** gelistet. In der **Roten Liste Deutschlands** (KÜHNEL et al. 2009) ist er nicht eingestuft, gilt also (noch) als ungefährdet. Das Gleiche gilt für die **Rote Liste Sachsen-Anhalts** (MEYER & BUSCHENDORF 2004).

Da Deutschland im Zentrum des Verbreitungsgebietes der drei Wasserfroscharten liegt und einen Schwerpunkt der Verbreitung darstellt, obliegt dem Land eine besondere Verantwortung gegenüber diesen Arten. Im Hinblick auf diese nationale Verantwortung im europäischen Rahmen sind zukünftig Untersuchungen zur Populationsentwicklung des Teichfroschs weiterhin dringend erforderlich.

13. Seefrosch - *Pelophylax ridibundus* (PALLAS, 1771)

Der Seefrosch wurde 1771 von dem deutschen Naturforscher PETER SIMON PALLAS entdeckt und beschrieben. Wegen der vermeintlichen Ähnlichkeit seines markanten Rufes mit menschlichem Gelächter verlieh er ihm den lateinischen Namen *„ridibunda"* (ridere = lachen). Die Taxonomie der Wasserfrösche ist noch nicht abgeschlossen, so dass neben der bereits erfolgten Abspaltung der Arten Iberischer Wasserfrosch (*Pelophylax perezi*), Italienischer Wasserfrosch (*P. bergeri*), Balkan-Wasserfrosch (*P. kurtmuelleri*), Epirus-Wasserfrosch (*P. epeiroticus*), Türkischer Wasserfrosch (*P. bedriagae*), Kreta-Wasserfrosch (*P. cretensis*) und Skutari-Wasserfrosch (*P. shqipericus*) sowie zwei weiteren Hybridformen, die sich äußerlich nur geringfügig unterscheiden, mit weiteren Änderungen zu rechnen ist.

Er ist der größte heimische Frosch und erreicht eine Kopf-Rumpf-Länge (KRL) von maximal 14 cm (nach GÜNTHER 1990 jedoch nur äußerst selten!). Oberseits ist er olivgrün, manchmal auch bräunlich oder gräulich, unterseits hell bis weißlich mit dunkler Fleckung. Im Gegensatz zu den beiden anderen heimischen Wasserfroscharten befinden sich auf den Hinterschenkeln nie gelbe Flecken, sondern nur weißliche, grünliche oder gräuliche. Die Schallblasen sind im ausgestülpten Zustand hell- bis dunkelgrau. Der Fersenhöcker ist stets flach dreieck- oder walzenförmig und klein und sollte nach Möglichkeit zur Artbestimmung herangezogen werden. Zur sicheren Artdiagnose dienen die beim Teichfrosch (Nr.  12) beschriebenen Quotienten aus biometrischen Maßen. Die wie „näck" klingenden, in unregelmäßigen Abständen ausgestoßenen Einzelrufe können bei steigender Erregung rascher folgen und sich zu Rufreihen steigern.

Der Seefrosch bewohnt Europa von Frankreich (nach PLÖTNER 2005 von der Oberrheinischen Tiefebene) ostwärts bis zum Ural ohne Skandinavien und die Mittelmeerländer. In Deutschland kommt der Seefrosch zwar vom Norden bis zum Süden vor, jedoch weist die aktuelle Verbreitungskarte der DGHT große Lücken auf, besonders in den gewässerreichen Bundesländern Schleswig-Holstein und Mecklenburg-Vorpommern. Zu beachten ist dabei außerdem, dass der derzeitige Kenntnisstand die Bestimmungsunsicherheiten vieler Freilandbeobachter beinhaltet und eine gewisse Fehlerquote einzukalkulieren ist. In Sachsen-Anhalt (REUSCH 2015b) konzentrieren sich die Seefroschvorkommen auf die Flussniederungen von Elbe, Schwarzer Elster, Mulde, Saale sowie Ohre und Mittellandkanal. Auffallend ist das Fehlen in der Altmark und im Burger sowie Roßlau-Wittenberger Vorfläming.

Für die Wittenberger Region kommen die Flusstäler der mittleren Elbe und Schwarzen Elster als Vorkommensgebiete in Betracht. So schreiben auch BERG et al. (1988): „Erwartungsgemäß wurde der Seefrosch im Kreis Wittenberg bisher nur entlang des Elblaufes nachgewiesen, außendeichs und innendeichs." Zwischenzeitlich wurden weitere Nachweise auch in der westlichen Elbaue erbracht. ÖKOTOP (2013) untersetzte diesen Befund durch aktuelle Nachweise, konnte jedoch die Fundpunkte in der westlichen Aue bei Coswig nicht bestätigen. Wenn sich auch die Fundpunkte entlang der Elbe konzentrieren, muss hervorgehoben werden, dass es keinerlei Funde direkt am Elbestrom gibt. Es werden hier die großen Altarme, Altwässer und Kolke besiedelt. Auch in der Aue entlang der Schwarzen Elster wurden nach der Verbreitungskarte bei GROSSE et al. (2015) zahlreiche Neunachweise erbracht. Aus der Elbaue bei Dabrun stammt auch der Nachweis der jahreszeitlich letzten Aktivität vom 21. Oktober 1995 (W. JAKOBS).

Abseits der Elbe- und Elsteraue gelangen nur ganz vereinzelte Nachweise. So fand R. HENNIG zwischen Zieko und Düben im Vorfläming an einem anthropogen entstandenen Gewässer und B. SIMON an den Gewässern des Kiesabbaus bei Steinsdorf im Fläming-Hügelland im Jahr 2010 sowie J. REUSCH 1996 bei Schadewalde Seefrösche. Im Gebiet östlich der Elbe wurde er nur am Neugraben und am Kiessee Prettin gefunden. In der Dübener Heide konnten die Altnachweise von 1955, 1969 und 1978 am Großen Lausiger Teich (U. ZUPPKE) aktuell nicht bestätigt werden. Von den Bergbaugewässern liegt lediglich ein Einzelfund vom Bergwitzsee vor.

Insgesamt kann nur schwer beurteilt werden, ob dieser Kenntnisstand die objektive Situation widerspiegelt. Vermutlich beeinträchtigen die Sensibilität und Reaktionsschnelligkeit im Fluchtverhalten dieser Art eine genaue Artdiagnose im Freiland, so dass die Beobachter die ohnehin schwierig zu unterscheidenden Artmerkmale nicht sicher erkennen können und daher die jeweils anwesenden Wasserfroschgruppen nicht immer korrekt nach Arten identifiziert werden.

Der Seefrosch hat zahlreiche natürliche Feinde unter den Fischen, Lurchen, Kriechtieren, Vögeln und Säugetieren. Bestandsbedrohend wirken aber Biotopbeeinträchtigung oder -vernichtung. Der Seefrosch, besonders seine Larven, sollen empfindlicher auf Sauerstoffknappheit reagieren. Das bedeutet, dass eine fortschreitende Eutrophierung der Auengewässer seinen Beständen abträglich ist. Da der Seefrosch in Mischpopulationen mit dem Teichfrosch vorkommt, betrifft der bei dieser Art erwähnte Rückgang der „Froschkonzerte" sicherlich auch den Seefrosch.

Der Seefrosch ist nach dem **Bundesnaturschutzgesetz** eine besonders geschützte Tierart. Innerhalb der EU ist der Schutz durch den Anhang III der **Berner Konvention** geregelt. Weiterhin ist er im Anhang V der **FFH-Richtlinie** gelistet. In der **Roten Liste Deutschlands** (KÜHNEL et al. 2009) ist er nicht eingestuft, gilt also (noch) als ungefährdet. Das Gleiche gilt für die **Rote Liste Sachsen-Anhalts** (MEYER & BUSCHENDORF 2004). Auf Grund der erkennbaren unsicheren Bestandssituation der Art, sollte dem Seefrosch aber der Gefährdungsstatus G („Gefährdung anzunehmen, aber Status unbekannt") zuerkannt werden.

Die beim Teichfrosch dargelegte nationale Verantwortung sollte sinngemäß auch für den Seefrosch gelten, da diese beiden Arten oftmals in Mischpopulationen vorkommen und die beschriebenen Determinationsprobleme eine Artentrennung und Quantifizierung der Bestände vielerorts unmöglich machen.

14. Kleiner Wasserfrosch - *Pelophylax lessonae* (CAMERANO, 1882)

Erst im Jahr 1921 erkannte der jugoslawische Forscher S. KARAMAN dem Kleinen Wasserfrosch Artstatus zu, nachdem ihn CAMERANO 1882 als Variation *Rana esculenta* var. *lessonae* beschrieben hatte. Allerdings wurde dieser Artstatus lange überwiegend negiert und erst nach 1970 allgemein anerkannt.

Der Kleine Wasserfrosch ist die kleinste Art der Wasserfroschgruppe, wie es sich auch im deutschen Artnamen widerspiegelt. Alle Arten dieser Gruppe haben eine große morphologische Ähnlichkeit, so dass eine Artbestimmung im Freiland nur nach dem Habitus oftmals unzureichend ist. Auf die Unsicherheiten der Erhebung von Daten einer lokalen Wasserfroschpopulation hat KUSCHKA (2010) umfassend hingewiesen.

Ähnlich der anderen Wasserfrösche ist die Grundfärbung des Kleinen Wasserfroschs grün in vielen Tönungen. Auf dem Rücken befinden sich kleine schwarze Pigmentflecken. Die Lenden und Innenseiten der Oberschenkel sind gelb mit braunen Flecken. Die Schallblasen der Männchen sind unpigmentiert hell, fast weiß. Während der Paarungszeit färbt sich die Oberseite, insbesondere der Kopf, der Männchen gelb und die dunklen Pigmentflecke verschwinden fast. Ein wichtiges Bestimmungsmerkmal ist die Form des Fersenhöckers. Er ist groß und halbkreisförmig hochgewölbt und stets länger als die halbe Länge der 1. Zehe. Eine relativ sichere Artdiagnose ist durch das Vermessen und Errechnen folgender Körperproportionen (nach GÜNTHER 1990) möglich:

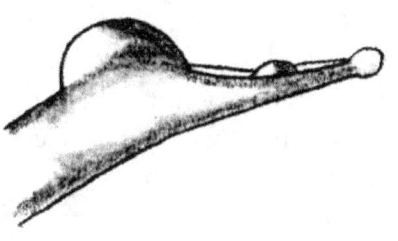

$$KRL : TL > 2{,}2$$
$$TL \ \ : HL < 7{,}0$$
$$ZL \ \ : HL < 2{,}1$$

Die Rufe der Männchen des Kleinen Wasserfroschs zur Paarungszeit klingen schnarrend und sind von denen des Teichfroschs, besonders in Mischpopulationen, nur schwer zu unterscheiden und sind in der Stärke und Länge von der Wassertemperatur abhängig.

Der Kleine Wasserfrosch kommt nur in Europa von Frankreich im Westen bis zur Wolga im Osten und von der schwedischen Ostseeküste im Norden bis Norditalien und dem Donaudelta im Süden vor. Das Bild der Verbreitung in Deutschland ist sehr lückenhaft und infolge der Bestimmungsschwierigkeiten vermutlich auch unvollkommen. Ausgehend vom gegenwärtigen Kenntnisstand zeigt die Verbreitungskarte der DGHT (2014) große Verbreitungslücken in Schleswig-Holstein und Niedersachsen. Aber auch in Mecklenburg-Vorpommern und anderen Bundesländern gibt es große unbesiedelte Bereiche. In Sachsen-Anhalt brachte die von 2009 bis 2013 durchgeführte Grunddatenerfassung der FFH-Arten das Bild einer sehr lückenhaften Verbreitung und eine sehr niedrige Nachweisdichte von 28 % der MTB (ZUPPKE & SEYRING 2015b). Damit ist der Kleine Wasserfrosch einer der seltensten Froschlurche dieses Bundeslandes.

Für die Region um Wittenberg führte BUSCHENDORF (1984) die intensiven Beobachtungen von W. JAKOBS seit dem Jahr 1982 an, welche die ersten Nachweise des Kleinen Wasserfroschs erbrachten. Diese konzentrierten sich zunächst auf Flachweiher im Fläming im Gebiet um Rahnsdorf. Dort fand er sechs Gewässer mit reinen Populationen des Kleinen Wasserfroschs und 14 Gewässer mit Mischpopulationen von Teichfrosch und Kleinen Wasserfrosch (JAKOBS 1985). In der Folgezeit fanden sich weitere Vorkommen bei Jahmo, Friedenthal, Köpnick, Assau, Kerzendorf, Berkau, Mark Friedersdorf, Leipa, Morxdorf, Forst Glücksburg, Senst und Möllensdorf. Wie die Probemessungen von REUSCH & ZUPPKE 2001 andeuten (siehe 12.), sind es überwiegend Mischpopulationen, die diese Kleingewässer des Flämings bewohnen. Vom Gewässer bei Möllensdorf datiert auch die phänologische Letztbeobachtung vom 11. Oktober 2010 (U. ZUPPKE).

In der Elbaue kommt der Kleine Wasserfrosch nicht vor. Erst ÖKOTOP (2013) fand zwei Einzelnachweise in benachbarten Abbaugewässern des Kiessees Rackith als völlig isoliertes Vorkommen in der Ackeraue. Während GRÖGER & BECH (1986) bei ihren Feldarbeiten in der Dübener Heide den Kleinen Wasserfrosch noch nicht berücksichtigt haben, fand JAKOBS (1986) damals neun Nachweise, wovon acht mit Mischpopulationen von *P. esculentus* und *P. lessonae* besiedelt waren und vermutet, dass optimale Habitate nur selten vorhanden sind. In der Folgezeit blieben weitere Funde aus, da nicht mehr gezielt gesucht wurde. Erst am 25. Juli 2001 konnte U. ZUPPKE zwei Kleine Wasserfrösche am Waldweiher am R-Weg südlich von Reinharz per Fersenhöckerprobe nachweisen. Schließlich wurden durch die Grunddatenerfassung der FFH-Arten weitere vier Fundpunkte erfasst (ÖKOTOP 2013). Es muss vermutet werden, dass bei gezielter Suche an den Kleingewässern der Dübener Heide weitere Nachweise erfolgen würden.

Aus der Annaburger Heide lagen bisher keine Nachweise des Kleinen Wasserfrosches vor, da dieses Gebiet nicht betreten werden durfte. Erst seitdem mit Sondergenehmigung Erfassungen durchgeführt werden dürfen, konnte BROCKHAUS (2012) „mehrere Dutzend erwachsene Männchen" und „vorjährige Jungtiere" im Jahr 2011 dort nachweisen. Im Zuge der Grunddatenerfassung gelangen dann sechs weitere Nachweise des Kleinen Wasserfroschs, was für einen dortigen Verbreitungsschwerpunkt der Art spricht (ÖKOTOP 2013).

Alle Nachweise gelangen an pflanzenreichen, flachen Kleingewässern mit besonnten Uferpartien in Sprungweite zu tieferen Wasserstellen. In keinem Fall wurde der Kleine Wasserfrosch an nur temporär wasserführenden Tümpeln nachgewiesen, weshalb der mancherorts verwendete Name „Tümpelfrosch" zumindest hier in dieser Region falsch ist. So wie es ZUPPKE & SEYRING (2015b) für das Bundesland Sachsen-Anhalt anführen, erfolgten die Nachweise in der Region alle direkt am Gewässer. Somit gibt es keine konkreten Angaben zu den bewohnten terrestrischen Lebensräumen. Auch zur allgemeinen Feststellung, dass der Kleine Wasserfrosch nach der Laichperiode zur terrestrischen Lebensweise übergehen soll, gibt es aus der Region keine bestätigenden Hinweise. Es wurden auch keine über Land wandernden Tiere gefunden, die es beim Kleinen Wasserfrosch häufiger als bei den anderen Wasserfroscharten geben soll. Ebenfalls gibt es keine Meldungen zu den Winterquartieren, die sich stets in terrestrischen Habitaten befinden und mitunter weitab der Gewässer liegen sollen (TUNNER 1996).

Wie alle Wasserfroscharten hat auch der Kleine Wasserfrosch eine sehr große Anzahl an natürlichen Feinden in allen Wirbeltiergruppen (Fische, Lurche, Kriechtiere, Vögel, Säugetiere), die unter natürlichen Bedingungen jedoch nur einen Bruchteil des Bestandes erbeuten. Viel stärker wirken die anthropogen erzeugten Störungen und Gefährdungen – Gewässerzerstörung und -verschmutzung, intensive Nutzung der terrestrischen Habitate und Straßenverkehr – auf die ohnehin oftmals nur kleinen Populationen. Daher ist eine sehr wichtige Maßnahme zum Schutz des Kleinen Wasserfroschs die Erhaltung der vorhandenen und die Schaffung neuer Kleingewässer, die den spezifischen Habitatansprüchen der Wasserfrösche Rechnung tragen. Das bedeutet die Erhaltung und Schaffung von flachen, sowohl vegetationsreichen als auch stark besonnten Bereichen an Gewässern, die ganzjährig Wasser führen müssen. Die Ufer sollten stark strukturiert sein und sowohl bewachsene als auch freie Partien aufweisen, die nach Möglichkeit nicht von dem Dünger- und Chemikalieneinsatz auf den umgebenden Feldern betroffen werden. Voraussetzung für die Durchführung spezieller Schutzmaßnahmen für den Kleinen Wasserfrosch ist auch die genaue Kenntnis seiner Vorkommen. Dies erfordert verstärkt die Durchführung von genetischen Analysen, die für den Artenschutz wichtige Erkenntnisse liefern. Inzwischen sind einfache und kostengünstige molekulare Methoden zur Differenzierung der mitteleuropäischen Wasserfroschformen verfügbar und sollten von den Naturschutzbehörden gefordert werden (z. B. bei Eingriffsregelungen).

Somit kann keine konkrete Aussage zur Bestandssituation des Kleinen Wasserfroschs in der Wittenberger Region getroffen werden. Der gegenwärtige Kenntnisstand deutet an, dass diese Art recht selten vorkommt und überwiegend im Fläming und in der Dübener sowie Annaburger Heide Kleingewässer besiedelt. Dieser Kenntnisstand gebietet auch, den Kleinen Wasserfrosch infolge seiner kleinen Bestände als gefährdet zu betrachten

Der Kleine Wasserfrosch ist nach dem **Bundesnaturschutzgesetz** eine streng geschützte Tierart. Innerhalb der EU ist der Schutz durch den Anhang III der **Berner Konvention** geregelt. Weiterhin ist er im Anhang IV der **FFH-Richtlinie** gelistet. In der **Roten Liste Deutschlands** (KÜHNEL et al. 2009) ist er in die Gefährdungskategorie G (Gefährdung anzunehmen, Staus aber unbekannt) eingestuft. In der **Roten Liste Sachsen-Anhalts** (MEYER & BUSCHENDORF 2004) wird er in der Gefährdungskategorie D (Daten defizitär) geführt. Auf Grund des schwachen Bestandes und der geringen Verbreitung im Landesmaßstab sowie der zahlreichen Gefährdungsursachen, sollte er bei einer Aktualisierung der Roten Listen in die Gefährdungskategorie 3 (gefährdet) eingestuft werden.

Während in Deutschland für viele Tierarten, insbesondere den so genannten „FFH-Arten", konkrete Gefährdungsanalysen vorliegen, wurde den Wasserfröschen bisher seitens des Naturschutzes oftmals nur wenig Aufmerksamkeit zu Teil. Die ehemalige Häufigkeit der Wasserfrösche, deren lautstarke Rufkonzerte als lästig empfunden wurden („*Als Luther die Bibel übersetzte war ihm das laute und andauernde Geschrei der Frösche sehr lästig, weshalb er sie verwünschte*" [BÄCHTHOLD-STÄUBLI 1927–194]), und die Schwierigkeiten bei der Bestimmung der einzelnen Wasserfroscharten haben dazu beigetragen, dass über die Gefährdung und Bestandseinbußen aller drei Arten kein belastbares Zahlenmaterial vorliegt. Dennoch haben auch die Bestände der Wasserfroscharten Einbußen erlitten, denn die allgemeinen Gefährdungsursachen wirken auch auf die Wasserfrösche. Den stets in der Minderheit vorhandenen Kleinen Wasserfrosch treffen sie dabei wohl am empfindlichsten.

Die Sicht des Artenschutzes ist unbedingt stärker auf den Kleinen Wasserfrosch zu fokussieren. In die Arbeit der Herpetologen sind stärker als bisher Untersuchungen zur regionalen Bestandsentwicklung dieser Art zu integrieren. Auch die Naturschutzbehörden müssen stärker als bisher in ihren Forderungen für ökologische Untersuchungen für Schutzkonzepte, Managementpläne für Schutzgebiete, Landschaftspläne, besonders aber bei Eingriffsregelungen etc. auch die Bedürfnisse der „trivialen" Arten, wie die der Wasserfrösche (und damit die des Kleinen Wasserfroschs), berücksichtigen und einbeziehen.

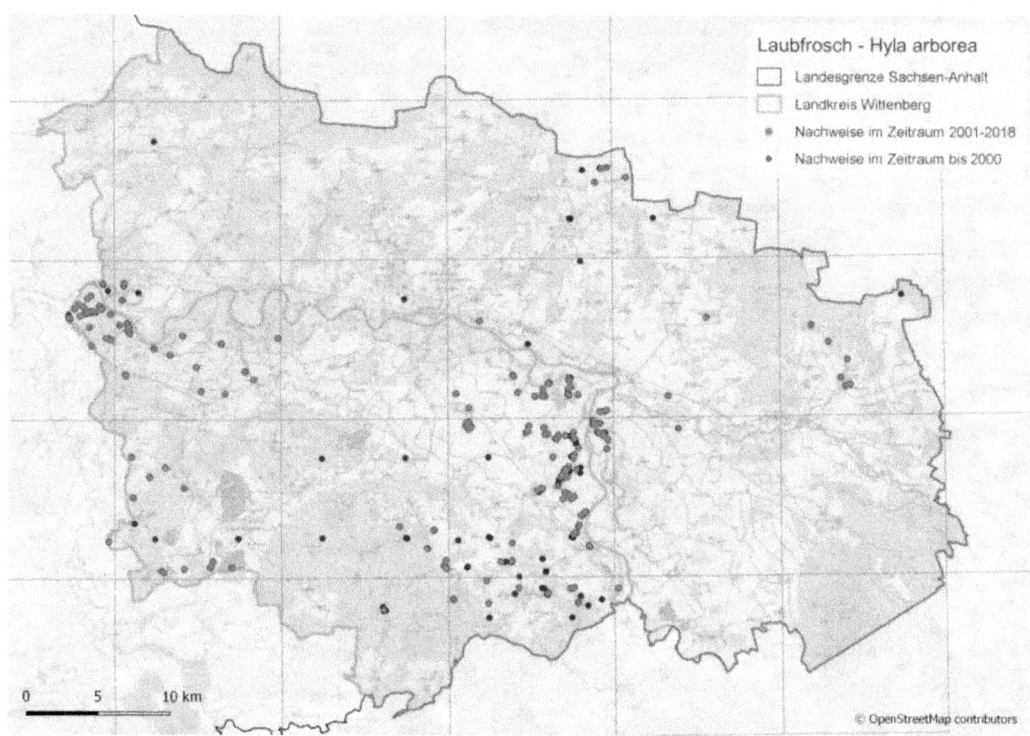

Nachweise des Laubfroschs (oben) und des Moorfroschs (unten) im Landkreis Wittenberg (Fundpunkte)

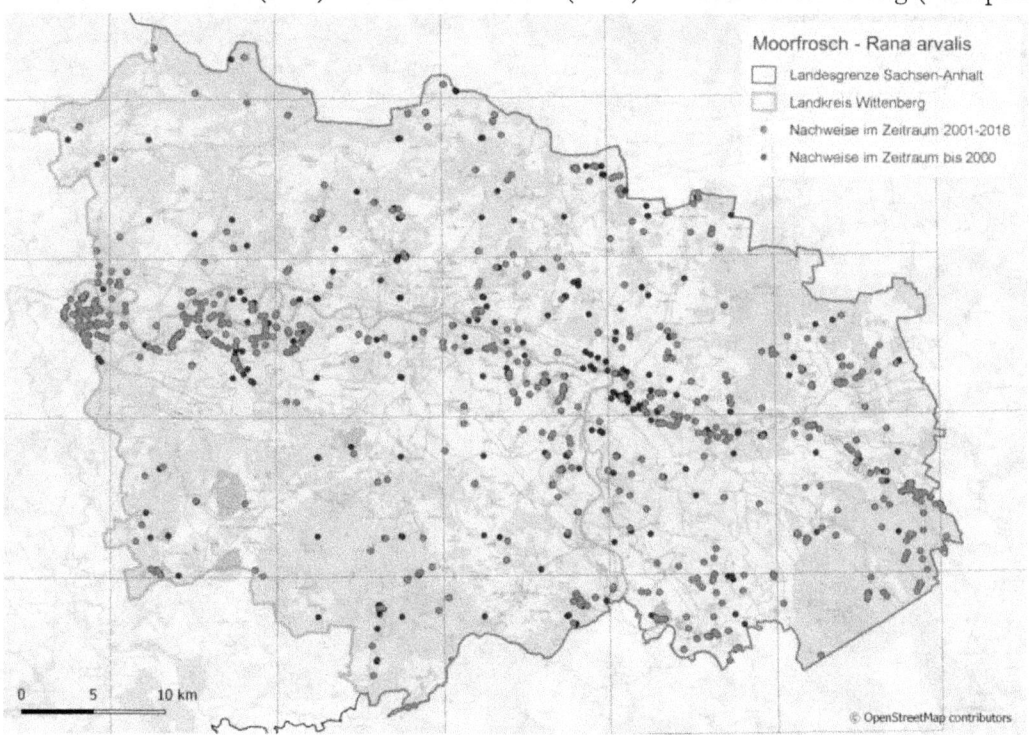

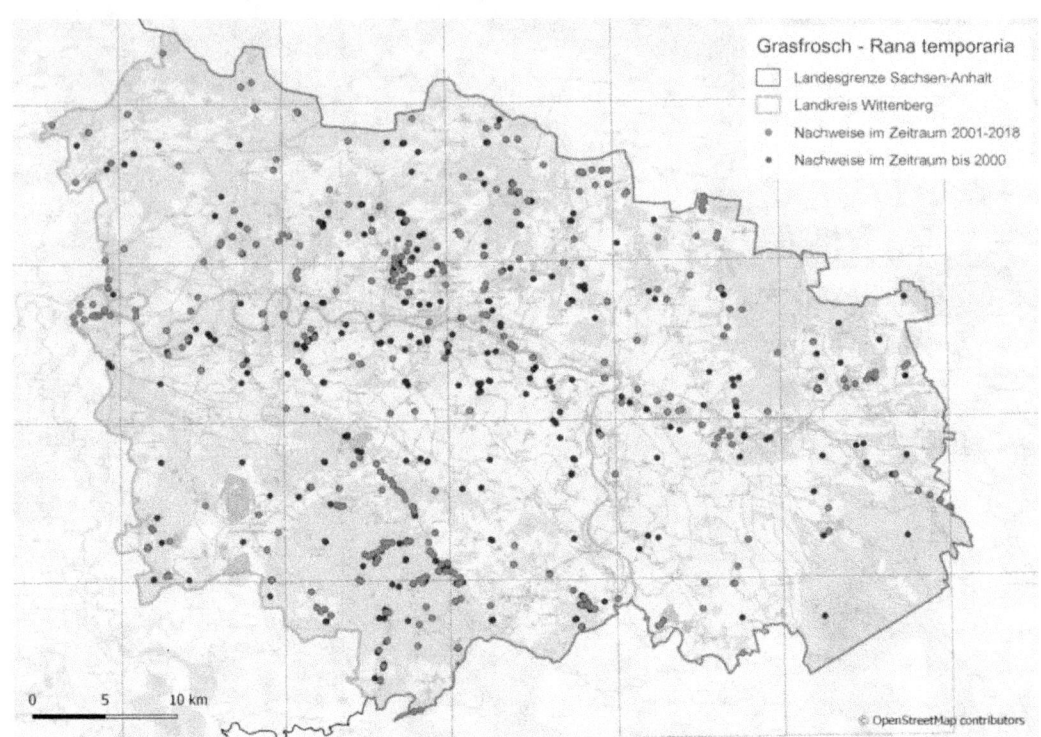

Nachweise des Grasfroschs (oben) und des Teichfroschs (unten) im Landkreis Wittenberg (Fundpunkte)

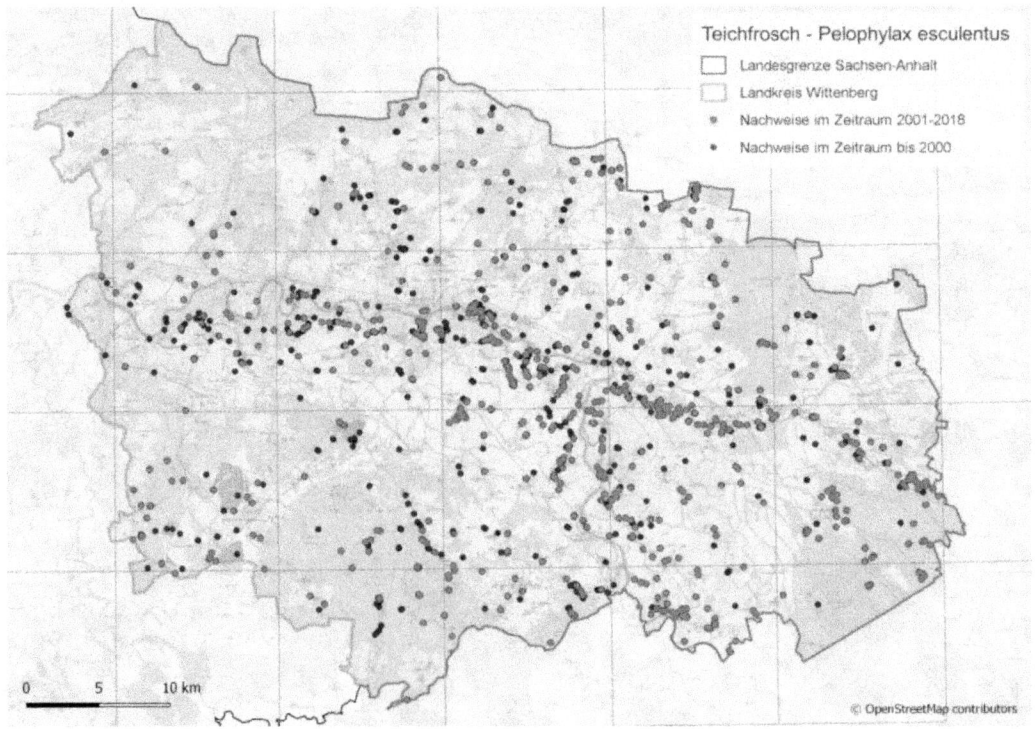

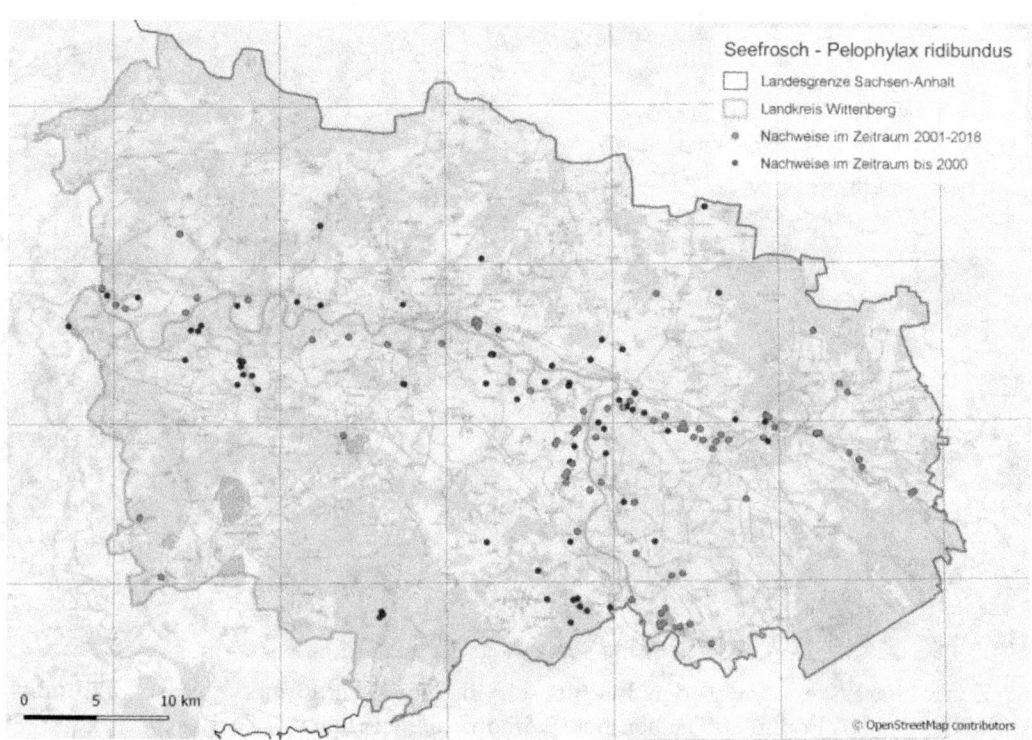

Nachweise des Seefroschs (oben) und des Kl. Wasserfroschs (unten) im Landkreis Wittenberg (Fundpunkte)

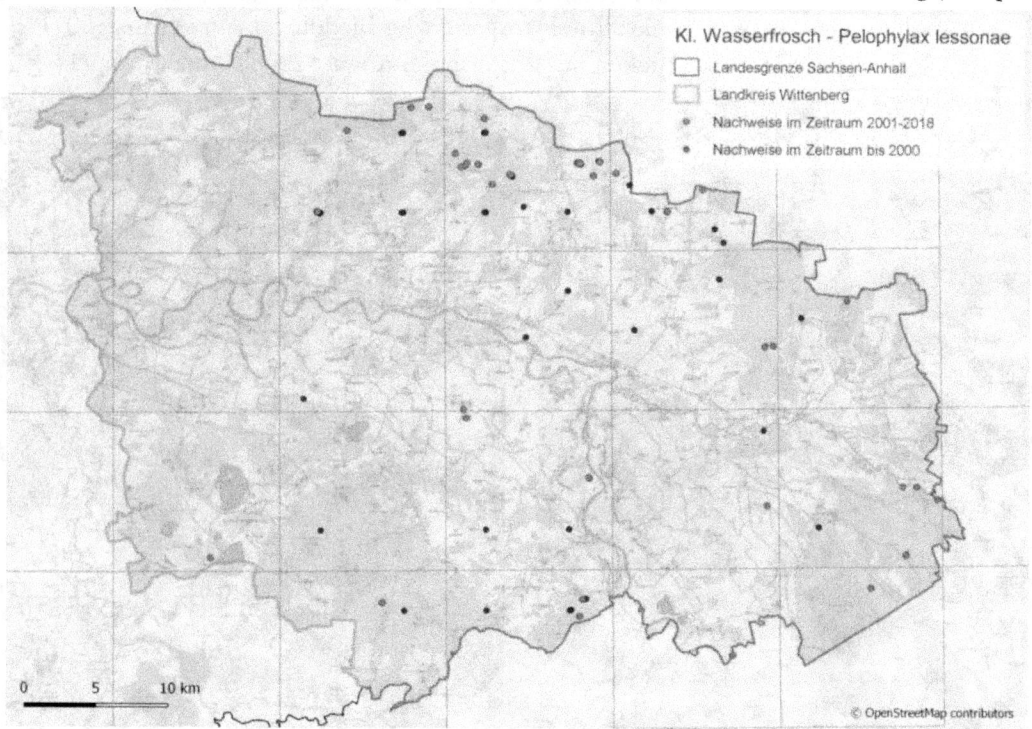

Oben: Zum Gewässer wandernder Laubfrosch in seiner sattgrünen „Normalfärbung" am 13. April 2002 an den Pöplitzer Teichen bei Gräfenhainichen (Foto: U. Zuppke).

Unten: Ein hormonell gesteuerter Farbwechsel befähigt den Laubfrosch, sich an die jeweilige Umgebung farblich anzupassen. Links: Im Hausgarten in Bleddin am 7. August 2011 (Foto: A. Schonert). Rechts: Am Gewässer Bräken bei Bösewig, 6. August 2008 (Foto: U. Zuppke).

Oben: Nach der Paarung halten sich viele Moorfrosch-Männchen noch mehrere Tage in unmittelbarer Nähe der Laichballen auf, hier am Grenzgraben zwischen Plossig und Hohndorf am 26. März 2010 (Foto: B. Simon).

Unten: Nur in der Paarungszeit haben die Männchen eine blaue Färbung (links): 26. März 2010, Altarm Schwarze Elster Gorsdorf (Foto: A.Schonert). Oft erstreckt sich beim Moorfrosch ein helles Band entlang des Rückens (rechts): Elbaue bei Pratau am 12. März 2002 (Foto: U. Zuppke).

Oben: Die Männchen der Grasfrösche verbleiben bis zum Ende der Laichphase im Gewässer, sie halten sich noch ein bis zwei Wochen am Laichplatz auf: hier im „Mummelsee" im Stadtwald Wittenberg am 1. April 2009 (Foto: U. Zuppke).

Unten: Der Grasfrosch hat eine plumpere Gestalt als der Moorfrosch und eine stumpfe Schnauze (links): Woltersdorfer Heide (weitab vom Gewässer) am 23. August 2010.

Der Grasfroschlaich liegt oft in großen Mengen übereinander (rechts) (beide Fotos: U. Zuppke).

Oben: Die regelmäßige bronzefarbene Fleckung des Körpers kennzeichnet die Grasfroschlarven: Feldweiher bei Klebitz am 21. Mai 2010 (Aquarienaufnahme am Fundort) (Foto: U. Zuppke).

Unten: Nach der Larvalentwicklung zum lungenatmenden Jungtier mit Gliedmaßen sind Moor- und Grasfrosch nicht zu unterscheiden. Junger Moorfrosch noch mit Schwanz am 24. Juni 2012 im Gartenteich an der Bleddiner Mühle (Foto: A. Schonert).

Oben: Teichfrösche kommen meistens in größeren Vergesellschaftungen vor, wie hier im Kleinen Streng Wartenburg (Ausschnitt) am 23. Mai 2010 (Foto: U. Zuppke).

Unten: Beim Teichfrosch ist die grasgrüne Oberseite mit dunkelbraunen und schwarzen Flecken besetzt und ein hellgrüner Streifen zieht sich vom Maul über den Rücken bis zum Körperende: Fließgraben am Burgstall bei Seegrehna am 14. Mai 2018 (Foto: U. Zuppke).

Oben: Die Größe, olivbraune Farbtöne auf der Oberseite und ein grünlicher Längsstreifen auf dem Rücken kennzeichnen den Seefrosch; Elbaue bei Wittenberg (Foto: U. Zuppke).

Unten: Die großen Altarme und Altwässer der Elbe und Schwarzen Elster sind die typischen Vorkommensgebiete des Seefroschs, hier: Krumme Elster bei Gorsdorf (Foto: J. Reusch).

Oben: Kleine Wasserfrösche bevorzugen schlammige Uferstellen an ihren Wohngewässern mit vorjähriger und diesjähriger Vegetation, wie hier den Binsenbestand im Uferbereich des Waldweihers Möllensdorf am 17. Mai 2013 (Foto: I. Elz).
Unten: Da die Färbungsmerkmale der drei Wasserfroscharten oft übereinstimmen, ist der Kleine Wasserfrosch (links) nur schwer von den anderen zu unterscheiden. Der Fersenhöcker (rechts) ist immer gleichmäßig halbkreisförmig/Waldweiher Möllensdorf am 17. Mai 2013 (Fotos: I. Elz).

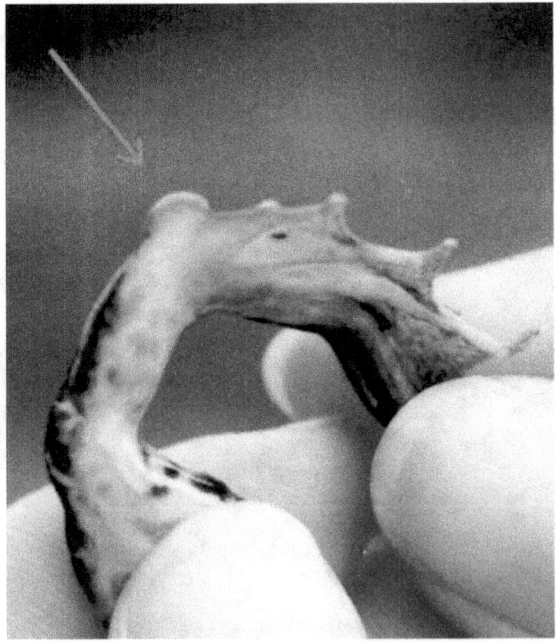

Oben: Zur Zeit der Fortpflanzung färbt sich die Oberseite der Männchen der Kleinen Wasserfrösche gelb bis bräunlich: Feldweiher bei Jahmo am 23. Juli 2000 (links), Waldweiher am R-Weg bei Reinharz am 25. Juli 2001 (Fotos: U. Zuppke).

Unten: Schlammige Uferstellen zwischen alter und neuer Vegetation mit freien Wasserstellen zwischen senkrechten Vegetationsstrukturen, wie hier am Feldweiher bei Jahmo (29. Mai 2010), sind die beliebtesten Aufenthaltssorte der Kleinen Wasserfrösche (Foto: U. Zuppke).

Kriechtiere (Reptilia)

Ordnung Schildkröten

15. Europäische Sumpfschildkröte - *Emys orbicularis* (LINNAEUS, 1758)

Von den weltweit etwa 300 Schildkrötenarten kommen in Europa nur sieben Arten vor, von denen die Europäische Sumpfschildkröte, im Nachfolgenden Sumpfschildkröte genannt, am weitesten nach Norden vordringt und als einzige Art in Mitteleuropa vorkommt. Durch eine übermäßige Nutzung als Nahrungsmittel im Mittelalter ist diese Schildkröte hier an den Rand der Ausrottung gebracht worden. Zur Kompensierung dieses Mangels wurden Sumpfschildkröten aus anderen Gebieten Europas eingeführt und ausgesetzt. Dadurch ist die in Deutschland ursprünglich vorkommende Unterart fast völlig verschwunden und kommt nur noch in einer Reliktpopulation im Nordosten Brandenburgs vor. Da sich Sumpfschildkröten innerhalb ihres großen Verbreitungsgebietes nicht nur im Phänotyp, sondern auch durch Blutmerkmale unterscheiden, kann dies exakt nachgewiesen werden.

Für die Sumpfschildkröte ist der ovale Knochenpanzer typisch, in den Kopf und Gliedmaßen zurückgezogen werden können. Die Größe des Panzers (Carapax) variiert nach FRITZ (2001) geographisch ausgesprochen stark und erreicht in Deutschland eine Länge von etwa 20 cm (maximal 23 cm). Das Gewicht entspricht etwa 1.500 g. Die Grundfarbe ist braun-oliv mit gelber Punktierung auf Panzer, Kopf und Gliedmaßen. Der Kopf verjüngt sich nach vorn, die Augen sitzen seitlich und haben runde Pupillen. An den Vorderbeinen sitzen fünf, an den Hinterbeinen vier Krallen, die durch Schwimmhäute verbunden sind. Der runde Schwanz erreicht die halbe Körperlänge. Das tatsächlich erreichbare Alter ist unklar, ein Lebensalter von rund 100 Jahren wird „für durchaus denkbar" gehalten.

Die Europäische Sumpfschildkröte hat ein großes Verbreitungsgebiet, in dem sie in zahlreichen Unterarten und Lokalformen auftritt. Es erstreckt sich von der Iberischen Halbinsel über Mitteleuropa bis zum nördlichen Bereich des Kaspischen Meeres. Sie fehlt nur auf den Britischen Inseln und in Skandinavien. Sumpfschildkröten bewohnen stark verkrautete stehende oder langsam fließende Gewässer mit schlammigem Bodengrund. Sie benötigen außerdem Eiablageplätze auf lockerem, nicht bewachsenem und nicht zu trockenem Boden, die nicht zu weit vom Gewässer entfernt liegen.

Obwohl sie postglazial „fast flächendeckend" in Deutschland vorgekommen sein soll (FRITZ 2003), gibt es gegenwärtig nur noch geringe Vorkommen in Brandenburg und eventuell in Mecklenburg-Vorpommern. In Nordrhein-Westfalen, Rheinland-Pfalz, Saarland und Thüringen wird die Art als nicht vorkommend aufgeführt, in weiteren Bundesländern, darunter auch Sachsen-Anhalt als ausgestorben. Es wird davon ausgegangen, dass die heutigen Sumpfschildkröten-Funde in Deutschland ausschließlich auf ausgesetzte Tiere zurückgehen. Im Mittelalter war im katholischen Deutschland die Sumpfschildkröte Fastenspeise. Als die deutschen Bestände erschöpft waren, wurden Tiere aus Südosteuropa eingeführt und auch ausgesetzt. Die molekulargenetischen Untersuchungen von POSCHADEL & PARZEFAL (2003) bestätigen dies. Nach FRITZ (2001) sind in Deutschland gegenwärtig „nicht mehr als 40 autochthone Sumpfschildkröten" nachzuweisen.

Für die Wittenberger Region schreiben BERG et al. (1988), dass „in den letzten Jahren" zwar Beobachtungen gelangen, es aber offen sei, „ob es sich um bodenständige oder aber um ausgesetzte Exemplare handelt". GRÖGER & BECH (1986) fanden im untersuchten Teil der Dübener Heide keine und verweisen auf FUEß (1936), der damals schrieb: „Sie dürfte daher in den schilfreichen Gewässern der Dübener Heide keine Seltenheit gewesen sein. Heute ist sie wohl nur in einigen Altwässern der Mulde in der Nähe Bitterfelds zu finden". Auch für den angrenzenden sächsischen Teil der Dübener Heide finden sich in der „Herpetofauna des Bezirkes Leipzig" (BFA Leipzig 1983) keine Hinweise auf historische oder aktuelle Vorkommen. Bei den aktuellen Erfassungen in Sachsen-Anhalt konnten in der Wittenberger Region keine Sumpfschildkröten-Vorkommen nachgewiesen werden. Insgesamt liegen aus der Region folgende Meldungen vor, deren Fundpunkte in der Verbreitungskarte aus ZUPPKE & SEYRING (2015c) dargestellt sind, von denen aber nur ein Nachweis molekulargenetisch untersucht wurde:

- 1968 wurde eine Sumpfschildkröte im Museum Bad Düben in einem Terrarium gehalten, die „ermattet" in der Dübener Heide gefunden worden sein soll.

- Seit 1980 wurden durch Forstangestellte hin und wieder Sumpfschildkröten im Bibersumpf in der Nähe von Eisenhammer gesehen (Meldung von H. ZEHLER und G. RÖBER).

- Am 27. März 1989 wurde bei Meliorationsarbeiten aus einem Graben bei Lubast eine Sumpfschildkröte ausgebaggert. Eine von W. JAKOBS und U. ZUPPKE daraufhin durchgeführte Recherche ergab, dass in diesem Gebiet ein renomierter Schildkrötenzüchter auch Europäische Sumpfschildkröten in Freilandhaltung gehalten hatte, wovon nach seinem Tode einige in die Freiheit gelangten. Bei der hohen Lebenserwartung dieser Art könnten sie vereinzelt noch im Gebiet angetroffen werden.

- Fund einer Sumpfschildkröte am 10. Oktober 1991 im Wasser des Großen Streng bei Wartenburg und Übergabe an einen Schildkrötenzüchter (H. ZUPPKE).
- Fund einer Sumpfschildkröte am 27. Juli 1996 bei Braunsdorf beim Laufen über eine Straße. Wurde von einem Bürger ergriffen. Ihre Futterzahmheit zeigte die Herkunft aus einer Hälterung an (U. ZUPPKE).
- Sichtung einer Sumpfschildkröte in einem „Feuchtgebiet westlich Lubast" am 25. Juni 1998 durch H. & R. MEYER aus Lubast (MZ 1998).
- Am 10. Juni 2003 wurde eine Sumpfschildkröte auf einer Straße nördlich von Gossa ergriffen und am Eisenhammer ausgesetzt (G. RÖBER). Diese Schildkröte wurde molekulargenetisch untersucht und gehörte einer Lokalform aus dem SE-Balkangebiet/ W-Anatolien an.
- An der Alten Elbe Melzwig sonnte sich am 13. August 2011 eine Sumpfschildkröte auf einem Baumstamm (P. LUBITZKI).
- Am 6. August 2013 erschien eine Sumpfschildkröte an einem Gartenteich auf einem Grundstück in Reinsdorf, Am Sonnenhang. Auch sie war recht futterzahm und stammte somit vermutlich aus einer Hälterung (U. ZUPPKE).
- Der Angelfreund L. WYSTRACH fing an der Schwarzen Elster bei Jessen am 6. August 2014 eine Sumpfschildkröte mit dem Kescher, die er wieder freisetzte.

In der Umgebung von Wittenberg sind mindestens zwei Schildkrötenzüchter bekannt, die auch Sumpfschildkröten züchten und veräußern. Auch im Zoohandel sind Sumpfschildkröten erhältlich, die jedoch aus bescheinigten Nachzuchten stammen müssen. Bei Haltungen an unsachgemäß eingegrenzten Gartenteichen ist ein Entweichen möglich, so dass immer wieder mal entwichene Tiere in der Natur auf der Suche nach artgerechten Lebensräumen angetroffen werden können.

Es muss daher insgesamt festgestellt werden, dass gegenwärtig keine Vorkommen autochthoner Europäischer Sumpfschildkröten in der Region um Wittenberg belegt sind. Jegliche eventuellen Funde sollten zukünftig von einer fachlich geeigneten Institution molekulargenetisch untersucht werden, um die genaue geografische Herkunft zu bestimmen.

Die Europäische Sumpfschildkröte und besonders ihre Schlüpflinge haben etliche Fressfeinde: Wildschwein, Fuchs, Marderhund, Fischotter und neuerdings auch Waschbär. Bei den wenigen und individuenschwachen Beständen ist bei dieser Art die Prädation durch natürliche Feinde ein Gefährdungsfaktor. Insbesondere die Plünderung der Gelege an den Eiablageplätzen durch Raubsäuger trägt gravierend zur Bestandsgefährdung bei. Eine weitere große Rolle spielen bei dieser Art jedoch die anthropogen verursachten Gefährdungsfaktoren. Die Beeinträchtigung ihrer Lebensräume durch Entwässerung von Feuchtgebieten, das Verfüllen und die Verschmutzung von Gewässern sowie zunehmender Freizeitsport auf den Gewässern, unbeabsichtigtes Fangen in Reusen oder Fischernetzen und der Straßenverkehr sind die wesentlichen Faktoren, welche die ohnehin schwachen Bestände begrenzen. Nach FRITZ (2003) ergibt sich allein aus der Tatsache, dass die Sumpfschildkröte „einen intakten Großlebensraum mit vernetzten Mikrohabitatstrukturen" benötigt, eine große Verletzlichkeit gegenüber anthropogenen Einwirkungen.

Die Europäische Sumpfschildkröte ist nach dem **Bundesnaturschutzgesetz** eine streng geschützte Tierart. Innerhalb der EU ist der Schutz durch den Anhang II der **Berner Konvention** geregelt. Weiterhin ist sie in den Anhängen II und IV der **FFH-Richtlinie** gelistet. In der **Roten Liste Deutschlands** (KÜHNEL et al. 2009) ist sie in der Gefährdungskategorie „vom Aussterben bedroht" (Kategorie 1) eingestuft. In der **Roten Liste Sachsen-Anhalts** (MEYER & BUSCHENDORF 2004) wird sie in der Gefährdungskategorie „ausgestorben oder verschollen" (Kategorie 0) geführt. Da sich diese Situation nicht geändert hat, muss diese Gefährdungskategorie beibehalten werden.

Ordnung Eidechsen

16. Westliche Blindschleiche - *Anguis fragilis* (LINNAEUS, 1758)

Von den 5 in Europa genetisch unterscheidbaren Blindschleichen kommt nur die Westliche Blindschleiche in Deutschland vor. Sie wird im Folgenden nur Blindschleiche genannt. Es sind keine blinden Tiere, wie es der deutsche Name vermuten lässt. Dieser soll sich von „blenden" ableiten, womit er sich auf den bleiernen Glanz dieser Tiere bezieht.

Durch das Fehlen der Gliedmaßen und den lang gestreckten Körper wirkt diese Echse wie eine Schlange, was ihr sehr oft zum Verhängnis wird, weil sie von unwissenden und ängstlichen Menschen deshalb getötet wird. Das Fehlen der Oberlippenlücke, die beweglichen Augenlider, die kleinen Bauchschuppen und eine langsamere Fortbewegung zeigen an, dass es sich um eine Echse und keine Schlange handelt. Der kleine Kopf geht ohne Absatz in den Hals und Rumpf über. Der Schwanz endet in einer hornigen Spitze. Die graubraune bis bronzefarbene Oberseite glänzt metallisch, die Bauchseite ist schwarzgrau. An den Flanken finden sich mehrere dunkle Längsstreifen, die bis zum Schwanz reichen. Dieser nimmt etwa zwei Drittel der Körperlänge ein, die 30 bis 45 cm (maximal 50 cm) betragen kann.

Die Blindschleiche kommt in Europa von Nordspanien bis zum Baltikum und von Mittelschweden bis zum Balkan vor, fehlt aber in den südlichen Regionen der Mittelmeerländer. In Deutschland ist sie vom Norden bis zum Süden mit größeren Verbreitungslücken im Nordwesten verbreitet. Da sie mäßig feuchte Lebensräume mit dichter Vegetation bewohnt, fehlt sie in den ausgesprochenen Ackerebenen. In Sachsen-Anhalt weist die Blindschleiche eine ziemlich gleichmäßige Verbreitung auf mit einer großen Verbreitungslücke in den waldfreien Ackerebenen der Magdeburger Börde, des Börde-Hügellandes, des Zerbster, Köthener und Halleschen Ackerlandes sowie der Querfurter Platte (BUSCHENDORF 2015c).

In der Wittenberger Region führen BERG et al. (1988) für den damaligen Kreis Wittenberg Nachweise der Blindschleiche aus den „waldigen Bereichen des Flämings und der Dübener Heide" an. Gleichzeitig wird ihr Fehlen in ackerbaulich intensiver genutzten Gebieten, auch in der Elbaue, angezeigt. Dies stimmt mit den aktuellen Befunden in der nunmehr größeren Region völlig überein. Nach wie vor zeigt die Verbreitungskarte in der Elbaue (auch östlich der Elbe) und den waldfreien Gebieten im Fläming größere Verbreitungslücken, während die Dübener und Oranienbaumer Heide eine dichtere Besiedlung aufweisen. Es muss jedoch beachtet werden, dass der Kenntnisstand bei dieser Art stark zufallsbehaftet ist, denn eine systematische und flächendeckende Erfassung liegt nicht vor, da die Blindschleiche die am schwierigsten zu erfassende Kriechtierart ist, wie es auch VÖLKL & ALFERMANN (2007) beschreiben.

Bei der Vorliebe der Blindschleiche für geschlossene, deckungsreiche Vegetation wurde sie in den Flämingwäldern an vielen Stellen gefunden. Da sie bei der Nahrungssuche nicht so flink reagiert wie die anderen Echsen und daher Schnecken und Regenwürmer ihre Hauptbeutetiere sind, bewohnt sie auch deren Lebensräume, also nicht zu trockene, sondern leicht feuchte Bereiche. So gibt es Fundpunkte aus dem Waldgebiet des Flämings verteilt vom Westrand der Region bis zur östlichen Kreisgrenze bei Premsendorf. Obwohl diese großen Waldungen nicht flächendeckend abgesucht werden können, deuten die bekannt gewordenen Fundpunkte eine weite Verbreitung und gleichmäßige Besiedlung der Flämingwälder an.

Die Elbaue ist, wenn überhaupt, von der Blindschleiche nur insular besiedelt. Die im Überflutungsbereich außendeichs befindlichen weiten Grünlandflächen wie die gehölzarmen weiten Ackerflächen im eingedeichten Bereich bieten der Art keine geeigneten Lebensräume. Auch BERG et al. (1988) schätzen ein: „In den ackerbaulich intensiver genutzten Gebieten, auch in der Elbaue, kommt die Art offenbar nicht vor." Dies trifft auch für den östlich der Elbe gelegenen Teil der Aue zu. In den Auenwäldern konnten ebenfalls bisher keine Blindschleichen nachgewiesen werden. Es könnte vermutet werden, dass diese Waldgebiete zu feucht und zu kühl sind, denn auf den trockneren Dünengebieten in der Aue (z. B. Kannabude bei Melzwig, Hohndorfer Wald, Klödener Wald) kommen vereinzelte Blindschleichen vor. Die gleiche Situation zeichnet sich in der Aue der Schwarzen Elster ab: In den trockenen bzw. nur mäßig feuchten Wäldern zwischen Listerfehrda und Jessen sowie bei Premsendorf wurden Blindschleichen nachgewiesen, während sie in deren Umland fehlen.

Die Dübener Heide wird von BUSCHENDORF (2015c) mit 5,9 % der Fundpunkte für Sachsen-Anhalt als ein Verbreitungsschwerpunkt des Landes benannt. Tatsächlich gibt es in dem in der Wittenberger Region liegenden Teilgebiet eine Anzahl von Fundpunkten, die diese Aussage bestätigen. Auch GRÖGER & BECH (1986) nennen die Blindschleiche „um Schwemsal, Tornau und Söllichau" nicht selten. Die Mischwälder der Dübener Heide mit mosaikförmig abwechselnder bodendeckender Krautschicht und krautfreien Bereichen bieten der Blindschleiche offensichtlich optimale Lebensräume mit Deckung und Sonnenplätzen in erreichbaren Entfernungen. Wenn aus dem ebenfalls großen Waldgebiet der Annaburger Heide nur ganz vereinzelte Nachweise vorliegen, ist dies sicherlich eine Erfassungslücke, bedingt durch das nur sporadische Betreten dieses Gebietes. Die Fundpunktdichte in der Oranienbaumer Heide deutet eine recht dichte Besiedlung an. Diese wird sicherlich vom Grad der Sukzession dieses Landschaftsteils beeinflusst. Inwieweit die durchgeführte Beweidung mit Heckrindern und Konikpferden die erschütterungsempfindlichen Schleichen stört, kann gegenwärtig (noch) nicht beurteilt werden.

Insgesamt kann zum gegenwärtigen Zeitpunkt eingeschätzt werden, dass die Blindschleiche in der Wittenberger Region in den bewaldeten Bereichen verbreitet vorkommt. Zur Häufigkeit lassen die zufallsbehafteten Funde, die durch die heimliche und versteckte Lebensweise dieser Art bedingt sind, keine gesicherte Aussage zu. Ein größerer Teil der Funde ergab sich aus Totfunden auf Straßen und Wegen als Verkehrsopfer, wodurch gleichzeitig ein Gefährdungsfaktor deutlich wird. Da der Fahrzeugverkehr auch auf den Waldwegen zunimmt, finden sich selbst dort zunehmend überfahrene Blindschleichen, die beim Sonnenbad erfasst werden. Abgesehen von gelegentlicher Zerstörung oder Verschlechterung von lokal vorhandenen Lebensräumen kann in der Region keine direkte und massive Gefährdung der Blindschleichenbestände erkannt werden. Es gibt auch eine Reihe von natürlichen Feinden, die Blindschleichen erbeuten und verzehren. Beim Verschlucken einer großen Beute, z. B. einer Wegschnecke (*Arion ater*), das sich bis zu einer Stunde erstrecken kann, ist die Blindschleiche zu keiner schnellen Fluchtreaktion fähig und kann während dieses Vorgangs leicht von einem Beutegreifer ergriffen werden. Die natürlichen Feinde üben aber keinen gravierenden Einfluss auf den Bestand der Art aus. In der Region konnte am 8. Juli 1999 südlich von Schweinitz ein Weißstorch beim Verzehren einer Blindschleiche und am 11. November 2005 in der Annaburger Heide ein Rotfuchs mit einer erbeuteten Blindschleiche beobachtet werden (B. SIMON).

Die Westliche Blindschleiche ist nach dem **Bundesnaturschutzgesetz** eine besonders geschützte Tierart. Innerhalb der EU ist der Schutz durch den Anhang III der **Berner Konvention** geregelt. In der **Roten Liste Deutschlands** (KÜHNEL et al. 2009) und in der **Roten Liste Sachsen-Anhalts** (MEYER & BUSCHENDORF 2004) wird die Blindschleiche in keiner Gefährdungskategorie geführt, sie gilt also als ungefährdet.

17. Zauneidechse - *Lacerta agilis* (LINNAEUS, 1758)

Von der Zauneidechse, von der es neun bis zehn Unterarten gibt, lebt in Deutschland die Nominatform *Lacerta agilis agilis*. Ob im östlichen Deutschland die schwer unterscheidbare Unterart *L. a. argus* vorkommt, ist noch umstritten.

Mit einer maximalen Gesamtlänge von 22 bis 24 cm ist die Zauneidechse deutlich größer als die ebenfalls in der Region vorkommende Waldeidechse. Artdiagnostisch bedeutsam ist die Anordnung der Schuppen und Schilder des Kopfes und hierbei besonders der im Bereich des Nasenlochs. Damit zeigt sich nach ELBING et al. (1996), dass das Schuppenkleid der Zauneidechse in Deutschland sehr uneinheitlich ist, ohne dass sich hieraus eine Unterartenabgrenzung absichern lässt. Im Gegensatz zu anderen Eidechsenarten wirkt die Zauneidechse plumper und gedrungener mit kräftigen Beinen und großem Kopf. Charakteristisch ist die Rückenzeichnung mit drei Reihen weißer Flecken und zwei dazwischen liegenden beigen Seitenbändern. Lokal treten auch Formen auf, die ein rotbraunes Rückenband aufweisen (*erythronotus*-Variante). Die Männchen sind intensiv grün gefärbt, die Weibchen bräunlich bis grau. Die Unterseite ist heller bis gelblich und ungefleckt. Zauneidechsen besitzen die Fähigkeit der Autotomie, d.h. sie können bei Gefahr den Schwanz abwerfen, der dann noch eine Weile zuckt und den Feind ablenkt.

Die Zauneidechse bewohnt in Europa von Frankreich bis über den Ural und von Südschweden bis Nordgriechenland ein sehr großes Areal und ist in ganz Deutschland verbreitet. Als ursprünglicher Steppenbewohner kommt sie hier im halboffenen Gelände vor, also auf Wiesen und Heiden, an Waldrändern und Ruderalstellen. Auch in Sachsen-Anhalt ist sie flächendeckend verbreitet mit Verbreitungslücken in der Magdeburger Börde und in den Hochlagen des Harzes (GROSSE & SEYRING 2015g).

In der Wittenberger Region ist die Zauneidechse weit verbreitet und kommt in allen Landschaftsteilen vor, auch in den urbanen Räumen. BERG et al. (1988) erwähnen die Zauneidechse mit 137 Beobachtungen als häufigste Kriechtierart im damaligen Kreis Wittenberg und nennen sonnige Hänge, Waldränder, Brachland, Kahlschläge, Parkanlagen, Friedhöfe und Gärten als hiesige Lebensräume. GRÖGER & BECH (1986) schreiben für den ehemaligen Kreis Bitterfeld, dass das Vorkommen der Zauneidechse in Korrelation zur Vegetationsdichte der Krautschicht steht. So meiden dort die Zauneidechsen eine höhere Bodenbedeckung als 23 %, was wohl auch für die hiesige Region zutrifft. Aber in den Ackerbaugebieten gibt es keine Zauneidechsen.

Die Vorkommen der Zauneidechse im hiesigen Fläming sind über die gesamte Fläche, aber sehr lückig verteilt. Dies ergibt sich aus der Naturausstattung dieser Landschaftsform: Die dichten, schattigen Waldungen werden von der Zauneidechse gemieden oder nur punktuell bewohnt, ebenso die ausgedehnten Ackerflächen in den Feldfluren. Eine Häufung der Fundpunkte ist im Bereich der Glücksburger Heide nördlich von Jessen erkennbar. Diese Nachweisdichte resultiert offenbar aus dem für die Zauneidechse günstigen Offenlandcharakter, ist aber bemerkenswert, da die offenen Flächen dort erst durch zahlreiche Brände während der militärischen Nutzung entstanden sind, denen die Zauneidechsen zum Opfer gefallen sein müssten. Nach der Beendigung dieser Nutzung müsste die flächige (Wieder?-)Besiedlung recht schnell erfolgt sein. BERG et al. (1988) stellten fest, dass die Vorkommen der Zauneidechse bis in das Stadtgebiet von Wittenberg reichen. Dies trifft auch aktuell noch zu: So zeigen sich aktuell immer wieder Zauneidechsenbestände auf ehemals industriell oder gewerblich genutzten, jetzt brachliegenden und ruderalisierten Flächen in der Stadt, die bebaut werden sollen, so am Parkplatz östlich des Hauptbahnhofs, am Radweg südlich der Stadt, auf der Brachfläche bei der Keksfabrik WIKANA oder auf der Baufläche für die Gewächshausanlage westlich des Heuwegs. Auch diese Flächen, die erst nach 1990 ungenutzt blieben, müssen recht zügig von den Eidechsen besiedelt worden sein. Bei einigen als Ersatz- und Ausgleichsmaßnamen durchgeführten Fang- und Umsetzaktionen gab es auch Einblicke in Bestandsgrößen: 2016 wurden im Zuge der Erweiterung der Gewächshausanlage am Heuweg auf der Erweiterungsfläche insgesamt 73 Zauneidechsen abgefangen, davon 42 ♂♂, 13 ♀♀ und 18 subadulte Tiere (I. ELZ per xls-Datei). Im Stadtwald Wittenberg wurden ebenfalls 2016 bei der Sanierung der 110-kV-Trasse insgesamt 53 Zauneidechsen abgefangen, davon 33 ♀♀, 14 ♂♂ und sechs subadulte Tiere (SCHONERT 2016a). Auch andere Gebiete zeigten hohe Dichten, wie eine kleine Freifläche der Woltersdorfer Heide (mit Land-Reitgras/*Calamagrostis epigejos* durchsetztes Heidekraut/*Calluna vulgaris*), wo am 1. Mai 2005 insgesamt 36 Zauneidechsen (17 ♀♀, 3 ♂♂, 16 juv.) und am 22. Mai 2010 wieder 32 Zauneidechsen, davon 20 vorjährige Jungtiere, gezählt werden konnten. Offensichtlich benötigen Zauneidechsen nur kleine Reviere, denn im nur 1 m breiten Randstreifen eines kleinen Feldsolls nördlich von Klebitz wurde am 8. August 2010 ein Zauneidechsenvorkommen mit diesjährigen Jungtieren gefunden, obwohl ringsum hohes Getreide angebaut war und nicht als Lebensraum genutzt werden konnte. Das oft beschriebene Vorkommen von Zauneidechsen auf Lesesteinhaufen kann aus dem Wittenberger Flämminggebiet nicht pauschal bestätigt werden, obwohl es hier an den Feldrändern öfters derartige auf den Feldern aufgelesene und abgelagerte Steinhaufen gibt. Aus dem Bereich des Wittenberger Vorflämings liegen auch mindestens zwei Beobachtungen vom Klettern der Zauneidechsen in die Höhe vor (ZUPPKE 2018), das GROSSE & LUDWIG (2018) als wenig beschrieben hervorheben. Am 25. Juni 2001 im Wald bei Apollensdorf-Nord und am 16. September 2011 in der Woltersdorfer Heide flüchtete jeweils eine adulte Zauneidechse an einen Kiefernstamm bis in 1,50 m Höhe, wo sie verharrten und nach geraumer Zeit kopfunter wieder zurück kletterten (U. ZUPPKE).

In der Elbaue fanden BERG et al. (1988) Zauneidechsen „an den wärmeexponierten Südhängen des Hochwasserdeiches". Allerdings gibt es aktuell vom Elbdeich von Pretzsch bis Wörlitz nur wenige Fundpunkte (evtl. zu dichte und hohe Vegetation nach der Sanierung der Deiche?). Im regelmäßig überfluteten Retentionsraum erfolgten keine Nachweise, wie es auch die aktuellsten Erfassungen bestätigen (ÖKOTOP 2013). Vorkommen gibt es aber auf den erhöhten Dünengebieten (Kannabude, Hohenroda, Schützberg, Klöden). Aus den Auwäldern liegen keine Nachweise vor. Im Ackerbaugebiet finden sich punktuelle Vorkommen, wie in Kiesgruben, an trockenen Wegrändern, auf Ruderalstellen, am Bahndamm der Heidebahn u.a.). In der Aue der Schwarzen Elster zeichnet sich ein ähnliches Verbreitungsbild ab: Die Dünenwälder zwischen Jessen und der Mündung sind von der Zauneidechse besiedelt, die Überflutungsflächen dagegen frei. Hier stellt aber der Hochwasserdeich ein lineares Verbreitungsgebiet dar, wie es die im Auftrag des Landesbetriebes für Hochwasserschutz und Wasserwirtschaft durchgeführten Fang- und Umsetzaktionen bei der Sanierung des Elsterdeichs östlich von Jessen bis zur Landesgrenze zeigten.

In der Dübener Heide werden nach BERG et al. (1988) Ränder von Waldwegen, Kahlschläge, Lichtungen und Jungkulturen besiedelt. Eine große Zahl von aktuellen Nachweisen bestätigt dies. Der bei SCHÄDLER (2004) dargestellte Verbreitungsschwerpunkt der Zauneidechse in der Dübener Heide wurde aktuell bestätigt. So wurden hier mit bis zu zwölf Vorkommen je MTB die höchsten Nachweisdichten der Art festgestellt (ÖKOTOP 2013). Auch die ehemaligen Tagebauregionen sind von der Zauneidechse in Abhängigkeit vom Grad der Waldentwicklung besiedelt. In der Oranienbaumer Heide deutet die Fundpunktdichte eine dichte Besiedlung an, die sicherlich vom Grad des Gehölzbewuchses und der Trittbelastung durch Heckrinder und Konikpferde beeinflusst wird. Auch die Annaburger Heide, für die bisher aufgrund von Betretungsverboten eine Bearbeitungslücke vorlag, zeigt eine hohe Besiedlungsdichte.

Vereinzelt wurde auch die rotrückige Erythronotus-Variante gefunden. So wurden nach BERG et al. (1988) im Gebiet des Bergwitzsees und der Lausiger Teiche rotrückige Zauneidechsen gesichtet. A. SCHONERT fand sie bei einer Fangaktion zur Umsetzung 2016 im Wittenberger Stadtwald. In der Wittenberger Region wurden auch Fälle der Autotomie (Schwanzabtrennung) bemerkt, also Zauneidechsen mit abgeworfenem und wieder nachgewachsenem Schwanz. A. SCHONERT fand in der Oranienbaumer Heide sogar ein Tier mit einem dreispitzigen Schwanz (Abb. auf S. 143). In solchen Fällen ist bei dem "Unfall" der Originalschwanz gleich an mehreren Stellen angebrochen, so das dort gleichzeitig neue Schwanzenden wachsen. Am 1. Mai 2004 konnte auf den Annaburger Bruchwiesen eine männliche Zauneidechse mit einem gegabelten Schwanzende festgestellt werden, wobei diese Gabelung offensichtlich nicht das Ergebnis einer Autotomie war, da sie sich weit hinter den Sollbruchstellen des Schwanzes befand. Die Beobachtung von Zauneidechsen auf der ehemaligen kleinen Insel im Bergwitzsee wirft die interessante Frage auf, ob die Tiere dort die Bearbeitungsintensität des Braunkohleabbaus überstanden oder die Insel erst nach der Flutung, also durch das Wasser, erreicht haben.

Somit kann zusammenfassend eingeschätzt werden, dass die Zauneidechse in der Wittenberger Region eine weit verbreitet und häufig vorkommende Kriechtierart ist. Die Verbreitung und Bestandssituation der Zauneidechse in der Wittenberger Region erlaubt die Beurteilung, dass hier, abgesehen von punktuellen Verlusten, diese Eidechsenart insgesamt gegenwärtig nicht gefährdet ist. Sie hat zahlreiche natürliche Fressfeinde, nach ELBING et al. (1996) wurden dafür mindestens 40 Tierarten nachgewiesen. Die Darstellung der Schlingnatter als Hauptprädator der Zauneidechse halten diese Autoren für „überbetont". In der Region wurden interessanterweise in der Woltersdorfer Heide am 15. Juni 2017 in einen Nistkasten mit sieben jungen Wiedehopfen (*Upupa epops*) zwei mumifizierte Zauneidechsen gefunden, die wohl von einem Altvogel erbeutet und zum Füttern herbeigetragen wurden, von den Jungvögeln aber nicht bewältigt werden konnten. Beim Fang für eine Umsetzungsaktion wurden 2016 in Apollensdorf Zauneidechsen gefunden, die oberhalb der Vorderextremitäten mit Zecken befallen waren (vermutlich *Ixodes ricinus*). Auch LUDWIG & GROSSE (2014) fanden bei Halle und Leipzig stark mit Zecken befallene Zauneidechsen und halten einen Zusammenhang mit milden Wintern für wahrscheinlich. In der Regel ist der Zeckenbefall für die Eidechsen jedoch nicht tödlich. Bestandsgefährdende Ursachen sind aber wie bei fast allen Lurchen und Kriechtieren die Zerstörung oder Veränderung ihrer Lebensräume durch anthropogene Eingriffe (Bebauung, Aufforstung, Einsatz von Pflanzenschutzmitteln u.a.) oder natürliche Verbuschung der offenen Habitate.

Die Zauneidechse ist nach dem **Bundesnaturschutzgesetz** eine streng geschützte Tierart. Innerhalb der EU ist der Schutz durch den Anhang II der **Berner Konvention** geregelt. Weiterhin ist sie in dem Anhang IV der **FFH-Richtlinie** gelistet. In der **Roten Liste Deutschlands** (KÜHNEL et al. 2009) ist sie in der Gefährdungskategorie „gefährdet" (Kategorie 3) eingestuft. In der **Roten Liste Sachsen-Anhalts** (MEYER & BUSCHENDORF 2004) wird sie in der Vorwarnliste „Arten, die in den nächsten 10 Jahren gefährdet sein können" (Kategorie V) geführt.

18. Waldeidechse - *Zootoca vivipara* (LICHTENSTEIN, 1823)

Die ursprünglich als *Lacerta vivipara* beschriebene Waldeidechse wird neuerdings einer eigenen, monotypischen Gattung *Zootoca* zugeordnet. Ihr wissenschaftlicher Artname „vivipara = lebendgebärend" bezieht sich auf die Tatsache, dass fertig entwickelte Jungtiere geboren werden, die sich während der Geburt aus einer weichen Eischale befreien.

Die kleinere Waldeidechse (bis 18 cm) hat einen rundlich schlanken Kopf und relativ kurze Beine. Die Schnauzenform ist nicht länglich, sondern stets rundlich. Der Rücken mit den kleinen gekielten Schuppen ist braun bis grau gefärbt mit einem dunkelbraunen bis schwärzlichen Streifen auf der Rückenmitte, der nach GÜNTHER & VÖLKL (1996) als Artmerkmal herangezogen werden kann. Die Flanken sind dunkelbraun und mit weißlichen Streifen eingefasst. Auf dem Körper befinden sich kleine weiße und schwarze Flecken, welche nebeneinander liegen. Die Unterseite ist weiß (Weibchen) bis gelblich (Männchen) und schwach gefleckt.

Die Waldeidechse fehlt in Europa nur in den Mittelmeerländern. Infolge ihrer Ovoviviparie (lebendgebärende Fortpflanzung) ist sie nicht auf Außenwärme zur Entwicklung der abgelegten Eier angewiesen und kommt daher bis in den hohen Norden Europas vor, wo sie in Skandinavien sogar den Polarkreis überschreitet. In Deutschland kommt sie, mit Verbreitungslücken in den waldfreien Gebieten, von der Norddeutschen Tiefebene bis in die Alpen vor. So ist sie auch in Sachsen-Anhalt verbreitet, wobei es hier eine besiedlungsfreie Zone zwischen Mittellandkanal, Elbe und Mulde im Nordosten und Harz, Saale-Ilm-Muschelkalkplatten und Zeitzer Buntsandsteinplateau im Südwesten gibt (GROSSE 2015c).

In der Wittenberger Region konnten BERG et al. (1988) für den damaligen Kreis Wittenberg nur 31 Beobachtungen, also wesentlich weniger als bei der Zauneidechse, auswerten. Sie führten dies aber auf das unauffällige und scheue Verhalten der Art zurück, das eine systematische Erfassung erschwert. Auch ist bei dieser sensiblen Art beim flüchtigen Weghuschen eine sichere Artdiagnose nicht immer möglich. Dies trifft auch nach wie vor zu, sodass aktuell über ihre tatsächliche Verbreitung und Häufigkeit nur unzureichende Informationen vorliegen. Da die Waldeidechse Habitate mit hohem Deckungsgrad besiedelt, fehlt sie in den ausgesprochenen Ackerlandschaften völlig.

Aus dem Fläming in der Wittenberger Region liegen zerstreute Nachweise aus den bewaldeten Bereichen vor, die andeuten, dass sie hier verbreitet vorkommt. Da sie im Gegensatz zur Zauneidechse etwas feuchtere und kühlere Habitate bewohnt, findet man sie auch in den geschlossenen Waldungen. Aus den bereits angeführten Gründen ist eine zielgerichtete Erfassung dieser Art schwierig. Alle bekannten Fundpunkte wurden zufällig gefunden, so dass sich aus den vorliegenden Beobachtungsdaten kein umfassendes Verbreitungsbild ableiten lässt.

Eindeutig ist aber, dass in der Elbaue keine Waldeidechsen beobachtet wurden, woran sich eine Besiedlungslücke erkennen lässt. Dieses Fehlen bezieht sich nicht nur auf die waldfreien Gebiete, sondern auch auf die Auwälder, wo diese Art (bisher) nicht gefunden wurde. Lediglich von der Kieferndüne Kannabude bei Melzwig liegt eine Beobachtung vor, so dass die Möglichkeit des Vorkommens auf ähnlichen Standorten vermutet werden kann.

Die Dübener Heide wird von den meisten Autoren als Verbreitungsgebiet der Waldeidechse angegeben (BUSCHENDORF 1984, GRÖGER & BECH 1986, BERG et al. 1988). In Auswertung der aktuellen Erfassungsergebnisse führt auch GROSSE (2015c) die Dübener Heide als besiedeltes Gebiet an. Tatsächlich gibt es aus diesem Waldgebiet eine größere Anzahl von Fundpunkten, insgesamt aber deuten diese genau wie im Fläming nur an, dass die Heide flächig von der Art besiedelt ist. Auch aus der Annaburger Heide liegen inzwischen Einzelnachweise vor, die eine dortige flächige Verbreitung vermuten lassen. Dagegen fehlen aktuelle Funde aus der Oranienbaumer Heide, wobei nicht klar ist, ob es sich hierbei um Erfassungslücken handelt.

Die Waldeidechse zählt nach GROSSE (2015c) in Sachsen-Anhalt „zu den nicht allzu häufigen Arten, deren Vorkommen landesweit als instabil und rückgängig zu beschreiben sind". Diese Gesamteinschätzung kann auch für die Wittenberger Region übernommen werden. Aus den Schwierigkeiten der Erfassung ergibt sich, dass das Verbreitungsbild und die Häufigkeit der Art in der Wittenberger Region unzureichend bekannt sind. Aus diesem Grund kann auch ein möglicher Gefährdungsgrad nicht real eingeschätzt werden. Neben den vorkommenden natürlichen Fressfeinden gibt es auch für die Waldeidechse allgemeine Gefährdungsfaktoren, wie insbesondere die Sukzession der halboffenen Lebensräume und Randbereiche der Waldungen, die durch Nährstoffeinträge (aus der Luft oder durch Düngestoffe) beschleunigt wird. Außerdem gibt es weitere, lokal wirkende Beeinträchtigungen (Abholzung, Mäharbeiten, Einsatz von Pflanzenschutzmitteln und dadurch bedingt Mangel an Nahrungstieren), die hin und wieder auch in der Region wirksam werden.

Die Waldeidechse ist nach dem **Bundesnaturschutzgesetz** eine besonders geschützte Tierart. Innerhalb der EU ist der Schutz durch den Anhang III der **Berner Konvention** geregelt. In der **Roten Liste Deutschlands** (KÜHNEL et al. 2009) und in der **Roten Liste Sachsen-Anhalts** (MEYER & BUSCHENDORF 2004) wird die Waldeidechse in keiner Gefährdungskategorie geführt, sie gilt also als ungefährdet.

Ordnung Schlangen

Von den sechs in Deutschland vorkommenden Schlangenarten – Schlingnatter, Äskulapnatter, Ringelnatter, Würfelnatter, Aspisviper und Kreuzotter – kommen nur zwei (Schling- und Ringelnatter) in der Wittenberger Region vor, von einer vermuteten dritten (Kreuzotter) fehlen belegbare Nachweise. Ein angenommener früherer Fund einer

Würfelnatter *(Natrix tessalata)* ist sicherlich auf eine Verwechslung mit der Schlingnatter zurückzuführen.

19. Schlingnatter - *Coronella austriaca* (LAURENTI, 1768)

Der im wissenschaftlichen Sprachgebrauch nach GLANDT (2014) verwendete Name „Schlingnatter" bezieht sich auf die Art des Beutetötens dieser Schlange, die größere Beutetiere durch Umschlingen erwürgt, bevor sie gefressen werden. Ebenso gebräuchlich ist auch der Name „Glattnatter" nach der Beschuppung mit nichtgekielten glatten Schuppen. Da der Name Schlingnatter die emotionale Wahrnehmung dieser Schlange weiter negativ belasten könte, gibt es gegenwärtig Bestrebungen, die Bezeichnung Glattnatter offiziell zu benutzen. Nachfolgend wird sie, der offiziellen Namensliste folgend, Schlingnatter genannt.

Schlingnattern werden 75 cm lang (maximal 90 cm). Der abgeflachte Kopf ist fast eiförmig und schwach vom restlichen Körper abgesetzt. Die Oberseite ist grau bis braun in verschiedenen Tönen mit einem dunkelbraunen Fleckenmuster auf dem Kopf und zwei ebenso gefärbten Fleckenreihen auf dem Rücken, die jedoch nie als Zickzackband verschmolzen sind. Die Unterseite ist heller, überwiegend grau und mitunter dunkel gesprenkelt. Haupt-Unterscheidungsmerkmal zur ähnlich aussehenden Kreuzotter sind die runden Pupillen (die bei der Kreuzotter senkrecht schlitzförmig sind!).

Die Schlingnatter ist in Europa weit verbreitet und fehlt nur auf Island und Irland und im nördlichen Skandinavien. Auch in Deutschland kommt sie landesweit verbreitet vor, mit dem Schwerpunkt in Südwest- und Süddeutschland, während sie in Norddeutschland nur weitlückig verbreitet ist. In Sachsen-Anhalt liegen die Schwerpunkte der Verbreitung in der Altmark, in den Randgebieten des Harzes, im Saale-Unstrut-Land und schließlich in der Dübener Heide. Die Schlingnatter bewohnt in ihrem nördlichen Verbreitungsgebiet lichte Wälder, die zugleich sonnig und versteckreich sein müssen. Strukturreiche Habitate mit dichter Bodenvegetation im kleinräumigen Wechsel mit offenen Stellen bieten die beste Voraussetzung für ihr Vorkommen.

Für die Region um Wittenberg gibt es keine flächenhaften Erfassungsergebnisse für diese Art, die sich aufgrund ihrer heimlichen und versteckten Lebensweise sowieso nur schwer nachweisen lässt, sodass nur Zufallsfunde vorliegen. FUEß (1936) erwähnt einige Vorkommen in der Dübener Heide, ESCHENBACH (1986) nennt einige wenige Nachweise (z. B. zwischen Tornau und Lutherstein), während GRÖGER & BECH (1986) sie „nicht direkt" nachweisen konnten. Dagegen nennt BUSCHENDORF (1984) die Dübener Heide als einen Verbreitungsschwerpunkt. BERG et al. (1988) wiederum bezeichneten die Schlingnatter für den damaligen Kreis Wittenberg als seltene Kriechtierart, nennen aber 18 Fundpunkte in der Dübener Heide und „regelmäßiges" Vorkommen in der Umgebung des Bergwitzsees. Anrufe besorgter Bürger über vermutliche Kreuzottern entpuppten sich stets als Schlingnattern. UNRUH (2004) bezeichnet neben der Dübener Heide noch die Oranienbaumer Heide und die Tagebauregionen als Schwerpunkte der Verbreitung. Auch GROSSE & SEYRING (2015h) nennen die Oranienbaumer Heide „einen Verbreitungsschwerpunkt der Schlingnatter im Ostteil Sachsen-Anhalts". ÖKOTOP (2013) konnte im Rahmen der aktuellen Erfassungen südlich der Elbe nur neun Nachweise erbringen, die das von UNRUH (2004) dargestellte Verbreitungsbild bestätigen. Gleichzeitig wurde ein Nachweis für die offiziell nicht betretbare Annaburger Heide erbracht und die Vermutung geäußert: „Unter Berücksichtigung der zum Teil sehr guten Habitatqualität des Gebietes für die Art ist davon auszugehen, dass die Annaburger Heide ebenfalls einen individuenstarken Verbreitungsschwerpunkt der Schlingnatter darstellt".

Das Vorkommen der Schlingnatter in der Glücksburger Heide wurde durch MALCHAU & SIMON (2010) bestätigt. Dagegen wurde im Fläming aktuell nur in den Wäldern am nordwestlichen Rand der Region ein Fundort erfasst. Ein Totfund als Verkehrsopfer erfolgte am 27. September 2014 bei Coswig (I. ELZ). Bemerkenswert sind mehrere Nachweise am nordwestlichen Stadtrand von Wittenberg: Im Juni 2001 informierten Passanten das Veterinäramt Wittenberg über Schlangen an der Bus-Haltestelle am Krankenhaus Apollensdorf-Nord. Am 25. Juni 2001 konnten dann dort eine und am 1. Juli 2001 sogar zwei Schlingnattern sicher bestimmt werden, die sich auf dem Rasen der Haltestelle sonnten, den haltenden Bus und die aussteigenden Menschen völlig ignorierten und erst bei direkter Störung in eine Höhlung unter der Betonplatte des Gehweges krochen (ZUPPKE 2003). Am 12. September 2004 fand sich ein totes, ca. 15 cm langes Jungtier auf dem Radweg an der Möllensdorfer Straße, 1 km südöstlich der ersten Fundstelle (Beleg bei U. ZUPPKE). Am 13. April 2010 wurde im Außengelände eines Betriebes an der Möllensdorfer Straße ein Mitarbeiter von einer Schlange gebissen, die, da sie lebend gefangen worden war, einwandfrei als Schlingnatter bestimmt werden konnte (U. ZUPPKE). Am 17. August 2011 wurde an der Sporthalle Möllensdorfer Straße beim Rasenmähen eine junge Schlingnatter erfasst (G. PFEIFFER). Eine sofortige Nachsuche erbrachte die Sichtung von drei weiteren jungen Schlingnattern vor einem Erdloch direkt an der Außenwand der Sporthalle (U. ZUPPKE). Alle diese Fundorte liegen, ebenso wie weitere bei Apollensdorf und Coswig, auf der Niederterasse, also dem südlichen Rand des Vorflämings und sind durch anthropogene Nutzung gekennzeichnet. Dies lässt erwarten, dass geeignete Habitate in den größeren Waldungen des Flämings ebenso von dieser Schlange besiedelt sind.

Insgesamt lassen die vorliegenden, zufallsbehafteten Nachweise keine definitive Aussage über die Verbreitung und den Bestand der Schlingnatter in der Wittenberger Region zu. Es kann aber zwingend angenommen werden, dass zumindest die Dübener Heide, die Oranienbaumer Heide, die Annaburger Heide und auch die Glücksburger Heide von dieser Schlangenart besiedelt sind, während eine flächenhafte Verbreitung im Fläming nur vermutet werden kann. Maßgeblich abhängig ist ihre Verbreitung stets vom Vorkommen ihrer Haupt-Beutetiere – den Wald- und Zauneidechsen.

Die Schlingnatter hat zahlreiche natürliche Feinde, wozu Wildschweine, Füchse, Iltis, Steinmarder, Igel sowie Greif- und Krähenvögel zählen. Daneben gibt es aber auch anthropogen bedingte Gefährdungsursachen, wie die Verluste durch den Straßenverkehr, die Beseitigung zahlreicher Strukturen innerhalb der Lebensräume, wie Säume, Raine und Hecken, der Nutzungsdruck auf bisher ungenutzte „Ödland"bereiche, weitere Zerschneidung durch Straßenbau und Aufforstung von offenen Flächen. Dazu kommt eine Verminderung der Freiflächen durch das Vordringen der Sukzession auf Heiden, Mager- und Trockenrasen.

Die Schlingnatter ist nach dem **Bundesnaturschutzgesetz** eine streng geschützte Tierart. Innerhalb der EU ist der Schutz durch den Anhang II der **Berner Konvention** geregelt. Weiterhin ist sie in dem Anhang IV der **FFH-Richtlinie** gelistet. In der **Roten Liste Deutschlands** (KÜHNEL et al. 2009) ist sie in der Gefährdungskategorie „gefährdet" (Kategorie 3) eingestuft. In der **Roten Liste Sachsen-Anhalts** (MEYER & BUSCHENDORF 2004) wird sie in der Gefährdungskategorie „Gefährdung anzunehmen, aber Status unbekannt" (Kategorie G) geführt. Auf der Grundlage der aktuellen negativen Entwicklung in den Verbreitungsschwerpunkten, wurde vorgeschlagen, bei einer Aktualisierung der Roten Liste die Art in den Status 2 „stark gefährdet" einzustufen.

20. Ringelnatter - *Natrix natrix* (LINNAEUS, 1758)

Die zweite sicher nachweisbare Schlangenart im Gebiet ist die Ringelnatter – eine harmlose, ungiftige Schlange, die sehr scheu ist und beim Ergreifen nicht beißt, sondern ein übel riechendes Sekret absondert.

Sie wird 80 (Männchen) bis 120 cm (Weibchen) lang. Die Oberseite der Ringelnatter ist grau, mitunter auch braun, mit einem schwarzen Punkt- oder Fleckenmuster, die Unterseite ist hellgrau mit dunklen Flecken. Kennzeichnend sind die beiderseitigen halbmondförmigen gelben Flecken im Nacken, die zum Rücken schwarz begrenzt sind.

Ringelnattern leben in feuchten Lebensräumen, besonders gern in der Nähe von stehenden Gewässern. Aber auch entfernt von Gewässern in Mooren, Auwäldern, lichten Laubwäldern und sogar in Gärten wird sie angetroffen. Zwischen diesen Teillebensräumen muss sie manchmal kilometerweite Strecken zurücklegen. Sie kommt in fast ganz Europa vor und fehlt nur auf Irland, im Norden Großbritanniens und Skandinaviens. In Sachsen-Anhalt kommt die Ringelnatter nach BUSCHENDORF (2015d) „in Abhängigkeit von den in den einzelnen Landesteilen vorhandenen aquatischen Lebensräumen" vor, mit den Schwerpunktgebieten Drömling, Flussgebiete von Elbe, Saale, Mulde, Weiße Elster, Schwarze Elster und das Gebiet nördlich Salzwedel.

Als Hinweis, dass die Ringelnattern in der Wittenberger Region auch schon im Mittelalter wahrgenommen wurden, mag ein Ausspruch LUTHERS dienen: „Luthers Vetter Fabian Kaufmann ging in der Specke (= ehemaliges Sumpfgebiet im Osten Wittenbergs. Verf.) spazieren und fand ein Nest voller Schlangen. Da zog er sein Schwert und hieb unter sie, hieb einer den Kopf, der anderen den Schwanz ab und zerstörte das Nest..." (TREU 2004). BERG et al. (1988) führen 66 Beobachtungen an, die sich auf das Gebiet der südlichen und westlichen Dübener Heide konzentrieren. Sie heben Nachweise aus der Umgebung des Bergwitzsees und aus dem Ort Bergwitz hervor und führen einen Gelegefund mit 53 Eiern in einem Sägespänehaufen der Sägemühle Ateritz am 20. September 1984 an, aus denen zwischen dem 12. und 21. Oktober 1984 28 Jungtiere schlüpften.

Aus den Fläminggebieten gibt es auch jetzt nur ganz vereinzelte Funde, nachdem JAKOBS (1985) „trotz der vielen Begehungen" keine vorfand und von BERG et al. (1988) „nur wenige" angeführt werden, dabei besonders am Gewässer am Vorwerk Gallun (J. BERG mdl.). Die Verbreitungskarte bei BUSCHENDORF (2015d) zeigt auch keine Vorkommen im Roßlau-Wittenberger Vorfläming, während aus dem Burger Vorfläming Fundpunkte zerstreut vorliegen. Erst neuerdings gibt es vereinzelte Nachweise aus dem Gebiet Coswig - Wörpen - Möllensdorf. Allerdings gibt es Beobachtungen von Ringelnattern an Gartenteichen im Stadtrandgebiet der Wittenberger Schlossvorstadt, die sehr weit von bekannten Vorkommen entfernt liegen. Diese Schlangen müssen mehrere Kilometer gewandert sein, um diese Habitate zu erreichen.

Auch aus der Elbaue liegen nur sehr vereinzelte Ringelnatter-Nachweise vor. Dieser lokale Befund steht im Gegensatz zu den von BUSCHENDORF (2015d) dargestellten landesweiten Vorkommen in den Naturräumen, denn dort wird das Dessauer Elbtal mit 14,8 % aller Fundpunkte als am dichtesten besiedelt ausgewiesen. Auch ÖKOTOP (2013) konnte keine aktuellen Nachweise der Ringelnatter für die gesamte Elbaue erbringen, geht dennoch von einem durchgängigen Vorkommen aus. In den 1980er Jahren wurde an einem Graben in der Nähe des Kraftwerkes Vockerode ein totes trächtiges Weibchen gefunden (J. BERG). Ein direkter Nachweis in einem Elbe-Altarm gelang am 20. Juni 2001 am Kleindröbener Riss (E. & U. ZUPPKE). Die großen Ackergebiete der Aue beiderseits der Elbe können als un- bzw. dünn besiedelt bezeichnet werden.

Etwas geschlossener stellt sich die Verbreitung im Bereich der Schwarzen Elster dar. In den abgetrennten Altwässern der Schwarzen Elster, teilweise aber auch in direkter Nähe zum Fluss (z. B. auf dem Deich) wurden mehrfach Ringelnattern gefunden. 2010 fanden sich mehrere Jungtiere in einem Wohnhaus nahe der Schwarzen Elster. A. SCHONERT fand am 26. Juni 2009 auf der Dorfstraße Axien ein überfahrenes trächtiges Ringelnatter-Weibchen mit zerfahrenen Eiern. Weiter vom Fluss entfernt wurden im direkten Stadtgebiet von Jessen im Sommer 2010 in Unterrichtsräumen des Gymnasiums zwei junge Ringelnattern entdeckt (B. SIMON). Auch wurden Einzelnachweise an den Kleingewässern der Annaburger Heide erbracht.

Das Gebiet der Dübener Heide wird von verschiedenen Autoren als Verbreitungschwerpunkt bezeichnet, so auch von GÜNTHER & VÖLKL (1996). Tatsächlich gibt es von vielen Kleingewässern, aber auch den Lausiger Teichen ältere und aktuelle Beobachtungen von Ringelnattern. Hier finden sie ihre Hauptbeutetiere – Frösche, überwiegend Teichfrösche, die den gleichen Lebensraum bewohnen. Auch im Bergwitzsee sollen sie gesehen worden sein. Sogar im recht schnell fließenden Fliethbach bei Rotta konnte am 26. August 2003 eine Ringelnatter gefangen werden (U. ZUPPKE). An den Lausiger Teichen wurden Ringelnattern mehrfach auf Höckerschwan- oder anderen Wasservogelnestern zusammengerollt sich sonnend angetroffen. Etliche Nachweise erfolgten als Totfund, sämtlich als Verkehrsopfer, sogar auf Radwegen, auch auf der unbefestigten Straße in der Waldsiedlung Kemberg, wo BERG (mdl.) mehrere überfahrene Jungnattern fand.

Es zeigt sich, dass vom alleinigen Vorliegen nur von Zufallsfunden kein Verbreitungsbild abgeleitet werden kann. Bei der heimlichen Lebensweise und Störanfälligkeit der Schlangen, die bei der kleinsten Erschütterung flüchten, ist eine systematische Erfassung kaum möglich. So kann nur eingeschätzt werden, dass die Ringelnatter in der Wittenberger Region in den ihr zusagenden Habitaten vorkommt und wohl sehr lückenhaft über das ganze Gebiet verbreitet ist.

Einen negativen Einfluss natürlicher Prädatoren (Greifvögel, Störche, Reiher, Raubsäger, Wildschwein, Igel) auf den Ringelnatterbestand hat es wohl bisher nicht gegeben.

Ob er sich durch das invasive Vordringen des Waschbären und des Minks verstärkt, kann nicht prognostiziert werden. Ein Gefährdungspotential stellt die starke Bindung der Natter an feuchte Lebensräume dar, denn diese unterliegen immer stärker dem Einfluss der menschlichen Tätigkeit (Verfüllung, Bebauung, Einleitungen), womit gleichzeitig auch ein Rückgang der Beutetiere verursacht wird. Ein großer Gefährdungsfaktor ist der Verkehr, die Zahl der überfahrenen Ringelnattern ist im Gebiet groß, da Ringelnattern oft auf den aufgeheizten Straßen zum „Wärmetanken" ruhen. Totfunde auf den Straßen bei Griebo, Apollensdorf, Abtsdorf, Seegrehna, Merkwitz, Rotta, Bergwitz und auf dem Radwanderweg bei Seegrehna und Pratau sind nur zufällig bekannt gewordene Verluste und deuten auf eine deutlich höhere Anzahl.

Die Ringelnatter ist nach dem **Bundesnaturschutzgesetz** eine besonders geschützte Tierart. Innerhalb der EU ist der Schutz durch den Anhang III der **Berner Konvention** geregelt. In der **Roten Liste Deutschlands** (KÜHNEL et al. 2009) ist sie in der Vorwarnliste eingestuft. In der **Roten Liste Sachsen-Anhalts** (MEYER & BUSCHENDORF 2004) wird sie in der Gefährdungskategorie „Gefährdet" (Kategorie 3) geführt. Da sich landesweit die Bestandssituation nicht verbessert hat und die Gefährdungsfaktoren nach wie vor wirken, sollte sie bei einer Aktualisierung in dieser Kategorie belassen bleiben.

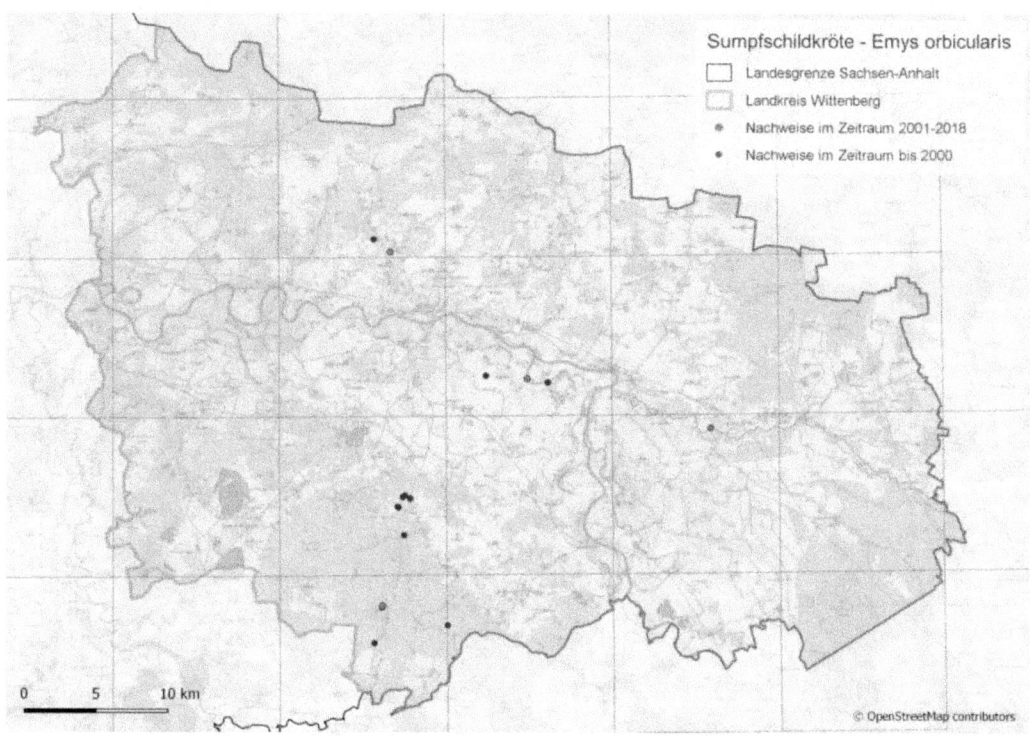

Nachweise der Sumpfschildkröte (oben) und der Blindschleiche (unten) im Landkreis Wittenberg (Fundpunkte)

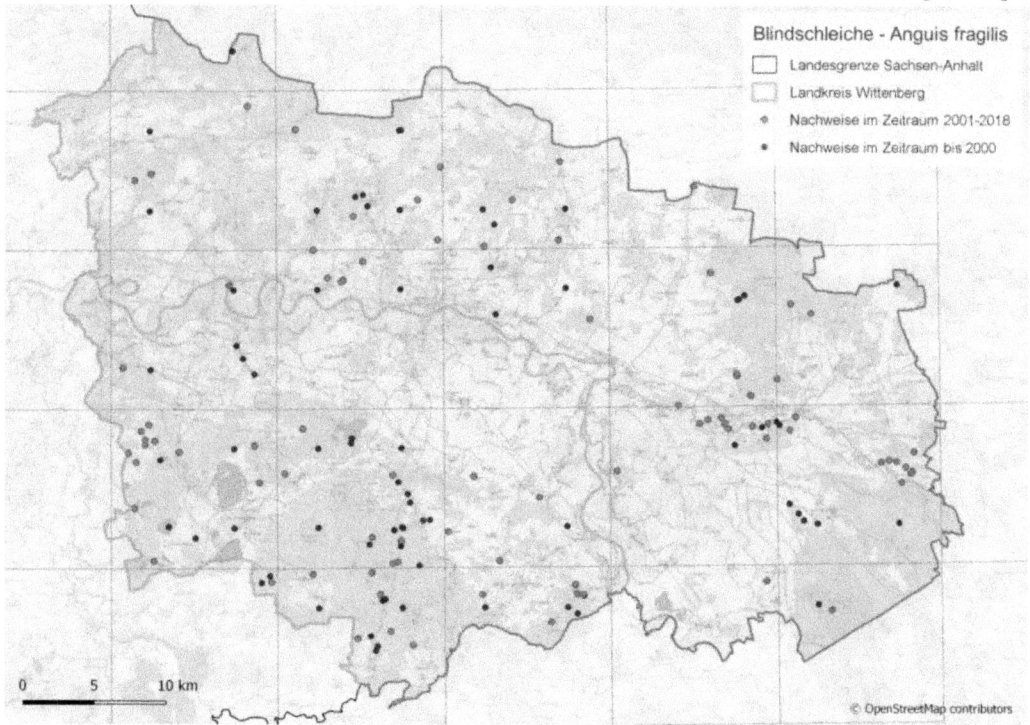

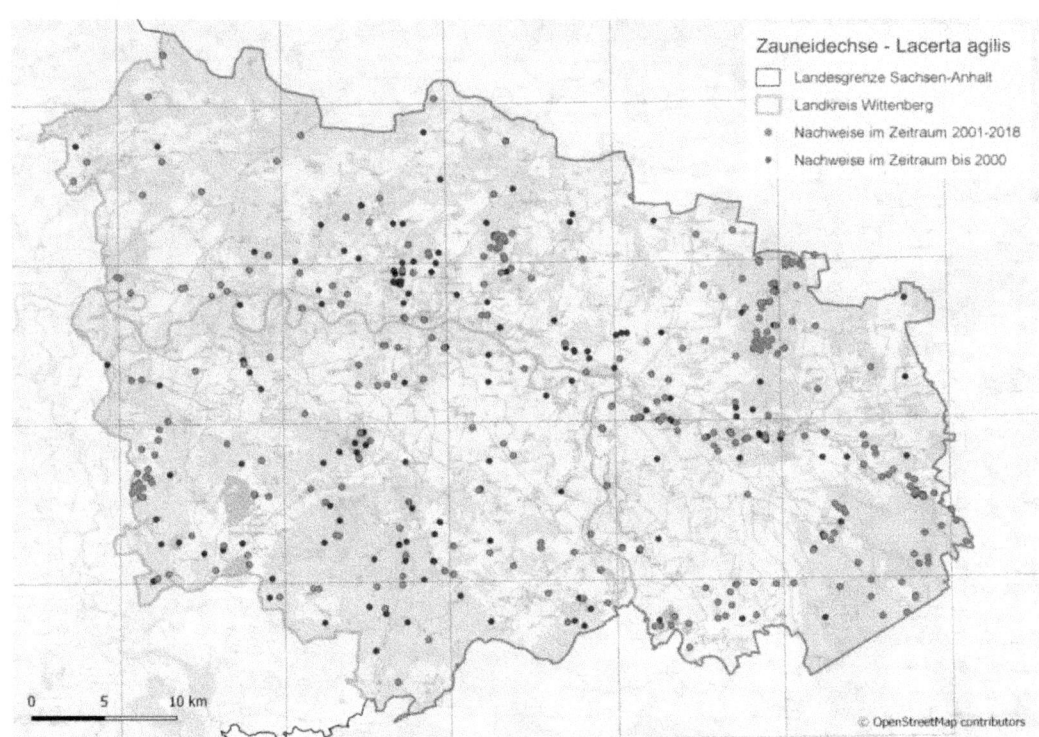

Nachweise der Zauneidechse (oben) und der Waldeidechse (unten) im Landkreis Wittenberg (Fundpunkte)

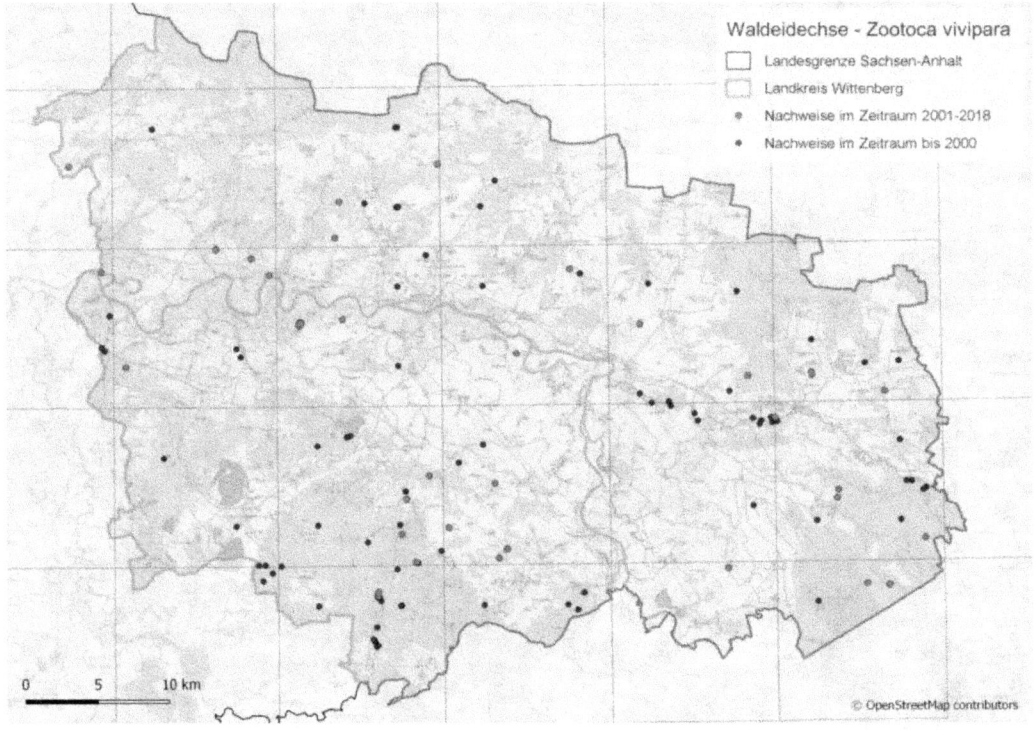

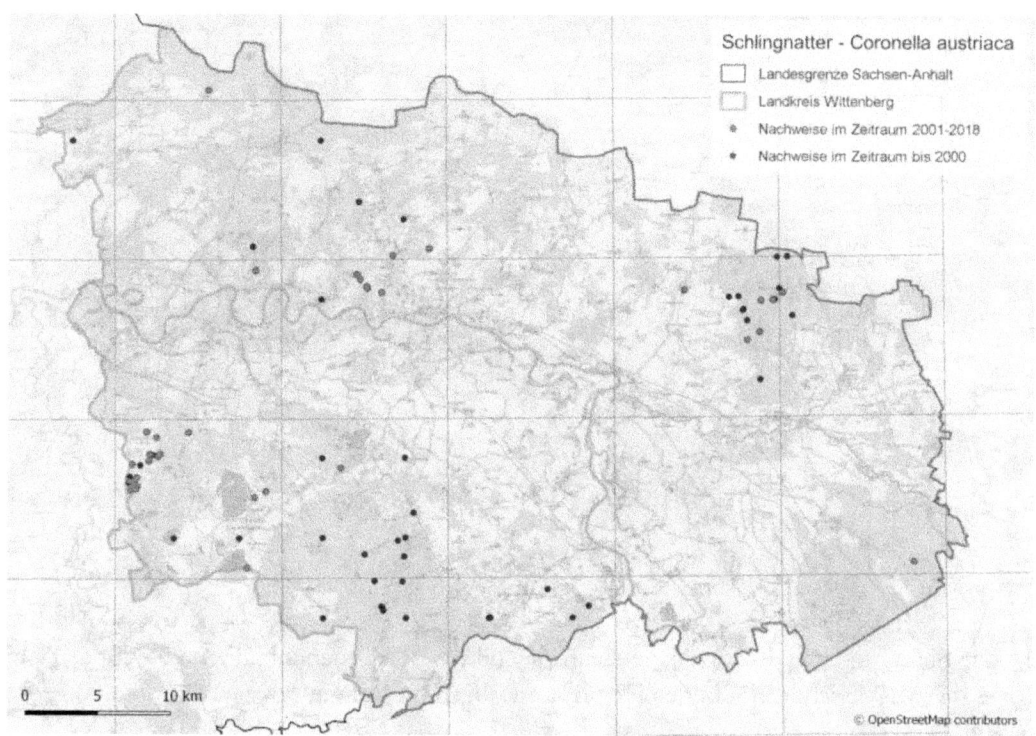

Nachweise der Schlingnatter (oben) und der Ringelnatter (unten) im Landkreis Wittenberg (Fundpunkte)

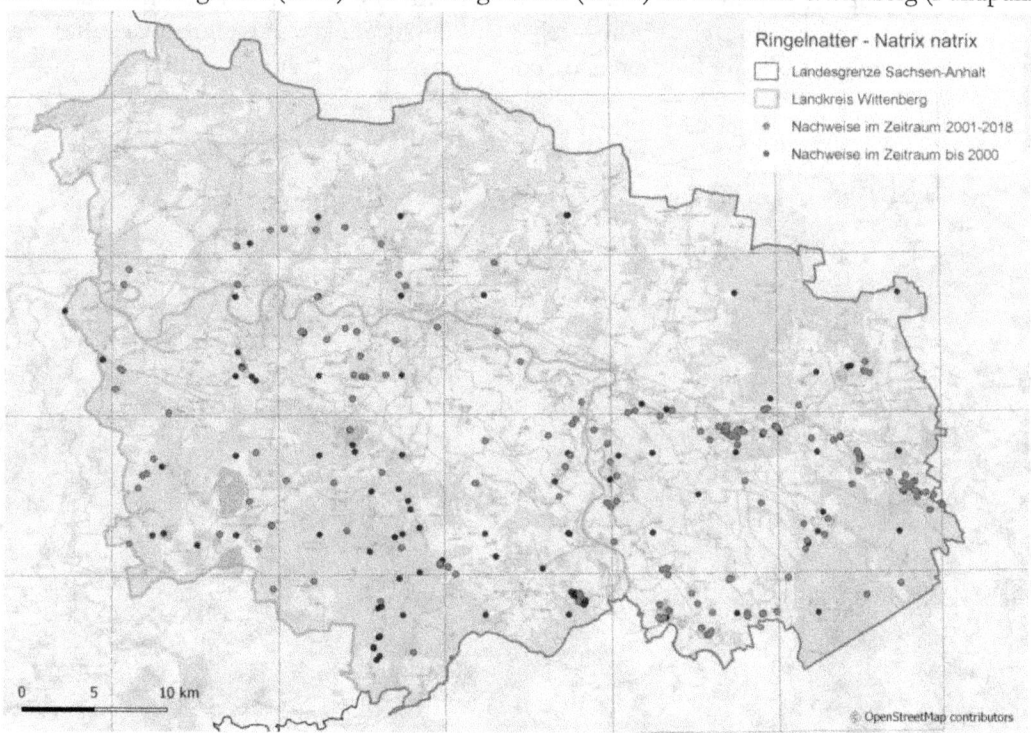

Oben: Die Sichtung einer Europäischen Sumpfschildkröte ist manchmal eine Zeitungsnachricht wert, wie diese 1998 in der Dübener Heide bei Lubast gefundene (Quelle: MZ vom 18.7.1998 mit Foto von F. Döttger).

Unten: Diese Europäische Sumpfschildkröte erschien im August 2013 plötzlich an einem Gartenteich in Reinsdorf. Ihre Futterzahmheit zeigte an, dass sie aus der Gefangenschaft stammte, also entweder ausgesetzt oder entwichen war (Foto: U. Zuppke am 6. August 2013).

Oben: Die Blindschleiche sieht durch den langen, gestreckten Körper und das Fehlen von Gliedmaßen wie eine Schlange aus. Diese Gestalt hat vielen der harmlosen, fußlosen Echsen den Tod gebracht. Hier: Dübener Heide nahe Eisenhammer am 4. August 2010 (Foto: I. Elz).

Unten: Der Rücken der bräunlichen Waldeidechse, hier im Wald am Lutherstein in der Dübener Heide am 14. Juli 1986, ist heller als die Flanken und beginnend am Hinterkopf zieht sich ein dunkler „Aalstrich" entlang des Rückens bis zum Schwanz (Foto: U. Zuppke).

Oben: Zauneidechsen haben normalerweise auf dem braunen Rückenband weiße und dunkle Punkt- oder Strichzeichnungen, wie dieses Männchen am 1. Juli 2007 in einem Garten in Apollensdorf (Foto: I. Elz).

Unten: Bei manchen Zauneidechsen ist der Rücken bis zur Schwanzmitte rotbraun gefärbt und ungezeichnet, wie dieses am 5. Juni 2016 im Stadtwald Wittenberg gefangene Männchen. Es sind sogenannte Erythronotus-Mutanten, aber keine eigene Unterart (Foto: N. Stenschke).

Oben: Zaundeidechsen haben die Fähigkeit der Autotomie, d.h. sie können bei Gefahr den Schwanz abwerfen, der wieder nachwächst, wie bei diesem Männchen am 4. Juli 2012 auf dem Radweg am Birkenhof bei Bleesern (Foto: U. Zuppke).

Unten: Während der Gabelschwanz (links) wohl eine Anomalie ist/1. Mai 2004 Bruchwiesen Annaburg (Foto: U. Zuppke), kann sich der dreispitzige Schwanz (rechts) durch eine unvollständige Autotomie gebildet haben: 15. Juli 2017 Oranienbaumer Heide (Foto: A. Schonert).

Oben: Bei der Zauneidechse sind die Geschlechtsunterschiede deutlich ausgeprägt, hier ein Weibchen in der braun-grauen Färbung, 11. Mai 2016 Ruderalgelände Apollensdorf (Foto: I. Elz). Unten: Aus dem lockeren Erdreich eines Gartens in Apollensdorf aus etwa 5 cm Tiefe ausgegrabenes Gelege einer Zauneidechse am 8. Juli 2008 (links). Die Schlüpflinge erreichen im Herbst (22. September 2017, Garten Apollensdorf) eine Länge von etwa 6 cm und halten sich oft noch gemeinsam auf (beide Fotos: I. Elz).

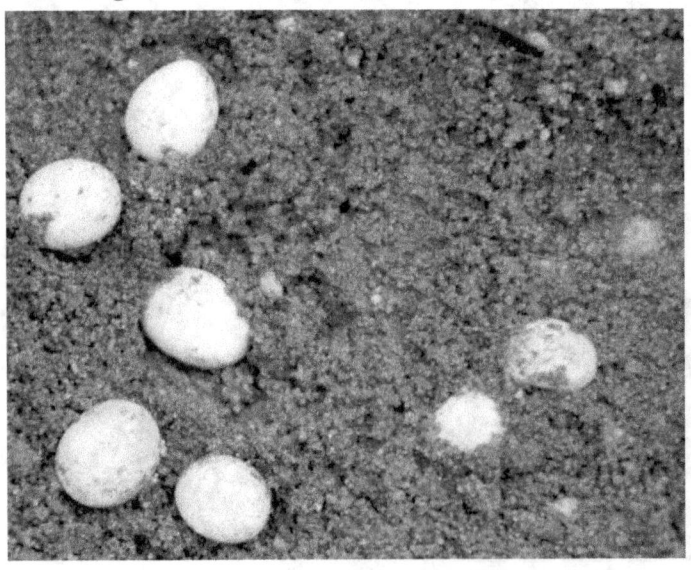

Oben: Bei Gefahr flüchten Zauneidechsen manchmal auch senkrecht an Bäumen empor (links), wie am 16. September 2011 in der Woltersdorfer Heide (Foto: U. Zuppke). Dieses Zauneidechsenmännchen ist von Zecken (*Ixodes* spec.) befallen (rechts), die aber voll mit Blut gesogen abfallen/14. Mai 2016 auf dem Ruderalgelände Apollensdorf (Foto: I. Elz).
Unten: Die mit niederer Vegetation lückig bewachsene Woltersdorfer Heide im Fäming ist ein dicht besiedelter Zauneidechsen-Lebensraum/16. September 2011 (Foto: U. Zuppke).

Oben: Das unregelmäßige dunkle Fleckenband auf dem bräunlichen Rücken der Schlingnatter unterscheidet sich deutlich vom Rückenmuster der Kreuzotter, mit der die harmlose Natter oft verwechselt wird. Siedlungsrand von Apollensdorf-Nord am 25. Juni 2001 (Foto: U. Zuppke).
Unten: Die Kreuzotter hat ein schwärzliches zusammenhängendes Zickzackband auf dem Rücken, während der übrige Körper sehr variabel von hellgrau bis olivbraun getönt sein kann. Sie wurde hier noch nicht nachgewiesen (Aufnahme aus dem Harz!) (Foto: A. Westermann).

Oben: Schlingnattern haben eine runde Pupille auf der goldfarbenen Iris (links); Oranienbaumer Heide am 24. Juni 2018 (Foto: A. Schonert), Kreuzottern dagegen eine schlitzförmig ovale (rechts); melanistische Form einer Kreuzotter aus dem Harz (Foto: A. Westermann).

Unten: Schlingnattern reagieren auf Störungen oft aggressiv und beißen! Mit der gespaltenen Zunge kann sie Duftstoffe von zwei Punkten gleichzeitig aufnehmen, wodurch die Wahrnehmung der Beutetiere verbessert wird; Oranienbaumer Heide, 22. Juni 2018 (Foto: A. Schonert).

Oben: Die Ringelnatter lebt am und im Wasser, wo sie ihre Hauptnahrungstiere - Molche, Froschlurche und deren Larven, auch Fische - findet; Tagesverstecke und Winterquartiere befinden sich jedoch an Land. Schlossvorstadt von Wittenberg am 26. Juni 2016 (Foto: U. Zuppke). Unten: Auch anthropogene Lebensräume werden besiedelt, sofern sie störungsfrei sind. Links: Unter den Bodenbrettern einer Wohnhausterrasse in Raßdorf im Sommer 2018 (Foto: B. Mende). Rechts: Am Gartenteich in der Schlossvorstadt Wittenberg am 26. Juni 2016 (Foto: U. Zuppke).

Oben: Kopf einer Ringelnatter am 22. Mai 2010 in Apollensdorf mit den typischen gelben Nackenflecken. Nicht nur durch Sehen und Riechen können Schlangen ihre Beute und Feinde wahrnehmen, sondern auch durch Bodenvibrationen, sind aber fast taub (Foto: I. Elz).
Unten: Ringelnatter hat eine Erdkröte gefangen. Die Beute wird lebend mit dem Hinterteil voran verschlungen. Die Beweglichkeit der Unterkiefer ermöglicht das Verschlingen größerer Beutetiere. Gartengrundstück der Bleddiner Mühle am 17. Juli 2015 (Foto: A. Schonert).

Arten ohne sicheren Nachweis

21. Kreuzotter - *Vipera berus* (LINNAEUS, 1758)

Die Kreuzotter ist eine der zwei in Deutschland vorkommenden Giftschlangenarten, wobei die Aspisviper (*Vipera aspis*) nur am südöstlichen Ausläufer des Schwarzwalds an der nördlichen Verbreitungsgrenze der Art vorkommt.

Die bis 70 cm lange Kreuzotter ist sehr variabel gefärbt: normal ist eine graue bis bräunliche Grundfärbung mit einem dicken schwarzen Zickzackband auf dem Rücken. Es gibt aber auch völlig schwarze Tiere. Die Iris der Augen ist rot-orangefarben mit einer senkrechten (!) schlitzförmigen Pupille.

Die Kreuzotter kommt von Großbritannien und Nordfrankreich ostwärts in Mittel- und Nordeuropa vor und erreicht dabei als einzige Schlangenart Gebiete nördlich des Nördlichen Polarkreises. In Deutschland kommt sie im Norddeutschen Tiefland, in den östlichen Mittelgebirgen sowie in Teilen Süddeutschlands (z. B. Schwarzwald, Schwäbische Alb, Bayerischer Wald, Alpen mit Vorland) vor. Dazwischen befinden sich größere Verbreitungslücken. Bereits BUSCHENDORF (1984) und GASSMANN (1984) bezeichnen die Kreuzotter für die damaligen Bezirke Halle und Magdeburg als seltenste und stark gefährdete Schlangenart. Die Auswertung der aktuellsten Daten von 2001 bis 2014 (WESTERMANN 2015b) ergab nur noch Nachweise im Burgenlandkreis, im Harz und in der Altmark.

Für die Region um Wittenberg gibt es keine gesicherten Angaben über ein Vorkommen der Kreuzotter im Gebiet. BERG et al. (1988) bezeichnen ein Vorkommen als „recht wahrscheinlich", ohne gesicherte Nachweise zu nennen. Sie fanden aber Hinweise der Bevölkerung aus den Jahren 1980/81 aus dem Raum Bad Schmiedeberg - Großwig als „durchaus glaubhaft". Sie erwähnen einen (leider undatierten) Totfund bei Naderkau/Schleesen am Nordrand der Dübener Heide. Nach BUSCHENDORF (1984) sollte die Kreuzotter zur Zeit seiner damaligen Ermittlungen in der Dübener Heide „häufiger" sein. Auch GRÖGER & BECH (1986) geben sie für die Dübener Heide an und zitieren O. EDLER (1927) - leider ohne Quellennachweis -, der Funde „östlich der Straße Kemberg - Düben, [...], an der Gleiner Mühle bei Söllichau sowie bei Reinharz" angibt. Beobachtungen in der angrenzenden sächsischen Dübener Heide sind „umstritten" (BFA Leipzig 1983). Nach WESTERMANN (2004) existierten in der Dübener Heide historisch stabile Vorkommen, die im Rahmen der Kartierungen in den 1990er Jahren nicht bestätigt werden konnten. Sie schließt ein Vorkommen in der Dübener Heide dennoch nicht aus und verweist auf dringenden Untersuchungsbedarf. Bei den Erfassungen 2001 bis 2014 wurden keine Kreuzottern im Gebiet nachgewiesen (WESTERMANN 2015), wie es auch ÖKOTOP (2013) berichtet. Letztere erwähnen aber noch „Altnachweise der Kreuzotter [...] aus der Oranienbaumer (2 Nachweise) Heide". Im Gesundheitswesen des Kreises Wittenberg sind keine Schlangenbisse offiziell erfasst. Ein Schlangenbiss im Jahr 2010 im Außengelände eines Betriebes an der Möllensdorfer Straße in Wittenberg konnte eindeutig einer Schlingnatter zugeordnet werden, da die Schlange gefangen und bestimmt werden konnte (ZUPPKE & ELZ 2014). Ein weiterer Schlangenbiss 2016 bei Söllichau konnte von den Medizinern der St. Georgs-Klinik in Leipzig nicht eindeutig als Kreuzotterbiss erkannt werden (obwohl die Schlange vorgelegt wurde!), wurde aber prophylaktisch als solcher behandelt (Info von W.-R. GROSSE). Schlingnattern sind sehr beißfreudig und werden auch aus diesem Grund öfters für giftige Kreuzottern gehalten und gemeldet.

Insgesamt gesehen gibt es also bisher keinen einzigen eindeutig gesicherten Nachweis der Kreuzotter aus der Region um Wittenberg. Da sie sehr heimlich ist, verborgen lebt und daher schwer zu beobachten ist, gilt es aber weiterhin, besonders auf diese Schlangenart zu achten. Ein Vorkommen ist nach wie vor nicht völlig auszuschließen!

Es soll auch hier betont werden, dass die Kreuzotter nach dem **Bundesnaturschutzgesetz** eine besonders geschützte Tierart ist. Innerhalb der EU ist ihr Schutz durch den Anhang III der **Berner Konvention** geregelt. In der **Roten Liste Deutschlands** (KÜHNEL et al. 2009) ist sie in der Gefährdungskategorie „stark gefährdet" (Kategorie 2) eingestuft. In der **Roten Liste Sachsen-Anhalts** (MEYER & BUSCHENDORF 2004) ist die Kreuzotter ebenfalls in der Gefährdungskategorie „stark gefährdet" (Kategorie 2) eingestuft. Aufgrund der alarmierenden Situation in Sachsen-Anhalt wird für die Aktualisierung der Roten Liste eine Höherstufung in die Gefährdungskategorie „vom Aussterben bedroht" (Kategorie 1) vorgeschlagen.

Eingebürgerte und gebietsfremde Arten

(Auszug aus: ZUPPKE (2015a): In Sachsen-Anhalt gebietsfremde Lurche und Kriechtiere. - In: Berichte des Landesamtes für Umweltschutz 4, S. 541–548).

Durch den Tierhandel werden alljährlich fremdländische Lurche und Kriechtiere fast aller Arten, neuerdings beschränkt durch das Washingtoner Artenschutzabkommen, nach Deutschland eingeführt und in den Zoohandlungen zum Kauf angeboten. Auch die illegale Einfuhr aus Urlaubsländern wird trotz der bestehenden Einfuhrbeschränkungen und -verbote immer wieder versucht, wie es die 15.000 artengeschützten Tiere beweisen, die 2014 am Frankfurter Flughafen sichergestellt wurden, darunter auch 55 „in Klebeband eingewickelte Schildkröten" (MZ 2015). Neuerdings wird ein Großteil der fremdländischen Terrarientiere über den Internethandel oder auf Börsen ohne ausreichende Aufklärung über die Anforderungen an die Haltung bezogen. In vielen Fällen haben die Interessenten keine oder nur unzureichende Kenntnisse über die ökologischen Ansprüche der betreffenden Arten, so dass dann oft nur mangelhafte Haltungsbedingungen angeboten werden. Auch sind sie oft nicht über die zum Teil recht stattliche Größe der ausgewachsenen Tiere aufgeklärt. Viele Arten aus tropischen oder subtropischen Ländern sind anspruchsvolle Pfleglinge, die ein hohes Maß an technischen und pflegerischen Aufwand erfordern. Eine Rückgabe an den Zoohandel oder einen Zoologischen Garten bzw. Tierpark ist meistens nicht möglich. Bei einer Haltung in ungenügend abgesicherten Gartenteichen gelangen die Tiere in die Freiheit und wandern auf der Suche nach lebensfreundlichen Habitaten mitunter weit umher. In vielen Fällen, in denen die Tiere zu groß oder unbequem werden, werden sie dann in die heimische Natur ausgesetzt. Kriechtiere aus tropischen Gefilden überleben das Temperaturregime der gemäßigten Breiten oft nur kurze Zeit, so dass sie keine reproduktiven Populationen bilden können und somit keine Gefährdung für einheimische Populationen darstellen. Andere langlebige und anspruchslose Arten können längere Zeitspannen im Freiland überleben. Während aber Wasserschildkröten an und in Gewässern doch öfters auffallen, werden leicht flüchtige Schlangen und Eidechsen übersehen und nur selten entdeckt, so dass nur Zufallsfunde bekannt werden.

Grundsätzlich ist das Aussetzen faunenfremder Tierarten zu verurteilen und ist juristisch betrachtet auch illegal, denn lt. Bundesnaturschutzgesetz § 40 (4), bedarf „das Ausbringen von Pflanzen gebietsfremder Arten in der freien Natur sowie von Tieren der Genehmigung der zuständigen Behörde", die ja in derartigen Fällen nicht vorliegt. Diese Genehmigung ist in fast allen Fällen zu versagen, da eine Gefährdung von Ökosystemen, Biotopen oder Arten nicht auszuschließen ist. Nach dem gleichen Gesetz sollen die zuständigen Behörden des Bundes und der Länder unverzüglich geeignete Maßnahmen ergreifen, um neu auftretende Tiere und Pflanzen „invasiver Arten" zu beseitigen oder deren Ausbreitung zu verhindern. Dazu ist es jedoch auch unbedingt erforderlich, die möglichen Auswirkungen auf die heimische Fauna zu kennen, wozu es aber gegenwärtig kaum gesicherte Untersuchungsergebnisse gibt. Sollte es sich zeigen, dass z.B. Schmuckschildkröten eine ökologische Gefahr darstellen, müssten bei jedem öffentlich bekannt werdenden Fall unverzüglich die Tiere mit speziellen Lebendfallen abgefangen werden. Es ist leider noch nicht überall bekannt, dass widerrechtliche Aussetzungen von Tieren strafrechtliche Konsequenzen für die Täter nach sich ziehen.

Wie vielerorts in Deutschland wurden auch in der Wittenberger Region gebietsfremde Lurch- und Kriechtierarten gefunden, die nur ausgesetzt oder entwichen sein können. Insgesamt kann aber erfreulicherweise festgestellt werden, dass bisher keine aggressiv invasiven Arten (wie z. B. der andernorts bereits vorkommende Ochsenfrosch/*Rana catesbeiana*) nachgewiesen wurden, die zur Gefahr für die heimischen Arten werden können.

Nachfolgend werden die bekannt gewordenen Arten besprochen, um zu zeigen, mit welchen Arten in der heimischen Natur gerechnet werden muss. Sicherlich gibt es noch weitere, die unerkannt geblieben sind, wie es ein aktueller Pressebericht über Fundtiere im Dessauer Tierpark vermuten lässt (MZ 2019).

22. Springfrosch - *Rana dalmatina* (FITZINGER in BONAPARTE, 1838)

Neben dem Gras- und Moorfrosch kommt in Deutschland noch eine dritte „Braunfrosch"art vor - der Springfrosch. Dieser Frosch besiedelt Deutschland nur sehr zerstreut, besonders aber Süddeutschland. In Sachsen-Anhalt kommt er nur an drei Verbreitungsschwerpunkten vor: im Ohre-Aller-Hügelland (Flechtinger Höhenzug), im südlichen Unterharz und im Ziegelrodaer Forst. In der Wittenberger Region gibt es keine natürlichen Vorkommen dieser Art.

Der Springfrosch ist ein mittelgroßer „Braunfrosch", der kräftige, lange Hinterbeine hat, mit denen er 1,50–2 m weit springen kann (daher der Name!). Er ist oberseits rötlich-braun bis grau-braun gefärbt und hat nur wenige dunkle Flecken. Die Unterseite ist hell und ungefleckt. Anhaltspunkte zur sicheren Artbestimmung sind das große Trommelfell (ungefähr so groß wie der Augendurchmesser), bei an den Körper angelegtem Hinterbein ragt das „Fersen"gelenk über die Schnauzenspitze hinaus und der Fersenhöcker ist flach und lang.

Auf der Sohle des ausgekiesten Teils der privatbetriebenen Kiesgrube Köplitz südlich von Kemberg lebt ein kleiner Bestand Springfrösche (etwa 10–15 Tiere?), die arttypisch bereits im sehr zeitigen Frühjahr in kleinen Restwassern laichen. Es stellte sich heraus, dass hier seit 2011 Laich aus einem sächsischen Vorkommensgebiet des Springfroschs ausgebracht wurde, der sich offensichtlich erfolgreich entwickelt hat. In niederschlagsarmen Jahren ist jedoch diese Entwicklung hier nicht gewährleistet, da dann die Gewässerpfützen austrocknen, bevor die Metamorphose der Larven abgeschlossen ist. Daher hat sich wohl auch bisher nur ein kleiner Bestand entwickeln können.

Zwar ist der Springfrosch nach dem **Bundesnaturschutzgesetz** eine streng geschützte Art und ist auch in der **FFH-Richtlinie** der EU im Anhang IV gelistet, da dieses Vorkommen jedoch durch künstliches Ausbringen weitab vom ursprünglichen Vorkommensgebiet entstanden ist, besteht kein hohes Maß an Dringlichkeit für Schutzmaßnahmen.

23. Schmuckschildkröte, unbestimmt - *Chrysemys* spec.

Schmuckschildkröten sind typische Sumpfschildkröten, die in Nordamerika, wenige Arten auch in Mittel- und Südamerika, vorkommen. Da sie sich massenhaft züchten lassen, erscheinen Schmuckschildkröten-Jungtiere sehr zahlreich im Tierhandel. Sie sind jedoch durchaus komplizierte (und langlebige) Pfleglinge, so dass „Anfänger" oftmals überfordert sind und entnervt aufgeben und diese exotischen Tiere einfach in die heimatliche Natur aussetzen.

Die Schmuckschildkröten haben einen flachen, ovalen, starren Panzer und gut entwickelte Schwimmfüße. Kopf, Hals und Gliedmaßen tragen farbige und die Panzer ornamentale Zeichnungen, die zwar arttypisch sind, unter Freilandbedingungen aber nur schwer unterschieden werden können. Nach OBST (2002) unterscheiden sich drei Untergattungen (*Chrysemys*, *Trachemys*, *Pseudemys*), die jedoch seit Mitte der1960er Jahre einheitlich als *Chrysemys* bezeichnet werden.

Die mitteleuropäischen Klimabedingungen reichen für den Wärmehaushalt der meisten Arten aus, jedoch nicht für eine erfolgreiche Reproduktion, so dass eine übermäßige Bestandserhöhung ausgeschlossen ist. Schmuckschildkröten ernähren sich im Jugendstadium carnivor (also tierisch), im Erwachsenenstadium dagegen omnivor (tierisch und pflanzlich). Sie überwintern in Winterstarre mit gedrosseltem Stoffwechsel auf dem Grund der Gewässer (oftmals im Schlamm). Ob ausgesetzte Schmuckschildkröten das einheimische Artengefüge beeinträchtigen, kann gegenwärtig noch nicht schlüssig beantwortet werden. Auf jeden Fall sind sie aber fremde Faunenelemente und ihre Aussetzung stellt eine strafbare Handlung dar.

Auch in der Wittenberger Region wurden mehrfach Schmuckschildkröten gesehen. Wenn Fotos erstellt werden konnten, ließen sich oftmals auch hinterher noch die Arten bestimmen, in Einzelfällen aber nicht. So konnte P. RASCHIG bei einer Kanutour auf der Schwarzen Elster bei Jessen am 25. September 2011 eine sich sonnende Schmuckschildkröte beobachten und fotografieren, die Entfernung und Perspektive ließen aber auf dem Foto keine Bestimmung zu.

Die in der Region beobachteten Schmuckschildkröten, deren Art bestimmt werden konnte, werden nachfolgend gesondert behandelt.

24. Rotwangen-Schmuckschildkröte - *Chrysemys scripta elegans* (WIED-NEUWIED, 1838)

Von der Buchstaben-Schmuckschildkröte (*Chrysemys scripta*) gibt es 15 Unterarten, von denen die Rotwangen-Schmuckschildkröte (*Chrysemys scripta elegans*) und die Gelbwangen-Schmuckschildkröte (*Chrysemys scripta scripta*) am häufigsten im Tierhandel erscheinen. Die Einfuhr der früher zahlreich gehandelten Rotwangen-Schmuckschildkröte in alle Länder der EU ist durch die Verordnung (EG) Nr. 2551/97 inzwischen verboten.

Die Rotwangen-Schmuckschildkröte hat einen flachen, etwas lang gestreckten Panzer, der grünlich gefärbt ist und gelblich- bis orangebraune Zeichnungselemente hat. Der verdickte Schläfenstreifen ist kräftig orange bis rot gefärbt. Die Gliedmaßen haben deutliche gelbe Streifen.

Sie ist im Südosten der USA von den Staaten Alabama, Mississippi und Louisiana im Süden bis Indiana und Illinois im Norden sowie von Georgia im Osten bis Texas im Westen beheimatet. Hier bewohnt sie größere Teiche, Seen, ruhige Flüsse und insbesondere deren Altwasser-Arme.

Da die Pflege dieser Tiere schwieriger ist als viele Käufer ahnen, werden sie später lästig und einfach in die heimischen Gewässer ausgesetzt. In einigen Gebieten Westdeutschlands ist die Rotwangen-Schmuckschildkröte regelmäßig zu finden. In den Rhein-Ruhr-Ballungsräumen soll die Rotwangen-Schmuckschildkröte „Platz zwei in der Präsenz der Reptilien" einnehmen (GEIGER & WAITZMANN 1998). Allerdings vermehrt sich diese Art unter mitteleuropäischen Klimabedingungen wohl kaum, so dass sich keine Populationen entwickeln können.

Auch in der Wittenberger Region wurde diese Schmuckschildkröte angetroffen: Am 13. Mai 2016 berichtete die Lokalpresse von der Beobachtung zweier Rotwangen-Schmuckschildkröten am Brauhausteich in Reinharz, die bereits seit zwei Jahren dort leben sollen (MZ 2016) mit einem Belegfoto von A. SCHONERT.

Wie alle fremdländischen Schildkrötenarten genießt die Rotwangen-Schmuckschildkröte keinen gesetzlichen Schutz. Nach Möglichkeit sollten festgestellte Vorkommen abgefangen und aus der Natur entfernt werden.

25. Gelbwangen-Schmuckschildkröte - *Chrysemys scripta scripta* (SCHOEPF, 1792)

Im Tierhandel werden heute vorwiegend Gelbwangen-Schmuckschildkröten (*Ch. scripta scripta*) angeboten, die in nordamerikanischen Schildkröten-Farmen massenhaft vermehrt und als Schlüpflinge zu Tausenden in den Tierhandel gebracht werden.

Der Panzer dieser Unterart ist höher mit deutlichen gelben Querbinden auf jedem Rippenschild. Der Bauchpanzer ist einfarbig hell. Der Schläfenfleck ist gelb und zeigt abwärts.

Die Gelbwangen-Schmuckschildkröte hat ein kleineres Verbreitungsgebiet in den USA und kommt vom Norden Floridas und Südosten Alabamas über Georgia bis nach Nord Carolina vor. Auch sie bewohnt Seen, Teiche und ruhige Flüsse, besiedelt gelegentlich aber auch Brackwasserzonen.

In Deutschland wird sie schon vielerorts angetroffen, so auch in Sachsen-Anhalt (ZUPPKE 2015a). Aus der Wittenberger Region sind bisher folgende Nachweise bekannt geworden: „Vor einigen Jahren" fing ein Angler an der Wendel bei Wittenberg (einem Altarm der Elbe) mit der Angel eine Gelbwangen-Schmuckschildkröte, die jedoch an den Verletzungen verendete (W. JOHN: mdl. Mitt.). Am Badeteich Jessen wurde 2008 mehrfach eine Gelbwangen-Schmuckschildkröte gesehen, die am 21. April 2009 tot aufgefunden wurde (P. RASCHIG). Am 16. Juli 2011 konnte am Dorfteich in Dorna ein Tier dieser Unterart festgestellt werden (E. & U. ZUPPKE), das nach Auskunft von Dorfbewohnern „seit längerer Zeit" dort leben soll. In der Annaburger Heide fand B. SIMON am 14. Oktober 2013 einen Schildkrötenpanzer, der im Tierkundemuseum Dresden als von einer Gelbwangen-Schmuckschildkröte stammend, bestimmt wurde. Am 15. Juli 2015 wurde ein Tier in einem Teil des Klödener Risses beobachtet und fotografiert (H. SCHOLDER). Im Mai 2016 wurde in demselben Gewässersystem wiederum ein Tier gesehen (B. KLEPEL, P. RASCHIG, U. ZUPPKE), wobei es sich vermutlich um das gleiche Tier handelte, zumal die ansässige Schafhalterin vom länger andauernden Aufenthalt wusste.

Wie alle fremdländischen Schildkrötenarten genießt auch die Gelbwangen-Schmuckschildkröte keinen gesetzlichen Schutz. Nach Möglichkeit sollten festgestellte Vorkommen abgefangen und aus der Natur entfernt werden.

26. Zierschildkröte - *Chrysemys picta picta* (SCHNEIDER, 1783)

Die Zierschildkröte (*Chrysemys picta*) ist nach OBST (2002) die ursprünglichste Art der Gattung *Chrysemys,* deren vier Unterarten sich in den Überschneidungszonen vermischen, jedoch keine Bastarde mit anderen Arten bilden.

Die Zierschildkröte hat einen sehr flachen Panzer, dessen Hinterrand stets glatt ist und auf deren Panzerschildern die wellenförmigen Längsrillen der anderen Arten fehlen. Die Streifen am Kopf sind gelb, die am Hals teilweise rot werden. Die Gliedmaßen haben gelbe und rötliche Streifen.

Die Zierschildkröte ist in den USA am weitesten verbreitet: Während *Ch. picta picta* die Ostküste von Georgia bis Maine bewohnt und zwei weitere Unterarten sich bis Louisiana und Arkansas westwärts anschließen, besiedelt die vierte Unterart (*Ch. p. belli*) den Norden der USA bis zur Westküste. Die Zierschildkröte ist die anpassungsfähigste aller Schmuckschildkrötenarten. Sie lebt in Kleingewässern aller Art sowie in allen größeren Still- und Fließgewässern bis hin zu Brackwasserhabitaten.

Da auch Zierschildkröten im Tierhandel erhältlich sind, werden in Deutschland vereinzelt ausgesetzte Tiere gefunden. Einen Nachweis in der Wittenberger Region meldete die Lokalpresse vom 24. April 2013 von der Schwarzen Elster bei Jessen mit einem Foto von W. NEUTSCH, wonach das Tier als *Chrysemys picta picta* bestimmt werden konnte (MZ 2013). Im Oktober 2017 wurde durch W. JOHN eine junge Zierschildkröte (6 cm lang) aus einem Bachlauf in Oranienbaum geborgen und einem Züchter in Hessen übergeben.

27. Falsche Landkarten-Höckerschildkröte - *Graptemys pseudogeographica* (GRAY, 1831)

Weitere beliebte Terrarientiere sind die Höckerschildkröten (*Graptemys*), deren olivgrüner bis dunkelbrauner Rückenpanzer flach und entlang der Mittellinie mit einem auffälligen Kiel versehen ist, der auf den ersten drei Schilden artabhängig zu mehr oder weniger großen Höckern geformt ist. Diese Schildkröten sind ebenfalls Wasserschildkröten und in Nordamerika beheimatet.

Bei der Falschen Landkarten-Höckerschildkröte sind die drei Höcker nicht so auffällig ausgebildet wie bei anderen Arten. Sie hat einen braunen Rückenpanzer und einen hellen Bauchpanzer, der im Jugendstadium mit Linien durchsetzt ist. Sie wird 25 bis 30 cm groß und kommt entlang des Mississippi und Missouri nach Norden bis in den Südwesten Minnesotas und den Süden von North Dakota vor.

Sie wurde in Sachsen-Anhalt bereits an der Saale gefunden, wobei es sich natürlich um ausgesetzte Tiere handelte (ZUPPKE 2015a). Auch in der Wittenberger Region gab es von dieser Art einen Nachweis: W. JOHN (mdl. Mitt.) konnte im Oktober 2017 eine Falsche Landkarten-Höckerschildkröte (ca. 15 cm lang), die ausgesetzt worden sein muss und vermutlich einen geeigneten Lebensraum suchte, aus einem Bach bei Oranienbaum bergen.

Auch die Falsche Landkarten-Höckerschildkröte genießt in Deutschland, da es eine fremdländische Art ist, keinen gesetzlichen Schutz.

28. Schnappschildkröte - *Chelydra serpentina* (LINNAEUS, 1758)

Schnappschildkröten gehören zu den wasserbewohnenden Alligatorschildkröten und sind in Nordamerika beheimatet.

Schnappschildkröten erreichen eine maximale Länge des Rückenpanzers von 45 cm und ein Gewicht von 16 kg. Der Rückenpanzer ist dunkel mit drei Längskielen. Der Brustpanzer ist vergleichsweise klein und nur durch ein schmales Band mit dem Rückenpanzer verbunden. Daher können sich die Schnappschildkröten nicht vollständig in den Panzer zurückziehen. Der massige Kopf ist gut beweglich. Der Schwanz ist so lang wie der Rückenpanzer und besitzt Hornzacken auf der Oberseite. Langzeitdaten aus dem Algonquin-Park in Ontario (Kanada) deuten darauf hin, dass die Tiere über hundert Jahre alt werden können.

Trotz ihrer Aggressivität werden sie von Liebhabern in Terrarien gehalten, wo sie aber auch unbequem werden können (Beißfreudigkeit, Größe, Alter) und daher verschiedentlich in die heimatliche Natur ausgesetzt werden. 1998 wurde eine Schnappschildkröte von M. MUSCHE am Durchstich bei Pratau gefunden und dem Zoohändler KELLER in Wittenberg übergeben.

Seit 1999 gibt es in Deutschland für diese Art ein allgemeines Handels-, Neubesitz- und Nachzuchtverbot (§ 3 der Bundesartenschutzverordnung vom 25. Februar 2005).

29. Landschildkröte, unbestimmt - *Testudo spec.*

Mitunter werden auch Funde von Landschildkröten mitgeteilt, die jedoch unkonkret ohne Datum und Fundort genannt werden. Es handelt sich dabei um ausgesetzte oder entwichene Vierzehen-Steppenschildkröten (*Testudo horsfieldii*), Maurische Landschildkröten (*Testudo graeca*) oder Griechische Landschildkröten (*Testudo hermanni*). Diese Arten haben unter den derzeitigen mitteleuropäischen Temperaturbedingungen kaum eine längere Überlebens-Chance.

30. Kornnatter - *Pantherophis guttatus* (LINNAEUS, 1766)

Die Kornnatter ist eine ungiftige Schlangenart aus der Familie der Nattern und ist in Nordamerika beheimatet. Ihr sehr ruhiges Temperament und die einfachen Haltungsbedingungen machten die Kornnatter zu einem beliebten Terrarienpflegling.

Kornnattern erreichen eine Körperlänge von 120 bis 150 cm. In Färbung und Zeichnung ist die Kornnatter sehr variabel. Die Grundfarbe reicht von Grau bis Braun-Orange. Die rechteckigen, schwarz eingefassten Flecken auf Körper und Schwanz weisen eine orange bis rötlich-braune Färbung auf. Die helle Bauchseite zeichnet sich durch ein typisches „Schachbrettmuster" aus, welches aus hellen und braun-schwarzen, rechteckigen Schuppen besteht. Die Kopfoberseite hat eine variable Ornamentzeichnung, welche am Hals in den ersten Sattelfleck überläuft.

Das Verbreitungsgebiet der Kornnatter erstreckt sich entlang der Ostküste der USA vom Bundesstaat New York bis nach Florida. Die westlichste Verbreitung findet sich in den Bundesstaaten Mississippi, Louisiana und Tennessee.

Dass die von Terrarianern gern gehaltenen Kornnattern gelegentlich, wie vermutlich auch andere Schlangen und Echsen, in die heimatliche Natur ausgesetzt werden, zeigt ein am 14. Oktober 2005 auf dem Friedhof in Holzdorf gefangenes Tier dieser Art (B. SIMON). Eine weitere wurde bei Zschornewitz gefunden und geborgen (J. BERG). Infolge ihrer heimlichen und versteckten Lebensweise werden wohl nur Zufallsfunde solcher Tierarten bekannt. Wie die meisten Kriechtiere aus tropischen Gefilden überleben auch Kornnattern das Temperaturregime der gemäßigten Breiten oft nur kurze Zeit.

 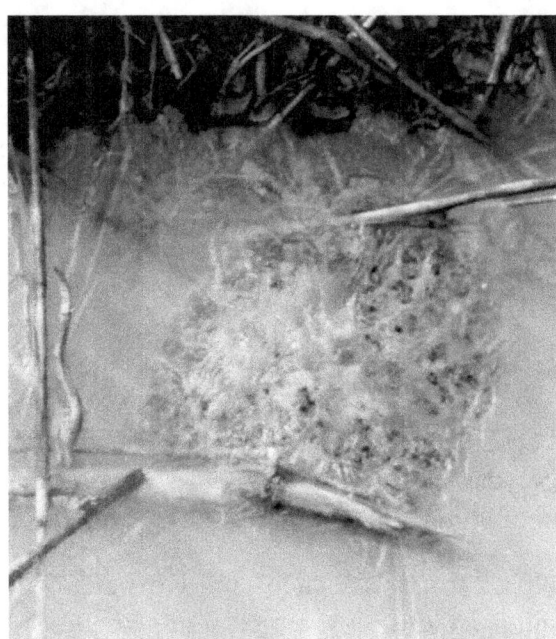

Der Springfrosch kommt in der Wittenberger Region natürlicherweise nicht vor, wurde aber hier ausgesetzt. Oben: Er hat kräftige, oberseits dunkel quergestreifte Hinterbeine (links). Seine Laichballen sind klein und werden an Pflanzenstielen angeheftet (rechts).

Unten: Seine Fersenhöcker sind stärker gewölbt und länger als beim Grasfrosch, aber flacher und kürzer als beim Moorfrosch (links). Das nach vorn gestreckte Hinterbein überragt die Schauzenspitze deutlich (rechts). Kiesgrube Köplitz am 13. März 2017 (alle Fotos: U. Zuppke).

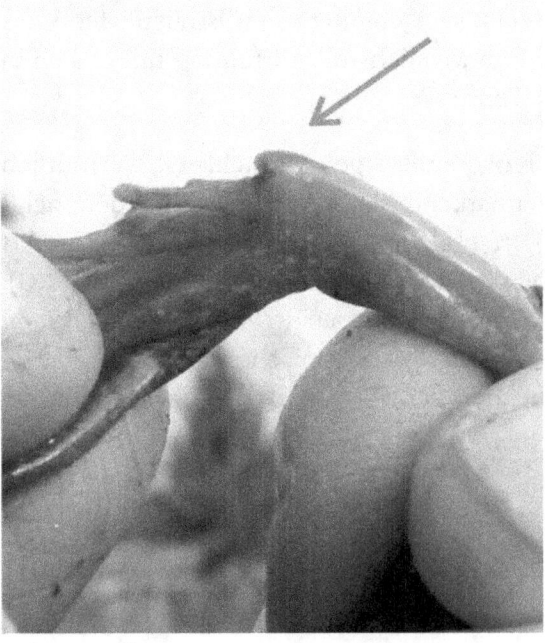 

Oben: Am 13. Mai 2016 berichtete die Lokalpresse von der Beobachtung zweier Rotwangen-Schmuckschildkröten am Brauhausteich in Reinharz in der Dübener Heide, die bereits seit zwei Jahren dort leben sollen und ausgesetzt worden sein müssen (Foto: A. Schonert).

Unten: Von 2013 bis mindestens 2016 wurde im Klödener Riß mehrfach eine Gelbwangen-Schmuckschildkröte beobachtet, bei der es sich vermutlich stets um das gleiche Tier handelte. Es muss ebenfalls ausgesetzt worden sein. 9. Mai 2016 (Foto: U. Zuppke).

Schutz heimischer Lurche und Kriechtiere

In den Artkapiteln wurden zu jeder Lurch- und Kriechtierart Gefährdungsfaktoren aufgeführt. Bei einer komplexen zusammenfassenden Betrachtung dieser Einzelfaktoren wird deutlich, dass Lurche und Kriechtiere eine stark gefährdete Tiergruppe sind, die eines wirksamen Schutzsystems bedarf.

Gesetzliche Grundlagen

Nationales Artenschutzrecht

Der Schutz der Lurche und Kriechtiere ist in Deutschland durch das Bundesnaturschutzgesetz (BNatSchG) vom 29. Juli 2009 und die Bundesartenschutzverordnung (BArtSchV) vom 16. Februar 2005 geregelt.

Nach dem BNatSchG haben alle Arten der Lurche und Kriechtiere den Status „besonders geschützt" mit dem Verweis auf die BArtSchV Anlage 1, Spalte 2. Dort stehen: „Reptilia ssp. Kriechtiere – alle europäischen Arten" und „Amphibia ssp. Lurche – alle europäischen Arten". Alle Arten des Anhangs IV der FFH-Richtlinie haben darüber hinaus den Status „streng geschützt". Demnach sind (fett gedruckt: in der Region Wittenberg vorkommend):

- Besonders geschützte Arten: Feuersalamander, **Bergmolch**, Fadenmolch, **Teichmolch, Erdkröte, Grasfrosch, Teichfrosch, Seefrosch, Blindschleiche, Waldeidechse, Ringelnatter,** Kreuzotter.

Dieser Schutzstatus umfasst folgende Verbote:

- Zugriffsverbot: Es ist verboten, wild lebenden Tieren der besonders geschützten Arten nachzustellen, sie zu fangen, zu verletzen oder zu töten oder ihre Entwicklungsformen aus der Natur zu entnehmen, zu beschädigen oder zu zerstören sowie Fortpflanzungs- oder Ruhestätten dieser Arten aus der Natur zu entnehmen, zu beschädigen oder zu zerstören.

- Besitzverbot: Es ist ferner verboten, Tiere der besonders geschützten Arten in Besitz oder Gewahrsam zu nehmen, in Besitz oder Gewahrsam zu haben oder zu be- oder verarbeiten.

- Vermarktungsverbot: Es ist weiterhin verboten, diese zu verkaufen, zu kaufen, zum Verkauf oder Kauf anzubieten, zum Verkauf vorrätig zu halten oder zu befördern, zu tauschen oder entgeltlich zum Gebrauch oder zur Nutzung zu überlassen bzw. zu kommerziellen Zwecken zu erwerben, zur Schau zu stellen oder auf andere Weise zu verwenden.

– Streng geschützte Arten (gleichzeitig besonders geschützt): Alpensalamander, **Kammmolch,** Alpen-Kammmolch, Geburtshelferkröte, **Rotbauchunke, Knoblauchkröte, Kreuzkröte, Wechselkröte, Laubfrosch, Moorfrosch,** Springfrosch, **Kleiner Wasserfrosch,** Sumpfschildkröte, Smaragdeidechse, **Zauneidechse,** Mauereidechse, **Schlingnatter,** Äskulapnatter, Würfelnatter, Aspisviper.

Neben den o. a. Verboten gilt darüber hinaus:

- Störungsverbot: Es ist verboten wild lebende Tiere der streng geschützten Arten während der Fortpflanzungs-, Aufzucht-, Überwinterungs- und Wanderzeiten erheblich zu stören, wobei eine Störung vorliegt, wenn sich der Erhaltungszustand der lokalen Population einer Art verschlechtert.

Internationales Artenschutzrecht

Der internationale Artenschutz hat verschiedene gesetzliche Regelwerke, die den Handel mit gefährdeten Tierarten reglementieren sowie die Erhaltung wildlebender Tiere und Pflanzen und ihrer Lebensräume fordern.

– Washingtoner Artenschutzübereinkommen (WA): Diese internationale Regelung des Handels mit gefährdeten Tierarten beinhaltet in ihren drei Anhängen keine in Deutschland vorkommenden Arten.

– Verordnung (EG) Nr. 338/97 des Rates vom 9. Dezember 1996 über den Schutz von Exemplaren wildlebender Tier- und Pflanzenarten durch Überwachung des Handels: Diese Verordnung setzt das WA in europäisches Recht um. Auch in diesen Anhängen sind keine einheimischen Arten gelistet, jedoch mehrere exotische, deren Vorkommen in der heimischen Natur vorwiegend auf Aussetzungen beruhen.

- Berner Konvention (BK) „Übereinkommen über die Erhaltung der europäischen wildlebenden Pflanzen und Tiere und ihrer natürlichen Lebensräume" vom 19.11.1979:

Anhang II: Für die Tierarten des Anhangs II gelten strenge Artenschutzvorschriften. Sie dürfen weder gestört noch gefangen, getötet oder gehandelt werden. Insofern ergänzt das Berner Übereinkommen völkerrechtlich das Washingtoner Artenschutzabkommen, welches lediglich die Regelung des grenzüberschreitenden Handels zum Gegenstand hat. Hierzu gehören: Europäische Sumpfschildkröte, **Zauneidechse**, Smaragdeidechse, Mauereidechse, **Schlingnatter**, Äskulapnatter, Würfelnatter, Alpensalamander, Alpen-Kammmolch, **Kammmolch**, Geburtshelferkröte, **Rotbauchunke**, Gelbbauchunke, **Knoblauchkröte, Kreuzkröte, Wechselkröte, Laubfrosch, Moorfrosch,** Springfrosch.

Anhang III: Er enthält solche Tierarten, die zwar schutzbedürftig sind, aber im Ausnahmefall bejagt oder in anderer Weise genutzt werden dürfen. Hierzu gehören alle nicht in Anhang II aufgeführte Arten

- FFH-Richtlinie „Richtlinie 92/43/EWG des Rates vom 21. Mai 1992 zur Erhaltung der natürlichen Lebensräume sowie der wildlebenden Tiere und Pflanzen": Hauptziel ist die Sicherung der Artenvielfalt durch den Erhalt der natürlichen Lebensräume sowie der frei lebenden Tiere und wild wachsenden Pflanzen durch Schaffung eines EU-weiten Schutzgebietsnetzes.

Anhang II „Tier- und Pflanzenarten von gemeinschaftlichem Interesse, für deren Erhaltung besondere Schutzgebiete ausgewiesen werden müssen": Europäische Sumpfschildkröte, Gelbbauchunke, **Rotbauchunke, Kammmolch**.

Anhang IV: Liste von Tier- und Pflanzenarten (in Deutschland aktuell 134 Tier- und Pflanzenarten), die unter dem besonderen Rechtsschutz der EU stehen, weil sie selten und schützenswert sind. Weil die Gefahr besteht, dass die Vorkommen dieser Arten für immer verloren gehen, dürfen ihre Lebensstätten nicht beschädigt oder zerstört werden. Dieser Artenschutz gilt nicht nur in dem Schutzgebietsnetz NATURA 2000, sondern in ganz Europa. Das bedeutet, dass dort strenge Vorgaben beachtet werden müssen, auch wenn es sich nicht um ein Schutzgebiet handelt.

Folgende Arten sind davon betroffen: Alpensalamander, Alpen-Kammmolch, **Kammmolch**, Geburtshelferkröte, **Rotbauchunke**, Gelbbauchunke, **Knoblauchkröte, Kreuzkröte, Wechselkröte, Laubfrosch, Grasfrosch, Moorfrosch**, Springfrosch, **Teichfrosch, Kleiner Wasserfrosch, Seefrosch**, Europäische Sumpfschildkröte, **Zauneidechse**, Smaragdeidechse, Mauereidechse, **Schlingnatter,** Würfelnatter, Äskulapnatter.

Anhang V: Tier- und Pflanzenarten, für deren Entnahme aus der Natur besondere Regelungen getroffen werden können. Sie dürfen nur im Rahmen von Managementmaßnahmen genutzt werden: **Grasfrosch, Seefrosch, Teichfrosch**.

Rote Listen

Die Roten Listen liefern Informationen über den Gefährdungsgrad von Tierarten, den es bei Eingriffen in die Natur und Landschaft durch die menschliche Tätigkeit zu beachten gilt. Rote Listen gelten als wissenschaftliche Fachgutachten, die Gesetzgebern und Behörden als Grundlage für ihr Handeln in Bezug auf den Natur- und Umweltschutz dienen sollen. Nach dem Erscheinen der ersten Roten Liste ist dieses Instrument nicht mehr aus der Praxis des Naturschutzes wegzudenken. Es hat bei allen Behörden, aber auch bei den Bürgern und Betrieben Akzeptanz gefunden und sich besonders in der Eingriffsregelung fest etabliert.

Erste Verzeichnisse gefährdeter Pflanzen- und Vogelarten wurden in Deutschland 1951, 1966 und 1967 veröffentlicht. Sie enthielten Schutzanweisungen und können als Vorläufer der Roten Listen angesehen werden. 1971 wurde eine Liste der Deutschen Sektion des Internationalen Rates für Vogelschutz veröffentlicht, die als Rote Liste bezeichnet wurde. 1974 erschien die erste Rote Liste der Blütenpflanzen. 1977 wurde die erste Rote Liste der Tiere und Pflanzen der Bundesrepublik herausgegeben. Aktuell gültig ist die seit 2009 erscheinende und auf sechs Bände angelegte Rote Liste gefährdeter Tiere, Pflanzen und Pilze Deutschlands: (*Rote Liste gefährdeter Tiere, Pflanzen und Pilze Deutschlands. Band 1: Wirbeltiere.* Bundesamt für Naturschutz, Bonn-Bad Godesberg, ISBN 978-3-7843-5033-2).

Alle Bundesländer veröffentlichen eigene Rote Listen, sie werden von den für Umwelt- und Naturschutz zuständigen Ministerien oder Landesbehörden herausgegeben. Im Land Sachsen-Anhalt erschien die vom Landesamt für Umweltschutz herausgegebene, gegenwärtig verbindliche Rote Liste 2004.

Durch intensive Kartierungsarbeiten in den letzten Jahren wurde der Wissensstand über die Bestandsgrößen und die Verbreitung der Lurch- und Kriechtierarten in Sachsen-Anhalt entscheidend verbessert. Damit wurde eine Grundlage geschaffen, die Gefährdungssituation der einzelnen Arten erneut zu beurteilen und mit der in der Roten Liste von 2004 dargestellten zu vergleichen. Dies führt dazu, dass die Situation einiger Arten momentan als weniger kritisch als noch vor zehn Jahren eingeschätzt werden kann, anderer dagegen als weitaus stärker gefährdet. Für eine Aktualisierung der Roten Liste, die für 2018/19 vorgesehen ist, wurden für die Lurche und Kriechtiere Vorschläge unterbreitet, die im Vergleich zu den gültigen Roten Listen Deutschlands und Sachsen-Anhalts (ZUPPKE 2015b) nachfolgend dargestellt sind:

Nr.	Art	RL Deutschland (KÜHNEL et al. 2009)	RL Sachsen-Anhalt (MEYER & BUSCHENDORF 2004)	Vorschlag 2018
1.	Alpensalamander	*	-	-
2.	Feuersalamander	*	3	3
3.	Bergmolch	*	G	G
4.	Kammmolch	V	3	3
5.	Alpen-Kammmolch	≈	-	-
6.	Fadenmolch	*	R	R
7.	Teichmolch	*	*	*
8.	Geburtshelferkröte	3	R	2
9.	Rotbauchunke	2	2	2
10.	Gelbbauchunke	2	-	-
11.	Knoblauchkröte	3	*	V
12.	Erdkröte	*	V	V
13.	Kreuzkröte	V	2	2
14.	Wechselkröte	3	3	2
15.	Laubfrosch	3	3	3
16.	Moorfrosch	3	3	2
17.	Springfrosch	*	R	R
18.	Grasfrosch	*	*	*
19.	Seefrosch	*	*	G
20.	Kleiner Wasserfrosch	G	D	3
21.	Teichfrosch	*	*	*

22.	Europäische Sumpfschildkröte	1	0	0
23.	Blindschleiche	*	*	*
24.	Zauneidechse	V	3	3
25.	Waldeidechse	*	*	3
26.	Smaragdeidechse[1]	2/1[1]	-	-
27.	Mauereidechse	V	-	-
28.	Schlingnatter	3	G	2
29.	Äskulapnatter	2	-	-
30.	Würfelnatter	1	-	-
31.	Ringelnatter	V	3	3
32.	Kreuzotter	2	2	1
33.	Aspisviper	1	-	-

[1] Smaragdeidechse = Westliche S. - 2; Östliche S. - 1
* = ungefährdet; − = nicht gelistet; ≈ = nicht bewertet

Gefährdungskategorien: 0 = ausgestorben oder verschollen
1 = vom Aussterben bedroht
2 = stark gefährdet
3 = gefährdet
R = extrem seltene Arten mit geographischer Restriktion
V = Vorwarnliste
G = Gefährdung anzunehmen, Status aber unbekannt
D = Daten defizitär

Kleingewässerschutz als wichtigste Amphibienschutzmaßnahme

Wie für alle tierischen Lebewesen ist auch für den Schutz der Lurche und Kriechtiere die Erhaltung ihrer Habitate, besonders der ursprünglichen natürlichen Lebensräume, der wichtigste Maßnahmenkomplex. Die Lurche und Kriechtiere sind, wie es bereits dargestellt wurde, auf ein komplexes und sehr differenziertes Habitatgefüge angewiesen, in dem sie Fortpflanzungsstätten, Sommerlebensräume und Winterquartiere finden. Die nachhaltigste Schutzmaßnahme ist somit der direkte Schutz ihrer Lebensräume. Dies gilt insbesondere für Kleinstgewässer, die im Verlauf der Zeit durch die natürliche Sukzession verlanden, durch Nähr- und Schadstoffe aus der Umgebung belastet, oftmals verfüllt oder illegal für die Entsorgung von Müll und Gartenabfällen benutzt werden. In der Naturschutzarbeit des Landkreises Wittenberg ist der Amphibienschutz nicht nur durch die Organisation des Schutzes an Verkehrswegen eingebunden. Einige weitere Schutzmaßnahmen, die diesbezüglich im Kreis Wittenberg eingeleitet und durchgeführt wurden, sollen nachfolgend beispielhaft dargelegt werden.

Gefährdung der Kleingewässer

Als der Autor (U.Z.) 1953 als Jugendlicher begann, sich mit den Lebewesen in den Kleingewässern zu befassen, befanden sich „vor seiner Haustür" – am Rande des Stadtwaldes Wittenberg – ein Waldtümpel, ein Wiesentümpel und ein Feldtümpel. Neben Teichmolchen, Erdkröten und Grasfröschen kamen auch Kammmolche und Knoblauchkröten in ihnen vor. Während der Waldtümpel sich mit der Zeit mit Müll und Asche füllte, störten die beiden anderen Tümpel nach der Einführung der Großfelderwirtschaft und wurden verfüllt. Damit waren wertvolle Lebensräume für immer verschwunden.

Derartige Vernichtungen von Kleingewässern erfolgten in der Vergangenheit auch in der Wittenberger Region oftmals unüberlegt und willkürlich, weil sie als Viehtränken, Löschteiche u. a. ihre Funktion verloren und „überflüssig" wurden oder bei der Bewirtschaftung der Felder und Wiesen störten. Inzwischen werden bei Bebauungen derartige Landschaftsstrukturen zunehmend berücksichtigt und integriert oder der Verlust durch Anlage von Ersatzgewässern ausgeglichen.

Ein weiterer Gefährdungsfaktor für Kleingewässer ist die Beeinträchtigung des Chemismus. Die Versauerung der Gewässer ist als globales Problem bekannt, ihre Auswirkung in Kleingewässern jedoch oftmals nicht berücksichtigt. So fand WÜSTEMANN (1990) im Oberharz negative Wirkungen niedriger pH-Werte auf das Schlupfergebnis bei Frosch- und Schwanzlurchen, die mit Sicherheit auch in anderen Regionen auftreten.

Unzureichend bekannt sind auch die komplizierten Auswirkungen der Eutrophierung der Kleingewässer auf die Amphibienfauna. Die Anreicherung von Nährstoffen durch den diffusen Eintrag von Stickstoff und Phosphor aus der Umgebung führt zu erhöhtem und schnellerem Wachstum von Pflanzenbiomasse (z. B. Algen), deren Abbau mit starkem Verbrauch bis zum völligen Aufzehren des Sauerstoffs verbunden ist. Eine Kausalität zum Arten- und Individuenverlust ist zumindest zu erwarten.

Dagegen ist die direkte, oft sogar letale Wirkung von Pestiziden, die oftmals unbeabsichtigt in die Kleingewässer gelangen, erwiesen. Sie werden verwendet, um vom Menschen nicht gewünschte Organismen abzutöten, so z. B. Pilze durch Fungizide, Pflanzen durch Herbizide oder Insekten durch Insektizide. Leider treten dadurch auch ungewollte ökologische Nebeneffekte durch das Abtöten anderer Tiergruppen auf, worunter auch Lurche fallen.

Die bereits erwähnte Müllablagerung in Kleingewässern ist stets illegal und verboten, wird aber aus Gedankenlosigkeit und Bequemlichkeit noch oft praktiziert. Dieses Einbringen von Abfällen und Müll kann bis zum vollständigen Verfüllen der Kleingewässer führen.

Das mitunter von Einzelpersonen oder auch durch Angelvereine durchgeführte Aussetzen von Tieren, insbesondere von Fischen (z. B. Karausche, Plötze, Karpfen, Hecht, Aal u. a.) führt meistens zum Erlöschen der vorhandenen Lurchbestände (mit Ausnahme der Erdkröte), da diese Fischarten eine Prädation auf andere Tierarten, besonders auch auf den Laich und die Larven der Frosch- und Schwanzlurche, ausüben und normalerweise in derartigen (zuflusslosen) Kleingewässern nicht vorkommen. In der Wittenberger Region wurden mehrfach Goldfische (*Carassius auratus*) in natürlichen Kleingewässern gefunden, die nur durch Aussetzung dort hinein gelangt sein können. Diese Zierfische können, besonders wenn sie größer werden, recht räuberisch leben, so dass auch Lurchlarven ihre Beute werden.

In Gewässern mit natürlichem Fischbestand hat sich die Biozönose (also das Zusammenleben verschiedener Tiergruppen) diesen Bedingungen angepasst. Auch Lurche haben Abwehrstrategien, wenn auch nur im geringen Maße: Habitatwahl (pflanzenreiche Flachbereiche), Ausscheiden von toxischen Substanzen (z. B. die Erdkröte) und Verhaltensweisen (Dämmerungs- und Nachtaktivität, Schwarmbildung der Larven u.a.). Entgegen der verbreiteten Meinung, dass Lurche und Fische nicht gemeinsam in einem Gewässer vorkommen können, haben Untersuchungen gezeigt, dass in strukturierten, pflanzenreichen Gewässern diese Koexistenz möglich ist.

Besatz mit weiteren Tierarten wurde, außer mit vereinzelten fremdländischen Wasserschildkröten, in der Region noch nicht festgestellt. Andernorts, wie z. B. im Rheinland, gibt es Probleme mit ausgesetzten und sich verbreitenden, aus Nordamerika stammenden Ochsenfröschen (*Rana catesbeiana*). Über eventuelle prädatorische Einflüsse der ausgesetzten Wasserschildkröten gibt es noch keine umfassenden Erkenntnisse.

Eine in den letzten Jahren verrmehrt auftretende Gefährdungsursache ist die Austrocknung der Kleingewässer. Eine größere Anzahl von Kleingewässern, besonders in den pleistozän entstandenen Lagen des Flämings und der Dübener Heide, sind versiegt. Als Ursache kommen je nach Lage sinkende Grundwasserstände und/oder verminderte Jahresniederschlagsmengen in Betracht. Die sich auf den trocken gefallenen Gewässerböden entwickelnden und nach der Vegetationsperiode absterbenden annuellen Staudenfluren bedingen eine jährliche Erhöhung des Gewässergrundes und damit eine ständige weitere Verschlechterung des Wasserzuflusses.

Erhaltung der Kleingewässer

Neben der Vermeidung und Ausschaltung der genannten Gefährdungsfaktoren besteht als grundsätzliche Forderung im Amphibienschutz die Erhaltung der vorhandenen Kleingewässer als notwendige Voraussetzung für die Fortpflanzung und Bestandssicherung der Arten. Da aber Kleingewässer offene Ökosysteme sind, unterliegen sie dem natürlichen Prozess der Sukzession, der dieser Forderung entgegensteht. Bei ungestörter Entwicklung, beschleunigt durch anthropogen bedingten Nährstoffeintrag, „verlanden" die Gewässer und wandeln sich zu terrestrischen Habitaten. Da, außer in natürlichen Flussauen, keine Gewässer neu entstehen, steht der Naturschutz vor der komplizierten Aufgabe, dieser Entwicklung im begrenztem Maße durch geeignete Pflegemaßnahmen entgegen zu wirken.

Derartige Maßnahmen sind: Entfernung von Gehölzen und Röhricht, Entkrautung, Bodenabtrag, Entschlammung, Entrümpelung, Abfischen, Einrichtung von Pufferzonen. Sie sind jedoch sehr sensibel und oft auch nur im kleinräumigen Mosaik einzusetzen, da die einzelnen Eutrophierungsstadien stets spezifische Artenzusammensetzungen bedingen, die in ihrer Differenziertheit erhaltenswürdig sind. Beim Einsatz der verfügbaren Mittel (finanziell und materiell) ist stets zu beachten, dass der Erfolg zeitlich begrenzt ist, da die biologischen Prozesse in der Natur nicht aufgehalten werden können.

Neuanlage von Kleingewässern

Als Ausgleich oder Ersatz für durch Eingriffe verloren gegangene Feuchtbiotope wird oftmals die Neuanlage von Kleingewässern gefordert, eine Forderung die technisch relativ einfach umsetzbar ist. Allerdings zeigt sich manchmal nach Jahren, dass diese Neuanlagen unwirksam geworden sind, da sie kein Wasser halten oder bereits wieder zugewachsen sind. Als Beispiele dafür aus der Region lassen sich die neu angelegten Kleingewässer an der Dabruner Straße bei Pratau oder im Windpark Kemberg nennen.

Die Neuanlage von Kleingewässern erfordert eine detaillierte Planung unter Berücksichtigung der Standortvoraussetzungen, um erfolgreich zu sein. Die Bodenverhältnisse (Wasser stauende Schichten) und der Wasserhaushalt (Grundwasser) des konkreten Standorts sind dabei ausschlaggebende Faktoren, so dass notfalls Bohrungen erforderlich werden. Weiterhin sind die landschaftlichen Gegebenheiten zu berücksichtigen, wobei am günstigsten eine Lage ist, an der mehrere Landschaftseinheiten (Wald, Grünland, Acker) zusammentreffen. Und schließlich ist die morphologische Gestaltung des Gewässers von Bedeutung, da nur strukturreiche Gewässer (Tiefenzonierung, Ufergestaltung) die Voraussetzung für die Ansiedlung eines reichen Artenspektrums bilden. Auch muss der Verbleib des Aushubs geklärt sein, damit er nicht sinnlos irgendwo im Gelände abgelagert wird. Ein Anpflanzen von Pflanzen und Aussetzen von Tieren ist zu unterlassen, da diese sich stets von selbst einstellen und so eine natürliche Artengemeinschaft entsteht. Bei der Anlage von Folienteichen, auch solchen, die als Löschteiche oder Gartenteiche genutzt werden, sind unbedingt Ausstiegshilfen für Lurche oder andere Kleintiere in Form von Rauhgerinnen oder -matten anzubringen, da sonst diese ins Wasser geratenen Tiere auf der glatten Folie das Gewässer nicht verlassen können und ertrinken.

Unterschutzstellung von Gewässern (FND)

Nachdem in der Vergangenheit die Lurche und Kriechtiere lange Zeit in der Naturschutzarbeit des Kreises Wittenberg gar nicht oder kaum beachtet wurden, änderte sich dies durch die engagierte Tätigkeit von Dr. WOLFRAM JAKOBS in den 1970er Jahren. Erst seine umfangreichen und gründlichen Erfassungen brachten Erkenntnisse über das Vorkommen und gleichzeitig über die Schutzbedürftigkeit der Arten dieser Tierklassen in der Wittenberger Region. Sein permanentes, eindringliches Einwirken auf die „Abteilung Umweltschutz, Wasserwirtschaft und Erholungswesen" beim Rat des Kreises Wittenberg und die persönlich von ihm fachlich vorbereiteten Beschlussvorlagen führten schließlich zur Unterschutzstellung von einigen Kleingewässern, die verschiedenen Lurcharten als Laichgewässer dienen. In diesen Beschlüssen wurden auch gewisse „Bewirtschaftungs-Richtlinien" für jedes Gebiet vorgegeben, die den Erhalt des Gebietszustandes sichern sollten.

Mit zwei Ratsbeschlüssen wurden folgende Kleingewässer als Flächennaturdenkmal (FND) unter Schutz gestellt:

Beschluss-Nr. II/623-11/83 vom 4.5.1983 (RdK WB 1987a):

- Friedemanns Teich östlich Rahnsdorf 2,5 ha
- Beers Wiese südöstlich Rahnsdorf 1,4 ha
- Schwemmpuhl mit 50 m breiter Uferzone nordöstlich Apollensdorf-Nord (veröffentlicht auch im Naturschutzheft 1984 [ILN 1984]) 3,0 ha

Beschluss-Nr. II/324-5/86 vom 5.3.1986 (RdK WB 1987b):

- Jagdhütten-Teich südöstlich Reinharz 2,0 ha
- Waldweiher am Reinharzer Weg/R-Weg südlich Reinharz 0,5 ha
- Feldweiher „Röste" östlich Ogkeln 1,0 ha
- Torfstich „Wolfswinkel" südöstlich Leetza 1,8 ha
- Erweiterung „Beers Wiese" durch „Winklers oder Jacobs Teich" südöstlich Rahnsdorf k.A.
- Feuchtgebiet „Antoniusmühle" südwestlich Abtsdorf

Auch in den ehemaligen Kreisen Gräfenhainichen, Jessen und Roßlau waren mehrere FND ausgewiesen worden, die durch die Gebietsreformen 1994 und 2007 in den Landkreis Wittenberg eingegliedert und übernommen wurden.

Nach 1990 wurden folgende herpetologisch bedeutsame FND nach § 59 des neuen Naturschutzgesetzes übergeleitet (LAU 2010):

- Steinsee mit ca. 25 m breitem Grubenrand bei Uthausen (FND0002WB) 1,5 ha
- Löschwasserteich Rotta (FND0004WB) 0,25 ha
- Mühlteich Söllichau (FND0005WB) 5,1 ha
- Schluft Bleddin (FND0025WB) 2,0 ha
- Grieboer Bach südlich Pülzig (FND0029AZE) 3,0 ha
- Durchstich Pratau (FND 0030WB) 6,0 ha
- Beers Wiese bei Rahnsdorf (FND0033WB) 1,4 ha

- Schwemmpuhl bei Apollensdorf-Nord (FND0034WB)	5,0 ha
- Mergelgrube Düben (FND0035AZE)	1,5 ha
- Jagdhüttenteich bei Reinharz (FND0035WB)	2,0 ha
- Grieboer Bach II nördlich Waldbad Griebo (FND0036AZE)	3,0 ha
- Waldweiher bei Reinharz (FND0036WB)	1,0 ha
- Feldweiher „Röste" bei Ogkeln (FND0037WB)	1,8 ha
- Torfstich „Wolfswinkel" bei Leetza (FND0038WB)	8,0 ha
- Tagebaurestloch „Grube B" bei Nudersdorf (FND0040AZE)	1,0 ha
- Grieboer Bach südlich Möllensdorf (FND0042AZE)	5,0 ha
- Vier Sölle bei Ragösen (FND0045AZE)	4,0 ha
- Nuthe-Tümpel „Jeberteich" bei Jeber-Bergfrieden (FND0046AZE)	0,07 ha
- Alte Tongruben an der Ziekoer Ziegelei bei Zieko (FND0047AZE)	k.A.
- Feldtümpel am Dübener Schafstall bei Düben (FND0048AZE)	0,07 ha
- Alte Tonstiche bei Wörpen (FND0049AZE)	0,03 ha
- Tonstiche Wörpen (FND0050AZE)	0,04 ha
- Tonstiche Hubertusberg (FND0051AZE)	k.A.
- Waldtümpel Pfeffermühle bei Möllensdorf (FND0052AZE)	k.A.
- Feldsölle Pülzig (FND0053AZE)	0,08 ha
- Tümpel „Achterteich" bei Zieko (FND0054AZE)	k.A.
- Feldtümpel mit Hochmooren zwischen Düben und Buko (FND0055AZE)	0,07 ha
- Teich am Bukoer Segen bei Buko (FND 0056AZE)	0,08 ha
- Lehmstücke Frauenholz bei Zieko (FND0057AZE)	1,5 ha

Nach dem Inkrafttreten des Bundesnaturschutzgesetzes (1.7.1990) wurden folgende Flächenhaften Naturdenkmale (NDF) beschlossen, die herpetologische Bedeutung besitzen:

- Torfstich Thießen (NDF0003AZE)	4,58 ha
- Grenzbach Moschwig (NDF0008WB)	8,0 ha

- Buchholzteich Gräfenhainichen (NDF0009WB)   0,93 ha

- Am Mühlenbach Gräfenhainichen (NDF0010WB)   0,6 ha

- Fliethbachtal (NDF0011WB)   2,74 ha

- Bruchwälder am E-Ufer des Roten Mühlteichs (NDF0020WB)   4,05 ha

- Bruchwälder am S-Ufer des Roten Mühlteichs (NDF0021WB)   3,19 ha

- 3 Feldsölle NE von Rahnsdorf (NDF0023WB)   1,9 ha

- Hammer-Luch bei Löben (NDF0024WB)   2,2 ha

- Erlenbruchwald zwischen Hundeluft und Bräsen (NDF0026WB)   0,6 ha

(k.A. = keine Angaben zur Größe in den Unterlagen)

Neben diesen als FND oder NDF unter Schutz gestellten Kleingewässern, die als Laichplätze für Lurche von Bedeutung sind, genießen die Gewässer in den Naturschutzgebieten auch als Lebensraum für Lurche und Kriechtiere gesetzlichen Schutz, so der Große Streng Wartenburg, der Crassensee, die Alte Elbe Bösewig, der Große und Kleine Lausiger Teich, der Ausreißerteich, der Klödener und Kleindröbener Riß, die Altwässer im NSG Untere Schwarze Elster, die Alte Elbe Klieken, der Riß Wörlitz, der Schönitzer See.

Kleingewässersanierung

In der Vergangenheit wurden leider mehrfach Kleingewässer im Zuge von Flurneugestaltungen in der Agrarlandschaft oder oftmals auch illegal durch Vermüllung verfüllt und beseitigt. Dadurch verschwanden wertvolle Laichgewässer für Lurche. Als ein Beispiel, wie derartige Biotope erhalten oder wiederhergestellt werden können, sei hier die erfolgreiche Sanierung des Feldsolls „Friedemanns Teich" bei Rahnsdorf dargestellt (bereits veröffentlicht in: ZUPPKE 2012):

In der gewässerarmen Landschaft des Roßlau-Wittenberger Vorflämings sind Feldsölle wichtige aquatische Lebensräume. Einige dieser Feldsölle im Raum Rahnsdorf-Klebitz nördlich von Zahna wurden 1983 als FND ausgewiesen (RdK WB 1987) und nunmehr als FFH-Gebiet 234 in das Schutzgebietssystem NATURA 2000 des Landes Sachsen-Anhalt integriert (LAU 2010). Der Wasserhaushalt dieser Sölle ist starken Schwankungen unterworfen und abhängig vom Zufluss von Niederschlagswasser. Sie sind daher nicht alljährlich wasserführend. Dennoch bieten sie einer artenreichen Amphibienfauna

Laichmöglichkeiten, so dass hier acht Schwanz- und Froschlurcharten nachgewiesen wurden (JAKOBS 1985), u.a. auch die Rotbauchunke (*Bombina bombina*), als südliches Grenzvorkommen der brandenburgischen Flämingpopulation (ZUPPKE & VOLLMER 2004, SY & MEYER 2004). Während die meisten Feldsölle alljährlich Wasser führten, blieb das etwa 2 ha große Gewässer „Friedemanns Teich" (ca. 1 km östlich Rahnsdorf) seit 2004 trocken. In der Folge wuchsen ein- und mehrjährige Krautfluren in der sonst wassergefüllten Senke und bildeten im Laufe der Zeit eine starke Schicht abgestorbener Pflanzenmasse. Die Funktion als Laichhabitat für Lurche ging völlig verloren.

Als für den Ausbau der Landesstraße L 126 Klebitz - Zahna Kompensationsmaßnahmen zu planen waren, wurde auf Anregung der Naturschutzbehörde des Landkreises Wittenberg (UNB WB) dem beauftragten Planungsbüro die Revitalisierung dieses Feldsolls angetragen. Nach einer Beratung vor Ort im November 2009 wurde eine fundierte Ausführungsplanung erarbeitet, die auf einer oberflächennahen geologisch-bodenkundlichen Erkundung beruhte. Diese Planung zur Gewässersanierung sah die Entfernung der sich im Laufe der Jahre gebildeten organischen Substratschicht vor, ohne die wasserundurchlässige Mergelschicht zu durchstoßen. Weiterhin mussten die durch die jahrelange landwirtschaftliche Bewirtschaftung der ringsum angrenzenden Feldflur, besonders durch Tiefpflügen entstandenen Aufwallungen am Rande des Solls beseitigt werden, damit das sich auf den Feldern ansammelnde Niederschlagswasser zukünftig wieder in die Senke fließen kann. Entsprechend der hängig geneigten Oberflächenform und den undurchlässigen Mergelböden fließt im zeitigen Frühjahr das Tauwasser nach der Schneeschmelze von den höheren Hanglagen kommend als so genannte „Greye" oberflächig hangabwärts, was in manchen Jahren sogar in der Stadt Zahna zu Überstauungen führt.

In Abstimmung mit der UNB WB wurden die randlich vorhandenen Bäume (zumeist Hybridpappeln) gefällt, deren Beschattung, Laubfall und Wasserzehrung sich ungünstig auf den Wasserhaushalt des Gewässers auswirken würden. Auch stand das weit verzweigte, oberflächennahe Wurzelsystem der Hybridpappeln der angestrebten Steigerung des Wasserhaltevermögens entgegen. Im Rahmen der Geländemodellierung wurde eine ökologische Bauzeitenplanung und Bauüberwachung durchgeführt. Der Aushub der organischen Substratschicht erfolgte per Minibagger bis zu einer Tiefe von 1,00 m. Die anfallende entnommene Substratmenge betrug ca. 6.000 t. Diese wurde abtransportiert und entsorgt, sandige Anteile wurden zur randlichen Modellierung verwendet. Da der angetroffene Erdstoff im Untergrund nur teilweise das erforderliche Wasserhaltevermögen aufwies, wurde die Teichsohle nach umfangreicher Modellierung im Bereich des Tiefpunktes auf einer Fläche von ca. 900 m² mit Bentonit-Dichtungsmatten ausgelegt und mit Schotter angedeckt, um so dauerhaft ein ausreichendes Wasserhaltevermögen zu gewährleisten. Mehrere seitliche Zuläufe zum Teich wurden ausmodelliert, um den Zufluss des Oberflächenwassers von den angrenzenden Feldern zu gewährleisten. Die Ausführung der Arbeiten erfolgte in der Zeit von 2009 bis 2010. Am 29.11.2010 fand die Bauabnahme zwischen dem Landesbetrieb Bau NL Ost als Auftraggeber und der ausführenden Firma statt und am 12.05.2011 die formelle Übergabe dieser Kompensationsmaßnahme an die Naturschutzbehörde des Landkreises Wittenberg.

Die Schneeschmelze im Frühjahr 2011 blieb zunächst ohne spürbare Wirkung auf die Gewässerentwicklung. Erst als sich nach den Starkniederschlägen im April 2011 große Wasserflächen auf den Feldern bildeten, führten insbesondere die modellierten Mulden zur Füllung des Gewässers. Bereits im Mai 2011 riefen die ersten drei bis fünf Rotbauchunken im Gewässer. Auch andere Lurcharten fanden sofort wieder das Gewässer, obwohl es sieben Jahre nicht wassergefüllt war und kein Laichgeschehen erfolgen konnte. Im Juli 2011 fanden sich neben diesjährigen, ca. 1 cm großen jungen Rotbauchunken auch frisch umgewandelte Kreuzkröten, Erdkröten und Moorfrösche, die das Gewässer verließen, in der Uferzone, während die Larven der Knoblauchkröte noch im Gewässer schwammen. Damit war der Erfolg dieser Sanierungsmaßnahme manifestiert. Abschließend sei die gute Zusammenarbeit von Naturschutzbehörde und dem Auftraggeber Landesbetrieb Bau NL Ost hervorgehoben, ohne die die Initialisierung dieser Sanierungsmaßnahme nicht möglich gewesen wäre.

Schutz an Verkehrswegen

Die Lebensweise der Lurche bestimmt, dass sie regelmäßig saisonale Wanderungen von ihren Winterquartieren zu den Fortpflanzungsgewässern durchführen und dabei oft große Distanzen zurücklegen müssen. Im dicht besiedelten Deutschland müssen sie dabei oftmals verkehrsreiche Straßen überqueren. Auch in der Wittenberger Region werden durch das vorhandene Straßennetz, durch zunehmendes Verkehrsaufkommen und Straßenausbau diese Wanderrouten zerschnitten, so dass hohe Amphibienverluste auftreten.

Nachdem vor 1990 Schutzmaßnahmen an Straßen mit Amphibien-Schutzzäunen infolge des Materialmangels nur beschränkt möglich waren, war danach mit der rasanten Zunahme des Motorisierungsgrades der Schutz von Kröten und Fröschen an Straßen schlagartig zum großen Problem für den Naturschutz geworden. Als sofort umsetzbare Methode bot sich der Einsatz von mobilen Amphibien-Schutzeinrichtungen mit Betreuung durch ehrenamtliche Naturschutzhelfer an. Im Landkreis Wittenberg wurde mit dem Aufstellen von mobilen Amphibien-Schutzzäunen 1993 an der B2 bei Lubast und an der L124 (Belziger Chaussee) am Ortsausgang Wittenberg begonnen. Danach wurden schrittweise weitere Anlagen angeschafft, so dass in den nächsten Jahren weitere Standorte mit starken Lurchwanderungen durch diese temporären Zaunanlagen zumindest zeitweilig gesichert werden konnten.

Folgende mobile Amphibien-Schutzzäune werden bzw. wurden jährlich errichtet:

- Bundesstraße 2: Lubast - ab 2012 stationäre Analge
- Bundesstraße 100: Radis - ab 2008 stationäre Anlage
- Bundesstraße 107: Schköna
  Jüdenberg
- Bundesstraße 187: Holzdorf - nur zeitweilig
  Wittenberg, Dresdner Straße - ab 2012 stationäre Anlage
- Bundesstraße 187a: Hundeluft, Mühle
- Landesstraße 113: Groß Naundorf - nur zeitweilig
  Schweinitz - nur zeitweilig
- Landesstraße 124: Wittenberg, Am Wasserwerk (Abb. S. 193)
- Landesstraße 128: Söllichau, Gleinermühle (Abb. S. 193)
- Landesstraße 129: Großer Lausiger Teich - ab 2007 stationäre Anlage
  Kleiner Lausiger Teich - ab 2007 stationäre Anlage
  Scholis
- Landesstraße 131: Seegrehna - ab 2005 stationäre Anlage
- Kreisstraße 2010: Abtsdorf
  Euper
  Bülzig, ehem. Ziegelei
- Kreisstraße 2011: Schmilkendorf, Ortseingang
  Schmilkendorf, Dorfteich - nur zeitweilig
- Kreisstraße 2020: Pratau, Dabruner Straße
- Kreisstraße 2033: Gorsdorf, Ruhlsdorfer Graben
- Kreisstraße 2044: Jessen, Arnsdorfer Straße

- Ortsstraße: Annaburg, Züllsdorfer Straße
- Breitewitz, Mühle - nur zeitweilig
- Göritz, Am Teich
- Jessen, Alte Wittenberger Straße - nur zeitweilig
- Jessen, Schlossweg - nur zeitweilig
- Nudersdorf, Sandwäsche
- Reinsdorf, Heinrich-Heine-Weg
- Serno, Straße nach Stackelitz
- Wittenberg, Dr.-Behring-Straße - ab 2010 stationäre Anlage

Eine Übersicht über die Anzahl der an diesen Anlagen geborgenen Lurche wird in der nachfolgenden Tabelle gegeben (aus: schriftliche Mitteilungen der UNB WB):

Standort	bis 2000	2001–2005	2006–2010	2011–2015	Gesamt
Annaburg, Züllsdorfer Straße	490	139	208	91	928
Annaburg, L 113	32	-	-	-	32
Abtsdorf, K 2010	5.099	2.882	1.528	1.693	11.202
Breitewitz	-	7.766	-	-	7.766
Bülzig, L 126	-	-	315	561	876
Eisenhammer, B 2	40	-	-	-	40
Euper, K 2010	2.312	2.888	785	845	6.830
Gorsdorf, Ruhlsdorfer Graben	-	1.406	1.769	1.503	4.678
Göritz	-	-	815	1.612	2.427
Holzdorf, B 187	10	-	-	-	10
Hundeluft, Mühle	-	-	-	3.438	3.438
Jessen, Alte Wittenberger Straße	1.806	-	-	-	1.806
Jessen, K 2044	3.566	4.787	1.500	980	10.833
Jessen, Schlossweg	214	-	-	-	214
Jessen, Hennigstraße	-	-	-	157	157
Köpnick	-	494	1.287	-	1.781
Lubast, B 2	1.175	666	1.622	-	3.463

Möhlau	3.447	4.689	-	-	8.136
Nudersdorf, Sandwäsche	2.492	2.674	1.933	-	7.099
Lausiger Teiche	25.607	51.360	29.882	-	106.849
Pratau, Pumpwerk	-	687	582	298	1.567
Radis, B 100	379	776	1.433	-	2.588
Reinsdorf, Heinrich-Heine-Weg	-	-	608	1.039	1.647
Schköna, B 107	2.226	1.221	473	548	4.468
Schmilkendorf, Ortseingang	242	1.587	3.263	672	5.764
Schmilkendorf, Dorfteich		231	12	-	243
Scholis, L 129	831	1.612	1.958	1.625	6.026
Schweinitz, L 113	34	-	-	-	34
Seegrehna, L 131	1.936	1.883	-	-	3.819
Serno	-	-	1.654	5.078	6.732
Söllichau, Gleinermühle	-	517	5.667	4.537	10.721
Splau	-	692	-	-	692
Wittenberg, B 187	6.531	9.009	4.704	151	22.764
Wittenberg, L 124	6.383	5.364	3.808	2.816	18.371
Wittenberg, Dr.-Behring-Straße	-	-	1.378	-	1.378
Gesamt	**64.852**	**121.357**	**67.184**	**27.644**	**281.037**

Diese Methode der Errichtung mobiler Amphibien-Schutzzäune hat in der Öffentlichkeitsarbeit eine nachhaltige umweltpädagogische Wirkung, die von folgender Grundannahme ausgeht: Je weniger Straßenverluste auftreten, um so mehr Alttiere können reproduzieren und umso mehr Jungtiere aufwachsen, wodurch die Stabilität der jeweiligen Population erhalten bleibt oder sogar zunimmt.

Allerdings lässt sich aus populationsökologischer Sicht diese Kausalität nicht so vereinfachen. Aktuelle Studien zeigen, dass die Metamorphoserate in den Laichgewässern nicht nur von der Größe der Laichpopulation abhängig ist, sondern viel stärker von der Schlupf- und Überlebensrate der Jungtiere und deren Mortalitätsrate bei der Abwanderung beeinflusst wird (KORDGES 2003). Gerade die letztere ist meistens sehr hoch, da die Abwanderung der Jungtiere (oft auch die Rückwanderung der Alttiere) in den überwiegenden Fällen ungesichert bleibt, da zum Zeitpunkt der Rückwanderung die mobilen Schutzzäune bereits wieder abgebaut worden sind oder nur einseitig errichtet waren.

Mit dem Aufbau und der Betreuung der Amphibien-Schutzzäune ist ein großer Personalaufwand verbunden. Die Organisation des Auf- und Abbaus der mobilen Schutzzäune liegt bei der Naturschutzbehörde des Landkreises, örtlich unterstützt von den Verwaltungen der Großschutzgebiete, Forstbehörden oder Gemeindeverwaltungen. Praktisch tätig beim Zaunbau und der Betreuung werden ehrenamtliche Naturschutzhelfer, Zivildienstleistende oder örtliche Gruppen der Naturschutzverbände. Ein großer Anteil der Zaunbauaktivitäten wurde bisher auch von in zeitweiligen Arbeitsbeschaffungsmaßnahmen (ABM) oder Umschulungen Beschäftigten geleistet. Auch die Zaunbetreuung wurde z. T. durch ABM-Mitarbeiter abgesichert, wobei je nach der Intensität der fachlichen Anleitung mehr oder weniger brauchbare Artangaben ermittelt werden konnten. Dieser Aufwand lässt sich durch das altersbedingte Ausscheiden vieler Kräfte auf Dauer nicht aufrechterhalten.

Angesichts der Zahlen der geretteten Tiere bleibt zwar der Schutz durch mobile Amphibien-Schutzzäune eine notwendige Konfliktminderung, die jedoch nicht über den tatsächlichen Handlungsbedarf - der Schaffung dauerhafter Amphibienschutzanlagen (ASA) - hinwegtäuschen darf! Mobile Amphibien-Schutzzäune sind kein Allheilmittel gegen den Verkehrstod wandernder Lurche auf den Straßen. Durch den hohen Arbeitsaufwand werden überwiegend nur die kurzen Zeiträume der Hinwanderung zum Laichgewässer geschützt, während die Rückwanderung und besonders die Abwanderung der jungen Tiere ungeschützt verlaufen. Vorwiegend wird die stoßartig verlaufende Laichwanderung der Erdkröte geschützt, die über eine längere Zeitspanne verlaufenden Wanderungen anderer Arten bleiben dagegen oftmals ungeschützt. Für eine langfristige Erhaltung der betreffenden Populationen reichen mobile AmphibienSchutzzäune nicht aus. Sie müssen durch dauerhafte Schutzmaßnahmen ersetzt und durch Maßnahmen im Landlebensraum und am Laichgewässer begleitet werden. Im Auftrag der UNB Wittenberg wurde 1998 eine „Schutzkonzeption zum Kleinzierschutz an Straßen im Landkreis Wittenberg, unter besonderer Berücksichtigung vom Amphibienwanderbewegungen" (LANGENBACH 1998) erarbeitet, in der 22 Konfliktpunkte für den Bau von stationären Durchlässen benannt werden.

Da der Amphibienschutz an Straßen einen hohen Stellenwert besitzt, gibt es inzwischen eine gesetzlich fixierte Handlungsanweisung zur Errichtung stationärer Schutzeinrichtungen: „Merkblatt zum Amphibienschutz an Straßen (MAmS-Ausgabe 2000)" des

Bundesverkehrsministeriums für Verkehr, Bau und Wohnungswesen, die zumindest beim Straßenneubau verpflichtend sind. So sind im Laufe der letzten Jahre auch in der Region um Wittenberg bei Straßenerneuerungen mehrere stationäre Amphibienschutzanlagen mit gebaut worden:

- Bundesstraße 2: Lubast (Abb. S. 194)
- Bundesstraße 100: Radis
- Bundesstraße 107: Coswig, Waldschlösschen
- Bundesstraße 183: Schwemsal - Rösa
- Bundesstraße 187: Wittenberg, Dresdner Straße
- Landesstraße 129: Bereich Lausiger Teiche (Abb. S. 194)
- Landesstraße 131: Seegrehna (Abb. S. 194)
- Landesstraße 136: Zschornewitz - Möhlau

Diese dauerhaften Amphibienschutzanlagen reduzieren den Betreuungsaufwand erheblich. Beim Straßenneubau ist, beruhend auf einer Konfliktanalyse, der Bau derartiger Anlagen integriert. Bei bestehenden Straßen erfolgt der nachträgliche Einbau meist auf Druck der Naturschutzbehörden oder -verbände. Das vorhandene und bekannte Konfliktpotential ist hierbei unbedingt zu beachten und zu berücksichtigen, so dass es schrittweise abgebaut werden kann.

An den bestehenden stationären Schutzanlagen wurden bisher nur in Einzelfällen Erfolgskontrollen durchgeführt, so dass über ihre Funktionalität und Effektivität noch wenig bekannt ist. Eine einmalige Effizienskontrolle wurde an der Amphibien-Tunnelanlage an den Lausiger Teichen (NSG) nach ihrer Errichtung im Jahr 2007 durchgeführt: An den 10 Durchlässen wurden während der Frühjahrswanderung insgesamt 16.479 Tiere gefangen, davon 5.347 Erdkröten, 868 Knoblauchkröten, 1.168 Grasfrösche, 3.115 Moorfrösche, 1.338 „Wasserfrösche", 4.467 Teichmolche und 176 Kammmolche, außerdem Ringelnattern, Zauneidechsen und Blindschleichen. Damit wurde die Notwendigkeit und Berechtigung zur Errichtung derartiger Anlagen hinreichend belegt und mögliche Diskussionen über überdimensionierte Kosten können dadurch ad absurdum geführt werden. Weitere gleichartige Kontrollen an den anderen Anlagen sind noch erforderlich.

Für die Amphibienschutzanlagen (ASA) gilt, dass ein bestimmter Unterhaltungsaufwand dauerhaft erforderlich ist und durch den Baulastträger von Anfang an abgesichert werden muss. Ein Unterhaltungsplan für die Amphibienschutzanlagen sei hier beispielhaft angeführt:

- von Februar bis November monatliche Kontrolle der gesamten ASA auf Beschädigungen, Beräumung von Müll, Ästen u.ä., insbesondere in den Tunneleingängen und auf den Gitterrosten

- jährliche Grundreinigung der Bodenplatten entlang der Leiteinrichtungen und Beseitigung des Bewuchses oberhalb der Leiteinrichtung, jeweils auf 50 cm Breite im Dezember

- jährliche Kontrolle der Stärke der Bodenschicht in den Tunneln, bei mehr als 5 cm Durchführung einer Tunnelspülung, im Dezember.

Die Bedeutung der Unterhaltung der Amphibienschutzanlagen ist auch im „Merkblatt zum Amphibienschutz an Straßen (MAmS-Ausgabe 2000)" des Bundesverkehrsministeriums für Verkehr, Bau und Wohnungswesen dargestellt, welches den Bundesländern zur allgemeinen Anwendung empfohlen wurde.

Nur wenige Meldungen liegen von Kriechtieren an Amphibienschutzanlagen vor. Meist wurden sie zum Ende der Frühjahrswanderung oder bei länger stehenden Zäunen gefangen. Aufgewärmte asphaltierte Straßen werden von Schlangen und Eidechsen gern aufgesucht und stellen daher ein besonderes Gefährdungspotential dar. Überfahrene Ringelnattern werden immer wieder und vielerorts gefunden, ebenso Schlingnattern und Blindschleichen. Dagegen sind überfahrene Eidechsen eher die Ausnahme.

Angesichts der unbefriedigenden Relation zwischen der Zahl der vorhandenen stationären Amphibienschutzanlagen und den Konfliktbereichen bzw. mobilen Amphibienschutzzäunen in der Wittenberger Region ergibt sich ein großer gemeinsamer Handlungsbedarf für Straßenbau und Naturschutzverwaltungen. Die rund 20.000 die Straßen querenden Amphibien im Landkreis Wittenberg (UNB WB) belegen eindrucksvoll den hohen Naturschutzwert derartiger Anlagen in der Region.

Schutz bei Bauvorhaben

Insbesondere seit einige Lurch- und Kriechtierarten durch die FFH-Richtlinie den internationalen Schutz der EU-Bestimmungen genießen, wird bei der Genehmigung von

Bauvorhaben auch darauf geachtet, ob Vorkommen von derartigen Arten beeinträchtigt werden. Gerade in kommunalen Bereichen werden oftmals jahrelang brachliegende Flächen beplant, auf denen sich im Verlauf der natürlichen Sukzession Pflanzen (bis hin zu Sträuchern und Bäumen) angesiedelt haben, die wiederum etlichen Tierarten, auch Lurchen und Kriechtieren, Lebensraum bieten. Besonders die Zauneidechse (*Lacerta agilis*) besiedelt gern derart offene Flächen mit kurzer und lückiger Vegetation. In der Stadt Wittenberg konnte in mehreren Fällen diesem Umstand Rechnung getragen werden:

1. Im Zuge der Sanierung der 110-kV-Freileitung im Bereich des Stadtwaldes Wittenberg kam es zur Tangierung eines bekannten Vorkommens der Zauneidechse im Bereich der Trasse sowie der Zufahrten. Zur Lösung des Konfliktes wurde in Abstimmung zwischen der Naturschutzbehörde des Landkreises, dem Vorhabenträger MITNETZ Strom mbH sowie Vertretern des ehrenamtlichen Naturschutzes ein Konzept entwickelt, um die sich im Baufeld befindlichen Tiere zu evakuieren und die Fläche für die Dauer der Baumaßnahmen wirksam vor Wiederbesiedlung zu schützen (SCHONERT 2016a).
Mittels Fangzaun und -eimern wurden die Baubereiche umstellt und in der Zeit vom 18. Mai bis zum 6. Juni 2016 an jedem Tag gefangen. Die gefangenen Tiere wurden in die Nachbarflächen entlassen. Im Gegensatz zum sonst üblichen Vorgehen bei derartigen Umsetzaktionen wurde kein Ersatzhabitat benötigt, da die lang gestreckte Trasse weiträumig Nachbarflächen teilte, so dass pro Flächeneinheit nur eine sehr geringe Anzahl an Tieren zugesetzt wurde. (Eigentlich wird eine bereits vorhandene Besiedlung in maximaler Besatzstärke angenommen, so dass keine zusätzlichen Tiere zugesetzt werden sollten.)
Insgesamt wurden 53 Zauneidechsen abgefangen, davon 33 ♀♀, 14 ♂♂ und sechs subadulte Tiere. Die abgefangene Populationsstruktur mit dem Verhältnis ♂ : ♀ = 1 : 2,4 ist als sehr ausgewogen zu bewerten. Außerdem wurden noch folgende Arten mit erfasst und umgesetzt: 2 Teichmolche, 1 Kammmolch, 23 Erdkröten, 3 Knoblauchkröten, 3 Blindschleichen, 1 Ringelnatter.
Eine weitere derartige Fang- und Umsetzaktion fand am Mast 155 der 110-kV-Trasse Wittenberg Nord statt. Dieser Standort befindet sich zwischen Teuchel und Trajuhn westlich der Nordverlängerung der Dorotheenstraße. In der Zeit vom 10. bis 29. Juni 2016 wurden hier neun Zauneidechsen (vier ♀♀, drei ♂♂, zwei subadulte Tiere) sowie vier Erdkröten, eine Knoblauchkröte und drei Blindschleichen gefangen und umgesetzt (SCHONERT 2016b).

2. Auch bei der Erweiterung der Gewächshausanlage der Wittenberg-Gemüse GmbH am Heuweg wurde ähnlich verfahren, da die ehemals industriell genutzte, dann aber jahrelang brachliegende Erweiterungsfläche ebenfalls von einer Zauneidechsen-Population besiedelt war. Auf dieser Brachfläche wurden vom 30. April bis 22. Mai 2016, also vor Baubeginn, insgesamt 73 Zauneidechsen abgefangen, davon 42 ♂♂, 13 ♀♀ und 18 subadulte Tiere (I. ELZ per xls-Datei). Diese Eidechsen wurden auf einer extra dafür vorgesehenen Fläche westlich des Seniorenheims Apollensdorf, die ebenfalls früher bebaut war, jetzt aber jahrelang brachlag und nun dafür eingezäunt wurde, ausgesetzt. Allerdings blieb bisher eine Erfolgskontrolle aus. Auch eine ca. 1 ha große, südlich angrenzende, brachliegende Restfläche wurde vom Sukzessionsgehölz (Robinien) befreit und wird als Zauneidechsen-Habitat gestaltet, um den möglicherweise nicht abgefangenen Eidechsen ein Ausweichgebiet zu schaffen.

3. Schließlich sei auch noch auf den Bau des Parkplatzes östlich des Hauptbahnhofs Wittenberg verwiesen. Auch hier wurde eine ehemals industriell genutzte, dann aber jahrelang brachliegende Freifläche bebaut, die ebenfalls zwischenzeitlich von einer Zauneidechsen-Population als Lebensraum gefunden und genutzt wurde. In diesem Fall wurde dieser Tatbestand bereits vom beauftragten Planungsbüro bei der Aufstellung des Bebauungsplans berücksichtigt und ein größeres Areal als Rückzugsraum für die Eidechsen eingeplant (ZUPPKE 2016). Diese Fläche wurde durch das Anlegen von Lesesteinhaufen, Ansaat von standorttypischer, lückiger Grasvegetation sowie Pflanzung von einzelnen Strauchgehölzen aufgewertet und soll durch eine extensive Nutzung (Mahd oder Beweidung) in diesem Zustand erhalten werden. Kontrollbegehungen nach Fertigstellung des Parkplatzes im Jahr 2017 brachten den Nachweis von diesjährigen Zauneidechsen, so dass ein reproduktiver Bestand den Eingriff überlebt und den vorgesehenen Rückzugsraum besiedelt hat.

Diese Beispiele zeigen, dass bei verantwortlicher und konstruktiver Zusammenarbeit zwischen Vorhabensträger und Naturschutz keine unlösbaren Konflikte zwischen „Umweltzerstörer" und „Vorhabensverhinderer" auftreten müssen.

FFH-Monitoring

Während im lokalen Naturschutz oftmals die Kraft, die Zeit und die finanziellen Mittel fehlen, um den Erfolg und die Nachhaltigkeit der durchgeführten Maßnahmen zu kontrollieren, besteht durch die Unterzeichnung der FFH-Richtlinie durch die Bundesrepublik Deutschland im Artikel 17 eine Berichtspflicht gegenüber der EU über den Erhaltungszustand der geschützten Arten und Lebensräume, die eine Bestandsüberwachung erfordert und somit einer Erfolgskontrolle gleichkommt. Die Grundlagendaten für diesen Bericht, der im Abstand von sechs Jahren zu geben ist, werden nach einheitlichen Parametern von den Bundesländern zusammengetragen. Sachsen-Anhalt hat dafür, wie alle Bundesländer, für jede Art „unter Berücksichtigung der landesweiten Bedeutsamkeit der Vorkommen sowie der Verteilung und Repräsentanz in den naturräumlichen Haupteinheiten" (SCHILDHAUER & SEYRING 2016) eine gewisse Zahl von Flächen festgelegt, auf denen die kontinuierliche Erfassung des Erhaltungszustandes der jeweiligen Art erfolgt. Erfasst und bewertet werden für jede Art die Größe des natürlichen Verbreitungsgebietes, die Bestandsgröße der Population, die Größe und Qualität des Lebensraums sowie die Zukunftsaussichten einschließlich der Gefährdungen und Beeinträchtigungen. Dies erfolgt in einem Monitoring nach feststehenden und gleichbleibenden Maßstäben und Parametern.

Für die landesweite Bewertung des Erhaltungszustandes der in den Anhängen II und IV stehenden Lurch- und Kriechtierarten in Sachsen-Anhalt wurden auch Flächen in der Wittenberger Region ausgewählt:

- Rotbauchunke   Deichvorland Wörltz
                      Alte Elbe Bösewig
                      Klebitz-Rahnsdorfer Felsölle

- Laubfrosch   Tongruben Bösewig

- Knoblauchkröte   Wittenberger Luch

- Moorfrosch   Tongruben Bösewig
                      Elstermündung bei Listerfehrda

- Kleiner Wasserfrosch   Klebitz-Rahnsdorfer Feldsölle

- Schlingnatter   Oranienbaumer Heide
                      Glücksburger Heide

- Zauneidechse   Woltersdorfer Heide
                        Glücksburger Heide

In der Landesbewertung 2007 – 2012 ergab sich bei den zehn Lurcharten (Nördliche Geburtshelferkröte, Rotbauchunke, Kreuzkröte, Wechselkröte, Europäischer Laubfrosch, Westliche Knoblauchkröte, Moorfrosch, Springfrosch, Kleiner Wasserfrosch, Nördlicher Kammmolch) und zwei Kriechtierarten (Schlingnatter, Zauneidechse), die landesweit zu beurteilen waren, ein Überwiegen der „ungünstigen - unzureichenden" Bewertung der einzelnen Parameter, teilweise sogar eine „unzureichend - schlechte" Bewertung. Nur beim Laubfrosch wurde das Verbreitungsgebiet, bei der Knoblauchkröte, dem Moorfrosch, dem Kleinen Wasserfrosch, dem Kammmolch und der Zauneidechse das Verbreitungsgebiet und die Zukunftsaussichten, bei dem Springfrosch das Verbreitungsgebiet. das Habitat und die Zukunftsaussichten sowie bei der Schlingnatter das Verbreitungsgebiet und das Habitat günstig bewertet. Damit ergibt sich weiterhin ein großer Handlungsbedarf an erhaltungsfördernden Maßnahmen für die einzelnen Lurch- und Kriechtierarten im gesamten Land wie auch in der betrachteten Region um Wittenberg.

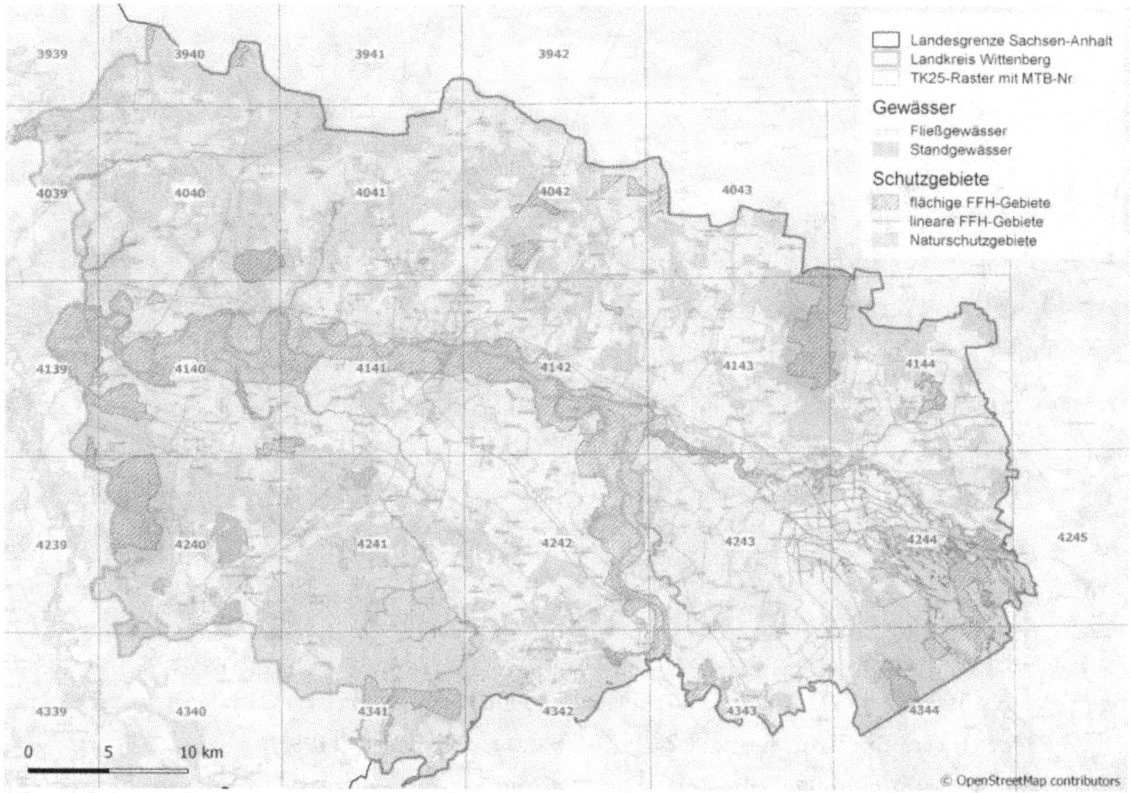

Eine wichtige Schutzmaßnahme ist die gesetzliche Unterschutzstellung von Naturschutz- und FFH-Gebieten.

Oben: Übersicht über die NSG und FFH-Gebiete in der Wittenberger Region (LAU LSA).
Unten: Blick in das NSG „Untere Schwarze Elster" am 18. September 2005 (Foto: I. Elz).

Bereits 1983 wurden auf Vorschlag der Fachgruppe Feldherpetologie vom Rat des Kreises wichtige Laichgewässer als FND unter Schutz gestellt, so auch der Schwemmpuhl bei Apollensdorf.

Oben: Der Schwemmpuhl im Jahr 1982 (Foto: J. BERG aus: BERG et al. 1988).

Unten: Der Schwemmpuhl im Jahr 2019. Die vergangenen niederschlagsarmen Jahre führten zur totalen Austrocknung dieses Kleingewässers (Foto: U. Zuppke).

 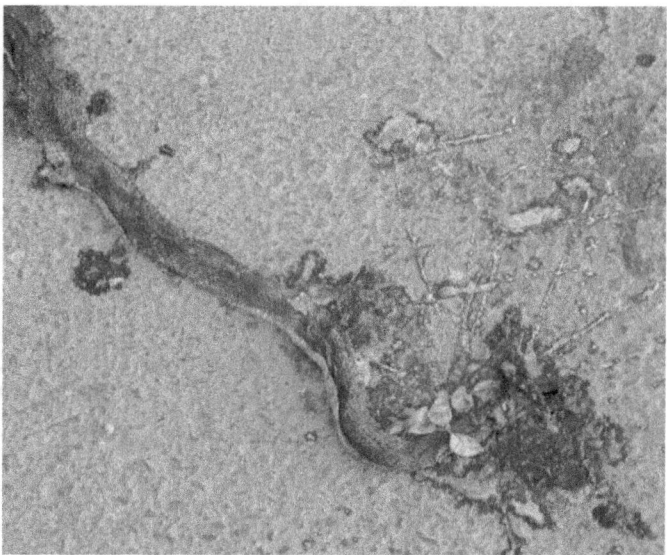

Oben: Rotfuchs mit erbeuteter Blindschleiche (links) am 11. November 2005 in der Annaburger Heide (Foto: B. Simon). Trächtige Ringelnatter (rechts) mit zerfahrenen Eiern als Verkehrsopfer am 26. Juni 2009 auf der Dorfstraße Axien (Foto: A. Schonert).

Unten: Das Ausbringen von Agrochemikalien in der Landwirtschaft erfolgt heutzutage Computer- und GPS-gesteuert, so dass bei ordnungsgemäßer Bedienung keine Chemikalien in die Gewässer gelangen können. Feldflur bei Gadegast im April 2014 (Foto: U. Zuppke).

Oben: Die Austrocknung von Gewässern erfolgt in letzter Zeit immer häufiger. Sie verhindert oftmals die vollständige Metamorphose der Larven der vorkommenden Lurcharten: Elsteraltarm bei Gorsdorf-Hemsendorf am 21. August 2018 (Foto: U. Zuppke).

Unten: Das illegale Entsorgen von Müll wie am Gewässer Dr.-Behring-Straße 2012 (links) beeinträchtigt die Fortpflanzung der Lurche und kann zu Verletzungen führen. Schonende Entschlammung (rechts) des Feldweihers „Röste" bei Ogkeln 2003 (beide Fotos: U. Zuppke).

Eine wichtige lokale Schutzmaßnahme war 1980 die Übereinkunft zwischen Naturschutzbehörde und Landwirtschaft (damalige LPG Rahnsdorf) zur Nichtbewirtschaftung der Verbindung zwischen den drei Feldsöllen östlich von Rahnsdorf, die auch vom jetzigen Bewirtschafter (Agrargenossenschaft Rahnsdorf) weiterhin übernommen wurde und bestehen blieb.

Oben: Luftbild auf die drei Feldsölle mit dem Verbrindungsstreifen (Quelle: www.bing-karten.de).
Unten: Die unbewirtschaftete Feldsoll-Verbindung am 25. April 2014 (Foto: U. Zuppke).

Die unter „Kleingewässersanierung" (S. 174 -176) beschriebene Sanierung des Feldsolls Friedemanns Teich bei Rahnsdorf im Jahr 2010 (Fotos: A.Richter/Straßenbaubehörde Ost).

Oben: Mobile Amphibienschutzanlage an der Belziger Chaussee am nördlichen Stadtrand von Wittenberg am 22. März 2004 (Foto: U. Zuppke).

Unten: Ehrenamtliche Helfer des Naturparks Dübener Heide kontrollieren die mobile Amphibienschutzanlage an der L 128 südlich der Gleinermühle bei Söllichau am 18. März 2017 (links). An diesem 18. März 2017 (rechts) hatten sich in den ebenerdig eingegrabenen Fangeimern entlang der Absperrung 80 männliche und 20 weibliche Erdkröten gefangen (Fotos: U. Zuppke).

Oben: Die stationäre Amphibienschutzanlage mit breiten Durchlässen ermöglicht Kröten, Fröschen und Molchen seit 2005 das gefahrlose Queren der L 131 bei Seegrehna (Foto: U. Zuppke).

Unten: Die stationäre Amphibienschutzanlage an der Bundesstraße 2 (Berlin - Leipzig) bei Lubast in der Dübener Heide (links) besteht seit 2012 (Foto: U. Zuppke). Rückwanderung der Erdkröten-Jungtiere (rechts) an der stationären Amphibienschutzanlage an der L 129 am Kleinen Lausiger Teich im Jahr 2007 (Foto: K. Jauer †).

Oben: Fanganlage für Zauneidechsen zur Umsetzung vom Baufeld für die Gewächshausanlage auf der Ruderalfläche bei Apollensdorf östlich der Ringstraße am 12. Mai 2016 (Foto: I. Elz).

Unten: Fangeimer zur Zauneidechsen-Umsetzung mit einem gefangenen Weibchen (links) bei der Sanierung der Stromtrasse im Stadtwald Wittenberg im Jahr 2016 (Foto: A. Schonert). Eingezäuntes Aussetzungsgebiet westlich der Braunsdorfer Straße in Apollensdorf mit Lesesteinhaufen (rechts) für die vom Baufeld gefangenen Zauneidechsen am 22. April 2016 (Foto: I. Elz).

Lurche und Kriechtiere in Brauchtum und Aberglaube

Auszug aus: BERG, J., JAKOBS, W. & P. SACHER: „Lurche und Kriechtiere im Kreis Wittenberg."

Aus fast allen Kulturen der Welt gibt es eine Vielzahl von Beispielen über die Beziehungen des Menschen zu Lurchen und Kriechtieren, die eine positive oder auch negative Wertung erfahren haben. Als Wurzeln des deutschen Aberglaubens sind vor allem Aspekte wie persönliche Abneigung, religiöse Gesichtspunkte und assoziative Beeinflussung anzunehmen. Die vielfältigen Erscheinungsformen des sich auf Lurche und Kriechtiere beziehenden Aberglaubens sind im „Handwörterbuch des deutschen Aberglaubens" von BÄCHTOLD-STÄUBLI (1927/41) ausführlich dargestellt. In den daraus aufgezeigten Beispielen dürften in einigen Fällen die Wurzeln für noch heute existierenden Aberglauben bzw. die Motive für bestimmte Handlungsweisen zu erkennen sein.

Lebensweise und Biologie der Lurche und Kriechtiere erzeugten beim unwissenden Menschen, der in früheren Zeiten hilflos den Naturgewalten gegenüber stand, ein verzerrtes oder falsches Bild. Er suchte und fand primitivste Erklärungen, die meist nur einen geringen Teil der Wahrheit enthielten, sonst aber der freien Phantasie entsprangen. Wie kann sich ein Tier ohne Beine (Schlange) vorwärts bewegen oder wie kann ein anderes (Eidechse) sich teilen (Schwanz abwerfen)? Da die damalige Wissenschaft hierauf keine befriedigenden Antworten geben konnte, wurden solche Phänomene mystifiziert - entsprechend war die Ausdrucksweise: „Sie kriechen und winden sich." Andere sind wiederum „glitschig feucht" oder „spritzen Gift"! Solche und viele andere Erscheinungen prägten das Wissen des Menschen in alten Zeiten und erhielten sich z. T. bis heute als Aberglauben und Mythos sowie in der Märchen- und Sagenwelt. Das erklärt zumindest teilweise, warum viele Menschen dieser Tiergruppe gegenüber Abneigung zeigen. Daran änderte auch nichts, dass die Biologie und Lebensweise der Lurche und Kriechtiere heute recht gut bekannt ist - Wert und ökologische Bedeutung im Gleichgewicht der Natur werden nach wie vor vielfach für zu gering eingeschätzt.

Ausgehend von religiösen Vorstellungen des Betrachters und von der Biologie der zu betrachtenden Tiere dürften die **Schlangen** an erster Stelle des „schlechten Rufes" stehen und die größte Abneigung hervorrufen. Aber gerade diese Tiere waren in alten Zeiten auch Gegenstand höchster Verehrung. In alten Kulturen, so auch in Europa, finden wir die Schlange als wichtige, aber widersprüchliche Symbolik. Diese Widersprüche wurden noch verstärkt durch die Entdeckung der heilenden Wirkung des Schlangengiftes. Noch heute gilt die stilisierte Äskulapnatter als Zeichen der Ärzte- und Apothekerkunst. So wurden die Schlangen zwar seit uralten Zeiten zum Symbol der Gesundheit, des Lebens oder gar der Unsterblichkeit einerseits, aber andererseits eben auch der Falschheit, des Bösen, des Todes. Im Christentum wurden negative Eigenschaften in Verbindung mit Tod, Sünde, List und Teufel besonders betont. Die Schlange verführte Eva. Bis die Schlange von Gott verflucht wurde, konnte sie sprechen und ging aufrecht auf dem Schwanz; dann musste sie auf dem Bauch kriechen (1. MOSE 3:14). An anderen Stellen der Bibel spiegelt sich auch noch die volkstümliche Vorstellung wider, dass Schlangen „giftig stechen" können. Daneben tritt sie als dämonisches Tier auf und findet so ihren Eingang in weitere religiös geprägte Schriften. Viele künstlerische Darstellungen zeigen die Schlange, die besiegt wird – ein Sieg des Guten über das Böse, trotz der wunderlichen Eigenschaften und Stärken, wie ihr bannender, nicht zu ertragender Blick, die ihr zugeschriebene List und Tücke sowie ihre kriechende Bewegungsart.

Auf diese Eigenschaften lassen sich meist alle Wertungen als dämonisches Tier, als Kultelement, als Orakel, als Zauber- und Heilmittel und in der Sagen- und Märchenwelt zurückführen. Immer wieder wird auch die Frau als Verführerin angesehen, und so ist die Schlange in der bildlichen Darstellung der Sünde oft mit einem Frauenkopf abgebildet. Die Schlange gilt als Tier des Teufels – er selbst sollte in ihrer Gestalt auftreten.

Daneben findet man Beziehungen dieser Tiere zu Hexen und ihren spiritistischen Kulthandlungen. Es gibt auch stilisierte oder direkte Abbildungen auf Gräbern, z. B. in der symbolhaften Darstellung als Wächter des Totenreichs oder des Todes überhaupt. Nur ein geringer Teil der Überlieferungen deutet sie als guten Dämon. Und so lässt sich dann auch der Übergang zu verschiedenen Kultformen finden.

Über Ursprung, Verbreitung und Formen des Schlangenkults in unseren Breiten ist wenig bekannt. Von den europäischen Völkern hatten die Altpreußen, Letten und Litauer einen ausgesprochenen Schlangenkult, indem sie sich nicht nur Hausschlangen hielten, sondern auch Tempelschlangen, die von den Priestern mit Milch genährt wurden und vom Volke Opfer empfingen. In Altpreußen beteten die Frauen zu ihnen um Kindersegen. Besonders Ringelnattern fanden sich in Häusern und Gehöften. Sie galten als harmlos und wurden gern gesehen, denn sie bringen angeblich Glück und Segen, beschützen Vieh, bewachen kleine Kinder, verhelfen Töchtern zu guten Männern. Hinzu kommen ihre gelblichen, halbmondförmigen Zeichnungen am Kopf, in denen man eine

„goldene Krone" sah. Hiervon leitete man Glück und Wohlstand ab; sie mehrten Hab und Gut (KABISCH 1978).

Dank ihrer Eigenschaften galt die Schlange von jeher als klug und mit besonderem Wissen ausgestattet. Hier zeigt sich die Eigenart des Dualismus: Neben Bösem gibt es Weisheit und neben Unglück auch Glück. Dies alles vermag die Schlange auszudrücken und vorherzusagen. Vor allem im Erscheinen und Verhalten der Hausschlangen sah man besondere Vorzeichen. Hieraus resultiert dann wohl auch, dass die ihnen innewohnenden Kräfte für Zauberei und Magie genutzt werden konnten. Die magischen Anschauungen und Handlungen lassen sich in zwei Hauptgruppen einteilen:

1. Zauber, der von Schlangen ausgeht,
2. Zauber, der an Schlangen ausgeübt wird.

Zum ersten findet man in Überlieferungen und in alten Schriften, dass die wunderlichen dämonischen Eigenschaften zu magischen Handlungen genutzt werden können. So kennt man z.B. eine Vielzahl von Amuletten und anderen Glücksbringern mit Schlangenmotiven. Sie verleihen den Trägern besondere Kräfte und auch Schutz. Aus Schlangen gekochte Elixiere oder hergestellte Pulver wirken heilend, beeinflussen Haustiere, dienen der Treffsicherheit beim Schießen, gelten als Regenmacher, verleihen die Fähigkeit des Verstehens der Tiersprache und dienen als Abtreibungszauber, um nur einige Beispiele zu nennen. Aber auch einzelne Teile der Tiere fanden bei verschiedenen Zaubereien Anwendung.

Im zweiten Fall verwendete man die Schlangen vor allem zur Beschwörung und zur Bannung. Seit dem Christentum spricht man vom „Schlangensegen", das sind Sprüche, durch die Schlangen gebändigt oder vom „Stechen" abgehalten werden sollten. Von zahlreichen Beispielen sei hier nur eins angeführt: „Die Schlange stach, die Otter biss, Mutter Maria schwur, dass alles böse Gift hinausfuhr."

Auch sagte man den Schlangen nach, sie tränken vom Vieh die Milch. In Wirklichkeit suchten die Schlangen bei den liegenden Kühen Wärme bzw. suchten die Ställe zur Eiablage oder Überwinterung auf und wurden dort entdeckt. Eng verbunden mit der Zauberei war die Anwendung in der Alchemie und Volksmedizin. Der Glaube an die heilbringende Schlange wird wesentlich gestützt durch die Erzählung 4. Mose 21,9, wonach derjenige, der die eherne Schlange anblickte, vom Schlangenbiss geheilt wurde. Aber auch sonst ist die magisch-medizinische Verwendung der Schlangen schon sehr früh nachweisbar. Noch bis zum 18. Jh. waren sie ein medizinischer Handelartikel. Teile von ihnen wurden verwendet, um die verschiedensten Leiden, Wunden und Krankheiten zu heilen. Von alledem bewahrheitet sich nur die heilende Wirkung des Schlangengiftes in der heutigen Medizin. Alles andere ist als falscher Zauber und als Quacksalberei einzuschätzen - zurückzuführen auf die geschilderte Unwissenheit und Leichtgläubigkeit. Bis in unsere Zeit hat sich die Schlange in der Sagen- und Märchenwelt erhalten, worin oft Merkmale des aufgezeigten Aberglaubens zu erkennen sind. Beispielsweise wird von „gekrönten Schlangen" oder auch von „milchsaugenden Schlangen" berichtet. Sie wird als listig oder böse, aber auch als allwissend dargestellt. Auch in Form von Verwünschungen bis zur Erlösung müssen Menschen in Schlangengestalt auftreten.

Wohl jeder von uns hat Schlangen in unterschiedlichsten künstlerischen wie bildlichen Darstellungen gesehen und diese zu deuten versucht. In den wenigsten Fällen dürfte dabei allerdings eine positive Einschätzung zustande gekommen sein. So haben selbst in unseren Tagen die meisten Menschen eine Abneigung oder direkte Abscheu vor Schlangen, was sich darin äußert, dass diese Tiere entgegen gesetzlichen Schutzbestimmungen noch allzu oft und wahllos erschlagen werden. Neben der Angst vor dem „tödlichen" Biss sind sicherlich in einigen Fällen abergläubische Motivationen damit verbunden. Trotz schauerauslösender Vorstellungen und Gedanken, besonders bei Frauen, gibt es verschiedene Luxusartikel aus Schlangenleder oder als Imitation (gleiches trifft für Krokodile zu) - wo bleibt da die Abneigung?

Neben den Schlangen waren und sind die **Kröten** am stärksten von Aberglaube und Abscheu seitens des Menschen betroffen. Schon ihr Aussehen - warzige Haut und düstere Färbung - geben diesen Tieren angeblich etwas Hässliches. Hinzu kommt ihr Aufenthalt an meist dunklen, feuchten Orten, ihre nächtliche Aktivität, ihre Giftigkeit u.a. Diese Eigenschaften geben genügend Stoff für Aberglauben und Verabscheuungswürdigkeit. Oft zog man zwischen Kröte und Frosch keine Trennung, so dass es in jeder Hinsicht zu Überschneidungen kam; auch heute herrscht diesbezüglich oft noch Unklarheit.

Die mittelalterliche, aus dem Altertum übernommene Anschauung, dass die Kröte überaus giftig sei, hat sich bis heute halten können - maßlose Übertreibungen dieser Art, die gar nicht so selten zu hören sind, belegen das.

Als Symbol des Geizes und des Neides galten Kröten im Mittelalter. Daher stammt wohl auch die Bezeichnung „giftige Kröte" für böse Menschen oder das Schimpfwort „alte Kröte". Im Märchen sitzen giftige Kröten auf versteckten Schätzen, damit niemand sie anrührt! In der Wechselbeziehung Neid und Geld und in Abwandlung des altniederdeutschen Begriffs „Gröten" (verwand mit Groschen) hat man noch heute im Volksmund für Geld die Bezeichnung „Kröten".

Neben verschiedenen Verleumdungen, wie z.B. „Wo Kröten schleimen, da wächst nichts mehr." (weshalb sie im Ruhrgebiet erschlagen wurden), findet man wie bei den Schlangen die Eigenart des Dualismus. So gibt es Gegenden, in denen die Menschen „die gute Kröte" als Freund, ja sogar als Schutzgeist des Hauses verehrten und ihr Zauberkräfte zuschrieben, beispielsweise die Kraft, Gift aus Brunnenwasser zu ziehen. Deshalb durfte man nur dann, wenn Kröten sich im Brunnen aufhielten, aus diesem trinken. Aus solchen Gründen durften Kröten bei übernatürlicher Strafe weder gequält, getötet noch beleidigt werden. „Wer sich dagegen mit ihr befreundet, dem bringt sie Geld, und wer ihr in Nöten beisteht, dem verleiht sie wunderbare Kraft" (BÄCHTOLD-STÄUBLI).

Zum Schutz des Viehs wurden Kröten (neben Eulen und Fledermäusen) an die Stalltür genagelt. Neben ihrer Bedeutung als Glücksbringer (im Spiel-, Schieß- und Liebeszauber u.a.) konnten Kröten aber auch Unglück bringen oder vorhersagen (wie Todesfall u.ä.). Eine enge Verbindung lässt sich zu Hexen und deren Kulten knüpfen. Geheimnisvolle Anlässe und Geisterspuk wurden emotional durch das Erscheinen von Kröten und deren Verwendung bei Hexenhandlungen untermalt.

In der Volksmedizin wurden Kröten auch als Heilmittel genutzt. Die Verwendung als Zauber- oder Heilmittel war oft mit Tierquälerei verbunden, d. h. die Tiere mussten langsam und qualvoll getötet werden. Man band beispielsweise eine lebende Kröte auf die betroffene Körperstelle des Kranken und lies sie dort, bis sie gestorben war. Mit Hilfe dieser Tiere konnte das „Gift" aus dem Kranken gezogen werden. Selbst der berühmte Paracelsus empfiehlt in Pestzeiten, „Schlangenzungen um den Hals, getrocknete Kröten auf die Pestbeulen" (BOLLE 1957). Ferner wurden aus Kröten Pulver, Fett oder andere Zaubermittel hergestellt.

Neben ihrer vorwiegend negativen Rolle in der Märchen- und Sagenwelt haben sich nur wenige allgemein bekannte Überlieferungen als Aberglauben bis in unsere Zeit erhalten. Allein schon der Gebrauch des Schimpfwortes „Kröte" beinhaltet etwas Hässliches und Abstoßendes, meist gleichzeitig Ungehorsamkeit ausdrückend. Viele Menschen wissen heute zwar von der Nützlichkeit unserer Kröten, sehen sie aber aus den oben genannten Gründen lieber aus der Ferne und würden sie keinesfalls anfassen. Unterstützt wird die Abscheu durch künstlerische Freiheiten, die bedauerlicherweise vorrangig in Darstellungen und Illustrationen von Kinderbüchern und -filmen ihren Niederschlag finden. So wird z. B. in einem Trickfilm ein lustiges Bächlein von einer hässlichen Kröte gefangen gehalten oder Hexen brauen ein Zaubermittel und dem Kessel entsteigen Kröten und Schlangen. Auf diese Weise können Kinder stark emotional beeinflusst werden. In unserer Zeit muss man verlangen, dass gerade geschützte Tiere keiner künstlerischen Verleumdung ausgesetzt sein dürfen.

Wie bereits erwähnt, wird im Allgemeinen nicht deutlich zwischen Kröte und Frosch unterschieden. Im Altertum hielt man auch den **Frosch** für sehr giftig. Er gehörte in alten kirchlichen Formeln für die Weihe der Johannisminne (aus dem 8. und 9. Jh.) zu den Tieren, die den Menschen durch ihr Gift schaden können. In der Bibel wird von einer Froschplage in Ägypten berichtet, indem Gott sein ungehorsames Volk strafte, „da er Ungeziefer unter sie schickte, das sie fraß, und Frösche, die sie verderbten" (KIRSCHE 1982).

Die oft in Scharen dem Wasser entsteigenden jungen Frösche gaben Veranlassung zum Glauben an den „Froschregen". Wer für diese Naturerscheinungen keine klare Erklärung hatte, dachte an eine Gefahr für das eigene Leben. Aufgrund dieser und anderer fehlgedeuteter biologischer Sachverhalte mussten auch die Frösche als Teufels- und Hexentiere herhalten. Durch Besprechung und Zauberei wurden mittels Fröschen viele Wunder vollbracht, so konnten trotz vorwiegend negativer Wertung auch positive Eigenschaften genutzt werden. Der Erfolg lässt sich aus heutiger Sicht in jedem Fall anzweifeln. Der unwissende Mensch brauchte aber etwas, woran er sich klammern konnte, auch ohne den Sinn richtig zu verstehen. So galt besonders der Laubfrosch als ein Wetterprophet. Frösche spielten ferner bei Frühjahrs- und Pfingstbräuchen eine große Rolle. Weil die Frösche quaken, wenn es regnen wird, so veranlasst man eben einen Frosch zum Quaken, um ersehnten Regen zu bekommen. Darum zwackt man im Pfingstbrauche einen Frosch so lange, bis er quakt und tötet ihn hintendrein. Es ist auch kaum vorstellbar, dass ohne bestimmte Motivation jemand auf den Gedanken kommt, Frösche aufzuspießen oder gar aufzublasen. Noch immer im Frühjahr traurige Realität, stellt gerade dieses unsinnige Treiben mancher Kinder und Jugendlichen an den Laichplätzen eine große Gefahr für Froschlurche dar! Neben ihrer Bedeutung als Zaubermittel fanden Frösche und Kröten in der alten Volksmedizin fast durchweg dieselbe Verwendung.

Schon in der Onomastik (Namensforschung) galt die **Eidechse** vielfach als Schlange. Man glaubte im Altertum, dass sich Eidechsen bei Trockenheit in Schlangen verwandeln können. Die Eidechse als sonneliebendes Tier wurde beispielsweise auch in Beziehung zum Sonnengott gebracht. Daneben gab besonders die Regenerationsfähigkeit des Schwanzes Anlass zu abergläubischen Deutungen. Für den Oldenburger Raum galt: „Schlägt man einer Eidechse den Schwanz ab, lebt dieser fort und trifft er zufällig mit dem Hauptkörper zusammen, so passt sich der Schwanz dem Körper an und beide wachsen wieder zusammen."

Die Eidechsen wurden oft in Verbindung mit Tod und Seelenglauben gebracht. Hierauf beruht - ähnlich wie bei der Schlange - ihre Rolle in Verwandlungssagen. Sie kann als böser Dämon, jedoch auch als gutes Wesen erscheinen und wiederum den verschiedensten Zauber- und Hexenkulten dienlich sein. Eine große Rolle spielt die Eidechse als Schutzgeist, also als Gegenspieler des Teufels und damit als geheiligtes Geschöpf. Ihr Gerippe sollte das Leiden Christi darstellen, das ihr der Herr in die Beine gelegt hat zum Dank dafür, dass sie ihm die Blutstropfen ableckte, als er am Kreuze hing (BÄCHTOLD-STÄUBLI). Deshalb durfte man das Tier weder töten noch beleidigen. So wurde sie vielerorts als vielseitiger Glücksbringer angesehen, diente dem Schutz des Viehs, bewahrte Haus und Hof vor (Gift-)Schlangen und fand ebenfalls Anwendung in der Volksmedizin.

Zusammenfassend kann man einschätzen, dass sich bis in unsere Zeit nichts Nachteiliges über Eidechsen erhalten hat, selbst wenn sie manchmal mit Drachen verglichen werden. Der Grund für die positive Wertung liegt wohl in ihrer Ungiftigkeit, auch sind sie nicht „glitschig".

Etwas anders sieht es bei der **Blindschleiche** aus. Als beinlose Echse wird sie selbst heute noch für eine Schlange gehalten, wodurch ihr beinahe zwangsläufig Gefährlichkeit und Giftigkeit unterstellt werden. Wegen der kaum wahrnehmbaren Augen hielt sie der Volksglauben für blind. Die Blindheit wurde als Strafe aufgefasst, besonders für ruchloses Verhalten gegenüber der heiligen Maria, die durch die Bisse der Blindschleiche bedroht sein sollte.

Recht bedeutend ist die Rolle des **Feuersalamanders** und der **Molche** in Brauchtum und Aberglauben, wobei zwischen Salamander und Molchen nicht immer unterschieden wurde. Der Feuersalamander galt als Wetterprophet und wurde wegen seines Erscheinens nach warmen Regen als „Regenmännchen" bezeichnet. Nach altem Glauben ist er in der Lage, aus seitlich liegenden Drüsen eine milchig-weiße Flüssigkeit auszuspritzen, die Feuer löscht. Dazu ist er zählebig und kann unbeschädigt durch Feuer kommen. Oft wurde er mit Feuersbrünsten in Verbindung gebracht. Im frühen Altertum galt der Salamander als giftiges Scheusal: Bloße Berührung erzeugte Ausschlag;

Haare, die er berührte, fielen aus; Gerät er auf einen Obstbaum, so vergiftet er die Früchte, deren Genuss den Menschen töte; verendet er im Wasser, so wäre es vergiftet. Sein Gift wurde zu Mordanschlägen, zu Zaubereien und in der Medizin verwendet.

Der Vollständigkeit halber sei abschließend noch die **Schildkröte** erwähnt, die in der Welt der Sagen und Märchen durch die Eigenschaften Gesundheit, Langlebigkeit und Weisheit einging. Eine wesentliche Rolle spielte die Schildkröte auch in religiösen Bereichen und mehr noch in der Kulturgeschichte tropischer Länder. Vielseitige Verwendung fand sie in der Heilkunst, vor allem ihr Panzer.

Wie wir gesehen haben, ist die Abneigung gegen alles frosch- und schlangenartige Getier tief verwurzelt. Heute sind Ekel und Angst Hauptausdrucksformen dieser Aversion, nicht selten nach wie vor gepaart mit Unwissenheit und einseitigem Schaden-Nutzen-Denken. Besonders Kindern und Jugendlichen sollten wir die Bedeutung heimischer Lurche und Kriechtiere im Haushalt der Natur deutlicher aufzeigen.

Zusammenfassung

Nachfolgend werden als zusammenfassender Überblick alle in der Region Wittenberg nachgewiesenen Lurch- und Kriechtierarten tabellarisch angeführt. Es konnten 14 Lurcharten und sechs Kriechtierarten als etablierte Arten nachgewiesen werden. Das sind 61 % der 34 im Deutschland vorkommenden und 77 % der 26 von GROSSE (2015) für Sachsen-Anhalt aufgelisteten Lurch- und Kriechtierarten. Von einer weiteren Art gibt es Hinweise auf ihr Vorkommen, es fehlen aber sichere Nachweise. Bei einer weiteren einheimischen Lurchart – dem Springfrosch – beruht das Vorkommen auf Aussetzung. Von sechs exotischen Kriechtierarten wurden Einzeltiere gefunden, die ebenfalls ausgesetzt worden sein müssen.

In der Übersicht wird auch der Gefährdungsstatus nach den derzeit gültigen Roten Listen Deutschlands (KÜHNEL 2009) und Sachsen-Anhalts (MEYER & BUSCHENDORF 2004), der gesetzliche Schutzstatus in der Bundesrepublik Deutschland (nach Bundesnaturschutzgesetz) und der Schutz im europäischen Maßstab nach den Anhängen II und IV der FFH-Richtlinie der EU angeführt:

Rote Liste Deutschland/Sachsen-Anhalt (RL D/LSA):
- 0 = ausgestorben oder verschollen
- 1 = vom Aussterben bedroht
- 2 = stark gefährdet
- 3 = gefährdet
- R = extrem seltene Arten mit geographischer Restriktion
- V = Vorwarnliste
- G = Gefährdung anzunehmen, Status aber unbekannt
- D = Daten defizitär

Gesetzlicher Schutz nach Bundesnaturschutzgesetz (BNatSchG):
- s = BNatSchG, streng geschützt
- b = BNatSchG, besonders geschützt

FFH-Richtlinie der EU:
- II = Art in Anhang II
- IV = Art in Anhang IV
- V = Art in Anhang V

Deutscher Name	Wissenschaftlicher Name	RL D	RL LSA	BNatSchG	FFH
Etablierte Arten					
1. Bergmolch	*Ichthyosaura alpestris* (Laurenti, 1768)	-	G	b	-
2. Nördlicher Kammmolch	*Triturus cristatus* (Laurenti, 1768)	V	3	s	II/IV
3. Teichmolch	*Lissotriton vulgaris* (Linnaeus, 1758)	-	-	b	-
4. Rotbauchunke	*Bombina bombina* (Linnaeus, 1761)	2	2	s	II/IV
5. Westliche Knoblauchkröte	*Pelobates fuscus* (Laurenti, 1768)	3	-	s	IV
6. Erdkröte	*Bufo bufo* (Linnaeus, 1758)	-	V	b	-
7. Kreuzkröte	*Epidalea calamita* (Laurenti, 1768)	V	2	s	IV
8. Wechselkröte	*Bufotes viridis* (Laurenti, 1768)	3	3	s	IV
9. Europäischer Laubfrosch	*Hyla arborea* (Laurenti, 1768)	3	3	s	IV
10. Moorfrosch	*Rana arvalis* (Nilsson, 1842)	3	3	s	IV
11. Grasfrosch	*Rana temporaria* (Linnaeus, 1758)	-	V	b	V
12. Teichfrosch	*Pelophylax esculentus* (Linnaeus, 1758)	-	-	b	V
13. Seefrosch	*Pelophylax ridibundus* (Pallas, 1771)	-	-	b	V
14. Kleiner Wasserfrosch	*Pelophylax lessonae* (Camerano, 1882)	G	D	s	IV
15. Europäische Sumpfschildkröte	*Emys orbicularis* (Linnaeus, 1758)	1	0	s	II/IV
16. Westliche Blindschleiche	*Anguis fragilis* (Linnaeus, 1758)	-	-	b	-
17. Zauneidechse	*Lacerta agilis* (Linnaeus, 1758)	V	3	s	IV

Deutscher Name	Wissenschaftlicher Name	RL D	RL LSA	BNatSchG	FFH
18. Waldeidechse	Zootoca vivipara (Lichtenstein, 1823)	-	-	b	-
19. Schlingnatter	Coronella austriaca (Laurenti, 1768)	3	G	s	IV
20. Ringelnatter	Natrix natrix (Linnaeus, 1758)	V	3	b	-
Arten ohne sicheren Nachweis					
21. Kreuzotter	Vipera berus (Linnaeus, 1758)	2	2	b	-
Eingebürgerte und gebietsfremde Arten					
22. Springfrosch	Rana dalmatina (Fitzinger in Bonaparte, 1838)	-	R	s	IV
23. Schmuckschildkröte, spec.	Chrysemys spec.	-	-	-	-
24. Rotwangen-Schmuckschildkröte	Chrysemys scripta elegans (Wied-Neuwied, 1838)	-	-	-	-
25. Gelbwangen-Schmuckschildkröte	Chrysemys scripta scripta (Schoepf, 1792)	-	-	-	-
26. Zierschildkröte	Chrysemys picta picta (Schneider, 1783)	-	-	-	-
27. Falsche Landkarten-Höckerschildkröte	Graptemys pseudogeographica (Gray, 1831)	-	-	-	-
28. Schnappschildkröte	Chelydra serpentina (Linnaeus, 1758)	-	-	-	-
29. Landschildkröte, spec.	Testudo spec.	-	-	-	-
30. Kornnatter	Pantherophis guttatus (Linnaeus, 1766)	-	-	-	-

Demnach sind von den in der Region nachgewiesenen etablierten Arten neun besonders und elf streng geschützt. Somit haben alle 20 in der Region Wittenberg vorkommenden Lurch- und Kriechtierarten einen gesetzlichen Schutzstatus nach dem Bundesnaturschutzgesetz. Eine Art ist nach der Roten Liste Sachsen-Anhalts ausgestorben (Kategorie 0), zwei stark gefährdet (Kategorie 2) und sechs gefährdet (Kategorie 3), von zwei weiteren Arten ist eine Gefährdung anzunehmen, der Status ist aber unbekannt

(Kategorie G). Damit sind 55 % der vorkommenden Lurch- und Kriechtierarten in eine Gefährdungskategorie eingestuft.

Die vielfältige Naturausstattung der Wittenberger Region bedingt, dass hier eine relativ artenreiche Lurch- und Kriechtierfauna vorkommt. Es wird deutlich, dass in der Region knapp zwei Drittel der in Deutschland vorkommenden Lurch- und Kriechtierarten lebt, darunter auch ein großer Anteil, der europaweit oder national als gefährdet eingestuft ist. Daraus ergibt sich eine große Verantwortung des behördlichen und ehrenamtlichen Naturschutzes, aber auch der gesamten Bevölkerung für den Schutz dieser Herpetofauna im Landkreis.

Die Entwicklung der menschlichen Gesellschaft hat gezeigt, dass Wissen eine mächtige Wirkung entfalten kann. In vielen Bereichen hat die durch Wissen erzeugte Vernunft bereits triumphiert und viele Vorurteile wurden überwunden. Wie bei vielen anderen Tierarten werden sich auch gegenüber den Lurchen und Kriechtieren mit steigendem Wissensstand die noch vorhandenen Vorurteile wandeln.

Die vorliegende Darstellung des gegenwärtig bekannten Wissens über das Vorkommen der Arten der Herpetofauna der Region um Wittenberg möge beitragen, den Lurchen und Kriechtieren des Gebietes auch weiterhin große Aufmerksamkeit zu widmen und ihre Bestandsentwicklung zu verfolgen, damit die bestehende Bedeutung dieser Region für eine artenreiche Tierwelt erhalten bleibt.

Glossar

Aalstrich	von der übrigen Färbung abweichender, dunkler, schmaler Streifen entlang des Rückgrats der Wirbeltiere
adult	erwachsen = Lebensphase nach Eintreten der Geschlechtsreife
Amplexus	(lat. Umarmung): Umklammerung der Weibchen von Froschlurchen durch die Männchen während der Paarungszeit.
annuelle Stauden	(von lat. annus = Jahr): Pflanzen, bei denen sich der gesamte Lebenslauf von der Keimung bis zur Fruchtreife und zum Absterben innerhalb von zwölf Monaten vollzieht.
anthropogen	durch den Menschen entstanden, verursacht, hergestellt oder beeinflusst
ausgedeicht	außerhalb der Eindeichung, also im Überflutungsbereich befindlich
autochthon	seit langem und ohne menschlichen Eingriff in einem Gebiet lebend
Autotomie	die Fähigkeit mancher Tierarten, bei Gefahr einen Körperteil abzuwerfen. Je nach Tiergruppe wächst der abgeworfene Körperteil danach vollständig, unvollständig oder gar nicht nach.
aquatisch	Organismen, die ihren Lebensmittelpunkt im Wasser haben
Bentonit	Mischung aus verschiedenen Tonmineralien, die zur Abdichtung verwendet wird
Biotop	Lebensraum einer Lebensgemeinschaft in einem Gebiet
Biosphärenreservat	eine von der UNESCO initiierte Modellregion, in der nachhaltige Entwicklung in ökologischer, ökonomischer und sozialer Hinsicht exemplarisch verwirklicht werden soll
Biozönose	Gemeinschaft von Organismen verschiedener Arten in einem abgrenzbaren Lebensraum (Biotop) bzw. Standort
Chemismus	Gesamtheit der chemischen Vorgänge bei Stoffumwandlungen

Chromosomen	Bestandteile von Zellen, auf denen Erbinformationen gespeichert sind. Sie kommen in den Zellkernen der Lebewesen (Tiere, Pflanzen und Pilze) vor.
collin	Höhenstufe des Hügellandes (im Mittelgebirge von 150 bis 300 m)
Ecdysis	Häutung: Da sich bei den Reptilien die äußere Haut während des Wachstums nicht kontinuierlich den neuen Größenverhältnissen anpassen kann, muss in bestimmten Zeitabständen die alte Hülle abgestoßen werden. Darunter liegt die neue größere Hülle vor, die bereits nach kurzer Zeit aushärtet.
Effizienskontrolle	Kontrolle der Wirksamkeit einer Maßnahme
emers	Wasserpflanzen, die ganz oder teilweise über die Wasseroberfläche hinauswachsen
Endmoräne	wallartige Aufschüttung von Gesteinsmaterial am Ende eines Gletschers. Sie kennzeichnet die Linie des maximalen Gletschervorstoßes oder eines Gletscherstillstandes
Entkrautung	Beseitigung der Verkrautung und Entfernung der Pflanzenmasse in Gewässern
Eutrophierung	Anreicherung von Nährstoffen in einem Ökosystem oder einem Teil desselben
Extremitätengürtel	Der Extremitätengürtel besteht aus dem Schultergürtel, dem Beckengürtel und den Extremitäten (Fortbewegungsorganen).
Fauna	Gesamtheit aller Tiere oder aller Tierarten in einem Gebiet (Tierwelt)
Flora	Bestand an Pflanzenarten einer bestimmten Region (Pflanzenwelt)
Habitat	Lebensraum einer Auswahl von Tier- oder Pflanzenarten
Habitus	das Erscheinungsbild eines Organismus
Hälterung	zeitweilige Haltung von tierischen Lebewesen in Gefangenschaft, oft zum Zweck von wissenschaftlichen Untersuchungen
Herpetologie	Lehre von den Tierklassen der Amphibien (Lurche) und Reptilien (Kriechtiere).

holozän	nacheiszeitlich (Holozän ist der gegenwärtige Zeitabschnitt der Erdgeschichte)
juvenil (Juvenile)	Jugendstadien eines Organismus vor der Geschlechtsreife
letal	von lateinisch: letalis = tödlich
molekulargenetisch	Untersuchung der Erbinformationen, die zur Identifizierung der Arten führt
monotypisch	innerhalb einer Gruppe (Art) in der biologischen Systematik kommt nur ein einziger Typus vor.
Naturpark	geschützter, durch langfristiges Einwirken, Nutzen und Bewirtschaften entstandener Landschaftsraum, der in seiner heutigen Form bewahrt und gleichzeitig touristisch vermarktet wird
Nominatform	In der Biologie wird eine Art, anhand eines so genannten Typusexemplars beschrieben und benannt.
Ovarien	Synonym für Eierstöcke (= weibliche Keimdrüse, in denen die Eier gebildet werden)
Ovoviviparie	Spezialform der Fortpflanzung. Die dotterreichen Eier werden dabei nicht abgelegt, sondern im Mutterleib ausgebrütet. Die Jungtiere schlüpfen noch im Körper des Muttertiers bzw. kurz nach der Eiablage.
pessimal	ungünstigste Umweltbedingungen für ein Tier oder eine Pflanze
Pestizide	Bezeichnung für chemische Substanzen, mit der als lästig oder schädlich angesehene Lebewesen getötet, vertrieben oder in Keimung, Wachstum oder Vermehrung gehemmt werden können
Pleistozän	Zeitabschnitt in der Erdgeschichte von 2,6 Millionen Jahre bis 9.700 v. Chr. (Dauer etwa 2,5 Millionen Jahre); geprägt durch den Wechsel von Kalt- und Warmzeiten
Population	Gruppe von Individuen der gleichen Art, die eine Fortpflanzungsgemeinschaft bilden und zur gleichen Zeit in einem einheitlichen Areal leben
postglazial	der Zeitraum nach der pleistozänen Vereisungsperiode (seit ca. 10.000 v. Ch.); entspricht dem Holozän
Prädator	Organismus, der sich von anderen, noch lebenden Organismen oder Teilen von diesen ernährt

phylogenetisch	stammesgeschichtliche Entwicklung der Lebewesen
Revier	Gebiet, das ein Tier oder eine Gruppe von Tieren gegen Artgenossen durch Revierverhalten verteidigt
Ruderalfläche	meist brachliegende Rohbodenfläche, die eine sehr spezielle Lebensgemeinschaft von Pflanzen und Tieren, so genannte Pionierarten, beherbergt
Sander	breite, schwach geneigte Schwemmkegel, die im Vorfeld des skandinavischen Inlandeises des Eiszeitalters gebildet wurden; sie bestehen im Allgemeinen aus Sanden, Kiesen und Geröllen.
Spermien	Samenzellen (= männliche Keimzellen)
subadult	halbwüchsig
submers	Wasserpflanzen (und auch Pilze), die ganz untergetaucht im Wasser wachsen.
syntop	gemeinsames Vorkommen von Arten oder Populationen im selben Biotop oder Habitat
taxonomisch	verwandtschaftliche Beziehungen von Lebewesen in einer Systematik (Einteilung in ein hierarchisches System mit der Einordnung in einen bestimmten Rang, wie Art, Gattung oder Familie)
terrestrisch	Organismen, die ihren Lebensmittelpunkt auf dem Land haben, im Gegensatz zu solchen, die im Wasser leben (aquatisch)
Tiefenzonierung	Schichtung unterschiedlicher Zonen und Schichten von Temperatur und Lichtverhältnissen eines stehenden Gewässers
Urstromtal	breite Talniederung, die in den Eiszeiten bzw. in den Stadien einer Eiszeit am Rande des skandinavischen Inlandeises gebildet wurde und durch das Abfließen der Schmelzwasser entstanden ist
Vikariismus	Vikariierend sind nah verwandte Arten, die einander unter ökologischen Bedingungen oder in geographischen Räumen vertreten. In der Herpetologie wird dies für Moor- und Grasfrosch angenommen.

Abkürzungen

ASA	Amphibienschutzanlage
BArtSchV	Bundesartenschutzverordnung (Verordnung zum Schutz wildlebender Tier- und Pflanzenarten), Ausfertigungsdatum: 16.02.2005 Vollzitat: "Bundesartenschutzverordnung vom 16. Februar 2005 (BGBl. I S. 258, 896), die zuletzt durch Artikel 10 des Gesetzes vom 21. Januar 2013 (BGBl. I S. 95) geändert worden ist"
BNatSchG	Bundesnaturschutzgesetz (Gesetz über Naturschutz und Landschaftspflege), Ausfertigungsdatum: 29.07.2009 Vollzitat: "Bundesnaturschutzgesetz vom 29. Juli 2009 (BGBl. I S. 2542), das zuletzt durch Artikel 421 der Verordnung vom 31. August 2015 (BGBl. I S. 1474) geändert worden ist"
DGHT	Deutsche Gesellschaft für Herpetologie und Terrarienkunde e.V. Setzt sich für die Erforschung von Amphibien und Reptilien sowie deren artgerechte und sachkunde Haltung ein.
FFH-Richtlinie	Fauna-Flora-Habitat-Richtlinie = Naturschutz-Richtlinie der Europäischen Union. Die vollständige Bezeichnung lautet: Richtlinie 92/43/EWG des Rates vom 21. Mai 1992 zur Erhaltung der natürlichen Lebensräume sowie der wildlebenden Tiere und Pflanzen
FND	Flächennaturdenkmal. Natürlich entstandene Landschaftselemente, die unter Naturschutz gestellt sind. Es sind Gebiete mit einer beschränkten Fläche und einer klaren Abgrenzung von ihrer Umgebung; Sie werden als flächenhaftes Naturdenkmal oder Flächennaturdenkmal bezeichnet.
KRL	Kopf-Rumpf-Länge: In der Zoologie Körpermaß vom Kopf bis zum Schwanzansatz
LAU	Landesamt für Umweltschutz Sachsen-Anhalt
NABU	Naturschutzbund Deutschland e.V.

NatSchG LSA	Naturschutzgesetz des Landes Sachsen-Anhalt vom 11. Februar 1992 (GVBl.LSA S. 108), zuletzt geändert am 27.08.2002 GVBl.LSA S. 372)
NSG	Naturschutzgebiet
o. a.	oder andere
StFB	Staatlicher Forstwirtschaftsbetrieb (in der DDR)

Register deutscher Artnamen

Bergmolch	40
Erdkröte	63
Europäischer Laubfrosch	84
Europäische Sumpfschildkröte	118
Falsche Landkarten-Höckerschildkröte	157
Gelbwangen-Schmuckschildkröte	156
Grasfrosch	90
Kleiner Wasserfrosch	102
Kornnatter	159
Kreuzkröte	66
Kreuzotter	150
Landschildkröte, unbestimmt	159
Moorfrosch	87
Nördlicher Kammmolch	45
Ringelnatter	133
Rotbauchunke	55
Rotwangen-Schmuckschildkröte	155
Schlingnatter	131
Schmuckschildkröte, unbestimmt	154
Schnappschildkröte	158
Seefrosch	100
Springfrosch	153
Teichfrosch	93
Teichmolch	42
Waldeidechse	128
Wechselkröte	69
Westliche Blindschleiche	121
Westliche Knoblauchkröte	60
Zauneidechse	124
Zierschildkröte	157

Register wissenschaftlicher Artnamen

Anguis fragilis	121
Bombina bombina	55
Bufo bufo	63
Bufotes viridis	69
Chelydra serpentina	158
Chrysemys picta picta	157
Chrysemys spec.	154
Chrysemys scripta elegans	155
Chrysemys scripta scripta	156
Coronella austriaca	131
Emys orbicularis	118
Epidalea calamita	66
Graptemys pseudogeographica	157
Hyla arborea	84
Ichthyosaura alpestris	40
Lacerta agilis	124
Lissotriton vulgaris	42
Natrix natrix	133
Pantherophis guttatus	159
Pelobates fuscus	60
Pelophylax esculentus	93
Pelophylax lessonae	102
Pelophylax ridibundus	100
Rana arvalis	87
Rana dalmatina	153
Rana temporaria	90
Testudo, spec.	159
Triturus cristatus	45
Vipera berus	150
Zootoca vivipara	128

Literaturverzeichnis

ANONYMUS (1977): Geschützte Natur im Kreis Wittenberg. - Raumordnungskonzeption Wittenberg.

ANONYMUS (1984): Schutz von Lebensräumen einheimischer Lurche im Kreis Wittenberg. - Naturschutzarbeit in den Bezirken Halle und Magdeburg 21 (Beil. 1): III.

BÄCHTOLD-STÄUBLI, H. (1927–1941): Handwörterbuch des deutschen Aberglaubens. 9 Bände. Berlin und Leipzig.

BERG, J.; JAKOBS, W. & P. SACHER (1988): Lurche und Kriechtiere im Kreis Wittenberg. - Schriftenreihe des Museums für Natur- und Völkerkunde „Julius Riemer" in Wittenberg. 80 S.

BERG, J. & R. HENNIG (2010): Erste Nachweise von Bergmolchen (*Ichthyosaura alpestris*) im sachsen-anhaltischen Fläming. - In: Naturschutz im Land Sachsen-Anhalt 47, Heft 1+2, S. 48–51.

BERG, J. & R. HENNIG (2011): Aktuelle Verbreitung des Bergmolches (*Ichthyosaura alpestris*) nordöstlich der Elbe – eine colline Art im Fläming. – In: RANA, Heft 12, S. 13–25.

BERG, J. (2013a): Der Bergmolch (*Ichthyosaura alpestris* L.) - ein Faunenelement des Flämings in der mitteldeutschen Tiefebene. - In: RANA, Heft 14, S. 51–58.

BERG, J. (2013b): Mögliche Ursachen einer Ausbreitung des Bergmolchs (*Ichthyosaura alpestris*) im Fläming (östlicher Teil des Zentralen Norddeutschen Tieflands). - In: Zeitschrift für Feldherpetologie 20, Heft 2, S. 214–218.

BFA LEIPZIG (1983): Zur Herpetofauna des Bezirkes Leipzig. - Hrsg.: Bezirksfachausschuß Feldherpetologie Leipzig im Kulturbund der DDR. 64 S.

BROCKHAUS, T. (2012): Kleiner Wasserfrosch (*Pelophylax lessonae* CAMERANO, 1882) in der Annaburger Heide. - In: Jahresschrift für Feldherpetologie und Ichthyofaunistik in Sachsen 14, S. 42–43.

BUSCHENDORF, J (1984).: Lurche und Kriechtiere des Bezirkes Halle. - In: Naturschutzarbeit in den Bezirken Halle und Magdeburg 21, Heft 1, S. 3–28.

BUSCHENDORF, J. & R. GÜNTHER (1996): Teichmolch - Triturus vulgaris (Linnaeus, 1758). - In: GÜNTHER, R. (Hrsg.): Die Amphibien und Reptilien Deutschlands. - Verlag GUSTAV FISCHER Jena Stuttgart Lübeck Ulm, S. 174–195.

BUSCHENDORF, J. (2004): Teichmolch - *Triturus vulgaris* (LINNAEUS, 1758). - In: MEYER et al. (2004): Die Lurche und Kriechtiere Sachsen-Anhalts. S. 72–77.

BUSCHENDORF, J. (2015a): Teichmolch - *Lissotriton vulgaris* (LINNAEUS, 1758). - In: Berichte des Landesamtes für Umweltschutz 4, S. 155−168.

BUSCHENDORF, J. (2015b): Erdkröte - *Bufo bufo* (LINNAEUS, 1768). - In: Berichte des Landesamtes für Umweltschutz 4, S. 229−244.

BUSCHENDORF, J. (2015c): Westliche Blindschleiche - *Anguis fragilis* (LINNAEUS, 1758). - In: Berichte des Landesamtes für Umweltschutz 4, S. 431−442.

BUSCHENDORF, J. (2015d): Ringelnatter - *Natrix natrix* (LINNAEUS, 1758). - In: Berichte des Landesamtes für Umweltschutz 4, S. 511−524.

DGHT e.V. (Hrsg.) (2014): Verbreitungsatlas der Amphibien und Reptilien Deutschlands, auf Grundlage der Daten der Länderfachbehörden, Facharbeitskreise und NABU-Landesfachausschüsse der Bundesländer sowie des Bundesamtes für Naturschutz.

EICHLER, I. (1980): Erarbeitung der Herpetofauna der NSG des Kreises Wittenberg. - Ms., Inst. Landschaftsforsch. Naturschutz, Dessau.

ELBING, K.; GÜNTHER, R. & U. RAHMEL (1996): Zauneidechse - *Lacerta agilis* LINNAEUS, 1758. - In: GÜNTHER, R. (Hrsg.): Die Amphibien und Reptilien Deutschlands. - Verlag GUSTAV FISCHER Jena Stuttgart Lübeck Ulm, S. 535−557.

ESCHENBACH, W. (1986): Beiträge zur Amphibien- und Reptilienfauna im südlichen Teil des Kreises Gräfenhainichen. - Staatsexamensarbeit Pädagog. Hochschule Halle.

FRITZ, U. (2001): *Emys orbicularis* (Linnaeus, 1758) - Europäische Sumpfschildkröte. - In: Handbuch der Reptilien und Amphibien Europas. Band 3/IIIA, S. 343−515. AULA-Verlag Wiebelsheim.

FRITZ, U. (2003): Die Europäische Sumpfschildkröte (*Emys orbicularis*). - Laurenti-Verlag Bielefeld. 224 S.

FUEß, H. W. (1936): Die Kriechtiere der Dübener Heide. - In: Die Dübener Heide 2, 1936.

GASSMANN, F. H. (1984).: Lurche und Kriechtiere des Bezirkes Magdeburg. - In: Naturschutzarbeit in den Bezirken Halle und Magdeburg 21, Heft 1, S. 29−56.

GEIGER, A. & M. WAITZMANN (1998): Überlebensfähigkeit allochthoner Amphibien und Reptilien in Deutschland - Konsequenzen für den Artenschutz. - S. 227−240. In: Gebhardt, Kinzelbach & Schmidt-Fischer (Hrsg.): Gebietsfremde Tierarten. - ecomed verlagsgesellschaft AG & Co.Kg.Rieden-Forggensee.

GLANDT, D. (2014): Liste der Amphibien und Reptilien Europas und der angrenzenden Atlantischen Inseln. - www.amphibienschutz.de/pdfs/Artenliste_Amphibien_und_Reptilien

GRÖGER, R. & R. BECH (1986): Lurche und Kriechtiere des Kreises Bitterfeld. - Bitterfelder Heimatblätter, Heft VI. 64 S.

GROSSE, W.-R. & D. NAUMANN (1995): Arbeitsblätter zur Verbreitung der Amphibien und Reptilien in Sachsen-Anhalt. - Martin-Luther-Universität Halle-Wittenberg.

GROSSE, W.-R. & R. GÜNTHER (1996): Laubfrosch - *Hyla arborea* (LINNAEUS, 1758). - In: GÜNTHER, R. (Hrsg.): Die Amphibien und Reptilien Deutschlands. - Verlag GUSTAV FISCHER Jena Stuttgart Lübeck Ulm, S. 343–364.

GROSSE, W.-R. (2004): Laubfrosch - *Hyla arborea* (Linnaeus, 1758). - In: MEYER et al. (2004): Die Lurche und Kriechtiere Sachsen-Anhalts. - In: Supplement der Zeitschrift für Feldherpetologie 3, Laurenti Verlag, Bielefeld: 115–122.

GROSSE, W.-R.; SIMON, B.; SEYRING, M.; BUSCHENDORF, J.; REUSCH, J.; SCHILDHAUER, F.; WESTERMANN, A. & U. ZUPPKE (Bearb.) (2015): Die Lurche und Kriechtiere des Landes Sachsen-Anhalt unter besonderer Berücksichtigung der Arten der Anhänge der Fauna-Flora-Habitat-Richtlinie sowie der kennzeichnenden Arten der Fauna-Flora-Habitat-Lebensraumtypen. - Berichte des Landesamtes für Umweltschutz Sachsen-Anhalt 4, 2015. 640 S.

GROSSE, W.-R. (2015a): Artenspektrum der Lurche und Kriechtiere Sachsen-Anhalts. - In: Berichte des Landesamtes für Umweltschutz 4, S. 83–88.

GROSSE, W.-R. (2015b): Grasfrosch - *Rana temporaria* (LINNAEUS, 1758). - In: Berichte des Landesamtes für Umweltschutz 4, S. 357–370.

GROSSE, W.-R. (2015c): Waldeidechse - *Zootoca vivipara* (LICHTENSTEIN, 1823). - In: Berichte des Landesamtes für Umweltschutz 4, S. 469–480.

GROSSE, W.-R. & M. SEYRING (2015a): Nördlicher Kammmolch - *Triturus cristatus* (LAURENTI, 1768). - In: Berichte des Landesamtes für Umweltschutz 4, S. 119–142.

GROSSE, W.-R. & M. SEYRING (2015b): Westliche Knoblauchkröte - *Pelobates fuscus* (LAURENTI, 1768). - In: Berichte des Landesamtes für Umweltschutz 4, S. 207–228.

GROSSE, W.-R. & M. SEYRING (2015c): Kreuzkröte - *Epidalea calamita* (LAURENTI, 1768). - In: Berichte des Landesamtes für Umweltschutz 4, S. 245–268.

GROSSE, W.-R. & M. SEYRING (2015d): Wechselkröte - *Bufotes viridis* (LAURENTI, 1768). - In: Berichte des Landesamtes für Umweltschutz 4, S. 269–290.

GROSSE, W.-R. & M. SEYRING (2015e): Laubfrosch - *Hyla arborea* (LINNAEUS, 1758). - In: Berichte des Landesamtes für Umweltschutz 4, S. 291–312.

GROSSE, W.-R. & M. SEYRING (2015f): Moorfrosch - *Rana arvalis* (NILSSON, 1842). - In: Berichte des Landesamtes für Umweltschutz 4, S. 313–336.

GROSSE, W.-R. & M. SEYRING (2015g): Zauneidechse - *Lacerta agilis* (LINNAEUS, 1758). - In: Berichte des Landesamtes für Umweltschutz 4, S. 443–468.

GROSSE, W.-R. & M. SEYRING (2015h): Schlingnatter - *Coronella austriaca* (LAURENTI, 1768). - In: Berichte des Landesamtes für Umweltschutz 4, S. 489–510.

GROSSE, W.-R. & M. LUDWIG (2018): Beobachtungen zum Klettern in die Höhe von Zaun- und Waldeidechsen. . In: RANA 19, 2018, S. 127-135.

GÜNTHER, R.: Neue Daten zur Verbreitung und Ökologie der Grünfrösche (Anura, Ranidae) in der DDR. – In: Mitteilungen aus dem Zoologischen Museum Berlin 50 (1974), H. 2, S. 287–298.

GÜNTHER, R. (1990): Die Wasserfrösche Europas. – Die Neue Brehm-Bücherei Nr. 600. - A. Ziemsen-Verlag Wittenberg Lutherstadt. 288 S.

GÜNTHER, R. & H. NABROWSKY (1996): Moorfrosch - *Rana arvalis* NILSSON, 1842. - In: GÜNTHER, R. (Hrsg.): Die Amphibien und Reptilien Deutschlands. - Verlag GUSTAV FISCHER Jena Stuttgart Lübeck Ulm, S. 364–388.

GÜNTHER, R. & N. SCHNEEWEIß (1996): Rotbauchunke - *Bombina bombina* (LINNAEUS, 1761). - In: GÜNTHER, R. (Hrsg.): Die Amphibien und Reptilien Deutschlands. - Verlag GUSTAV FISCHER Jena Stuttgart Lübeck Ulm, S. 215–232.

GÜNTHER, R. & W. VÖLKL (1996): Waldeidechse - *Lacerta vivipara* JACQUIN, 1787. - In: GÜNTHER, R. (Hrsg.): Die Amphibien und Reptilien Deutschlands. - Verlag GUSTAV FISCHER Jena Stuttgart Lübeck Ulm, S. 588–600.

GÜNTHER, R. & W. VÖLKL (1996): Ringelnatter - *Natrix natrix* (LINNAEUS, 1758). - In: GÜNTHER, R. (Hrsg.): Die Amphibien und Reptilien Deutschlands. - Verlag GUSTAV FISCHER Jena Stuttgart Lübeck Ulm, S. 666–684.

HAENSCHKE, W. (1984): Bezirksexkursion des BFA Feldherpetologie Halle 1983. - In: Naturschutzarbeit in den Bezirken Halle und Magdeburg 21, Heft 1, S. 15.

ILN (1984): Schutz von Lebensräumen einheimischer Lurche im Kreis Wittenberg. - In: Naturschutzarbeit in den Bezirken Halle und Magdeburg 21, Heft 1, S. III.

JAKOBS, W. (1985a): Die Amphibienfauna im Fläming des Kreises Wittenberg. – In: Naturschutzarbeit in den Bezirken Halle und Magdeburg 22, Heft 1, S. 25–29.

JAKOBS, W. (1985b): Die Herpetofauna des NSG Planetal im Fläming (Kreis Belzig). - In: Naturschutzarbeit in Berlin und Brandenburg 21, Heft 3, S. 86–88.

JAKOBS, W. (1986): Die Amphibienfauna in der Dübener Heide des Kreises Wittenberg. – In: Naturschutzarbeit in den Bezirken Halle und Magdeburg 23, Heft 2, S. 33–36.

JAKOBS, W. (1990): Die Amphibienfauna in der Elbaue des Kreises Wittenberg. – In: Naturschutzarbeit in den Bezirken Halle und Magdeburg 27, Heft 2, S. 43–47.

KABISCH, K. (1978): Die Ringelnatter. - Die Neue Brehm-Bücherei Nr. 483. - Ziemsen-Verlag Lutherstadt Wittenberg.

KAUFMANN, P. (2014): Verbreitung und Gefährdung von Kleinem Wasserfrosch (*Pelophylax lessonae*), Seefrosch (*Pelophylax ridibundus*) und Teichfrosch (*Pelophylax esculentus*) im Bundesland Salzburg. – Masterarbeit, Naturwissenschaftliche Fakultät der Paris-Lodron-Universität Salzburg. 207 S.

KIRSCHE, W. (1982): Gestalteter Amphibienschutz und Bemerkungen zur Bestandsermittlung der Erdkröte (Bufo bufo L.) im Laichgewässer. - In: Naturschutzarbeit in Berlin und Brandenburg 18, Heft 1, S. 6.

KLAFS, G.; JESCHKE, L. & H. SCHMIDT (1973): Genese und Systematik wasserführender Ackerhohlformen in den Nordbezirken der DDR. – In: Archiv für Naturschutz und Landschaftsforschung 13, S. 287–302.

KORDGES, T. (2003): Amphibien-Schutzmaßnahmen an bestehenden Straßen - Anspruch und Wirklichkeit. - In: GLANDT, D.; SCHNEEWEISS, N.; GEIGER, A. & A. KRONSHAGE: Beiträge zum Technischen Amphibienschutz. - Zeitschrift für Feldherpetologie. Supplement 2, S. 107–128. Laurenti-Verlag Bielefeld.

KRÜGER, M. & W. JORGA (1990): Zur Verbreitung der Amphibien- und Reptilienarten im Bezirk Cottbus. – In: Natur und Landschaft im Bezirk Cottbus, Heft 12, S. 3–41.

KÜHNEL, K.-D.; GEIGER, A.; LAUFER, H.; POLOUCKY, R. & M. SCHLÜPMANN (2009): Rote Liste und Gesamtartenliste der Lurche (Amphibia) und Kriechtiere (Reptilia) Deutschlands (Stand Dezember 2008). - In: HAUPT, H.; LUDWIG, G.; GRUTTKE, H.; BINOT-HAFKE, M,; OTTO, C. & A. PAULY (Red.) (2009): Rote Liste gefährdeter Tiere, Pflanzen und Pilze Deutschlands. Band 1: Wirbeltiere. - Bundesamt für Naturschutz: Naturschutz und biologische Vielfalt 70 (1).

KUSCHKA, V. (2010): Erfahrungen mit und Gedanken zum FFH-Artmonitoring für den Kleinen Wasserfrosch (*Rana lessonae*). - In: Jahresschrift für Feldherpetologie und Ichthyofaunistik in Sachsen 12, S. 5–22.

LANGENBACH, A. (1998): Schutzkonzeption zum Kleintierschutz an Straßen im Landkreis Wittenberg (unter besonderer Berücksichtigung von Amphibienwanderbewegungen). - Ms., UNB Wittenberg, 84 S.

LAU (2010): Naturschutz im Land Sachsen-Anhalt. Verzeichnis der geschützten Gebiete und Objekte des Landes Sachsen-Anhalt. – Hrsg.: Landesamt für Umweltschutz Sachsen-Anhalt, Halle.

LUDWIG, M. & W.-R. GROSSE (2014): Zur Biometrie und zum Parasitenbefall von Zauneidechsen-Populationen der Region Halle-Leipzig (*Lacerta agilis*). - In: Hercynia N. F. 47, S. 113–130.

MALCHAU, W. & B. SIMON (2010): Erfassung von Arten der Anhänge II & IV in FFH-Gebieten und in Flächen mit hohem Naturschutzwert. Lurche & Kriechtiere. NO-Teil Sachsen-Anhalts (rechtselbisch) 2009/2010. - BUNat Büro für Umweltberatung und Naturschutz Dr. WERNER MALCHAU, Schönebeck & Öko & Plan Büro für Landschaftsplanung, Ökologie & Umweltberatung Dr. BERND SIMON, Plossig. 60 S.

MAmS (2000): Merkblatt zum Amphibienschutz an Straßen (MAmS). - Bundesministerium für Verkehr, Bau- und Wohnungswesen (Hrsg.), Ausgabe 2000. - Köln (FGSV).

MEYER, F.; BUSCHENDORF, J.; ZUPPKE, U.; BRAUMANN, F.; SCHÄDLER, M. & W.-R. GROSSE (2004): Die Lurche und Kriechtiere Sachsen-Anhalts. – Supplement der Zeitschrift für Feldherpetologie 3. Laurenti-Verlag Bielefeld, 240 S.

MEYER, F. (2004): Kreuzkröte – *Bufo calamita* LAURENTI 1768. - In: MEYER et al. (2004): Die Lurche und Kriechtiere Sachsen-Anhalts. - Laurenti Verlag, Bielefeld, S. 104–110.

MEYER, F. (2004): Wechselkröte – *Bufo viridis* LAURENTI 1768. - In: MEYER et al. (2004): Die Lurche und Kriechtiere Sachsen-Anhalts. - Laurenti Verlag, Bielefeld, S. 110–115.

MEYER, F. & J. BUSCHENDORF (2004):Rote Liste der Lurche (Amphibia) und Kriechtiere (Reptilia) des Landes Sachsen-Anhalt. - Berichte des Landesamtes für Umweltschutz Sachsen-Anhalt 39, S. 144–148.

MULE (2017): Beobachteter Klimawandel in Sachsen-Anhalt. - Hrsg.: Ministerium für Umwelt, Landwirtschaft und Energie des Landes Sachsen-Anhalt (MULE), 47 S.

MZ (1998): Seltenes Reptil in Dübener Heide entdeckt. - Mitteldeutsche Zeitung vom 18. Juli 1998.

MZ (2013): Schildkröte sonnt sich am Elsterufer. - Mitteldeutsche Zeitung (Ausgabe Jessen) vom 24. April 2013.

MZ (2015): 15.000 artengeschützte Tiere am Airport entdeckt. - Mitteldeutsche Zeitung vom 14./15. März 2015.

MZ (2016): Sonnenbad im Brauhausteich. - Mitteldeutsche Zeitung vom 13. Mai.2016.

MZ (2019): Natter ohne Heim. - Mitteldeutsche Zeitung vom 7. Februar 2019.

NÖLLERT, A. & C. (1992): Die Amphibien Europas. Bestimmung - Gefährdung - Schutz. - Franckh-Kosmos Verlags-GmbH Stuttgart. 382 S.

OBST, F. J. (2002): Schmuckschildkröten. Die Gattung *Chrysemys*. - Neue Brehm-Bücherei Bd. 549. Westarp Wissenschaften, Hohenwarsleben. 127 S.

ÖKOTOP (2013): Grunddatensatz Naturschutz zur Investitionssicherung Erfassungen von Arten der Anhänge II & IV in FFHGebieten und in Flächen mit hohem Naturschutzwert: Lurche & Kriechtiere im Osten Sachsen-Anhalts; Plausibilitätsprüfung der Meldedaten, Festlegung dauerhafter Überwachungsflächen. Endbericht. - ÖKOTOP GbR Halle, 194 S.

PAEPKE, H.-J. (1983): Die brandenburgischen Bergmolch-Vorkommen und ihre zoogeographischen Probleme. - In: Beiträge zur Tierwelt der Mark X, S. 5–13.

PLÖTNER, J. (2005): Die westpaläarktischen Wasserfrösche - von Märtyrern der Wissenschaft zur biologischen Sensation. - Beiheft der Zeitschrift für Feldherpetologie 9, 160 S. - Laurenti-Verlag Bielefeld.

PLÖTNER; J. (2010): Möglichkeiten und Grenzen morphologischer Methoden zur Artbestimmung bei europäischen Wasserfröschen (*Pelophylax esculentus*-Komplex). - Zeitschrift für Feldherpetologie 17, S. 129–146.

POSCHADEL, J. R. & J. PARZEFAL (2003): Molekulargenetik im Artenschutz. - In: Biologie unserer Zeit. 33, Heft 3, S. 148–154.

RdK WB (1987a): Beschluss des Rates des Kreises über die Erklärung von herpetologischen Flächennaturdenkmalen – Beschluss Nr. II/623-11/83. – In: Geschützte Natur im Kreis Wittenberg. Rat des Kreises Wittenberg. S. 33–36.

RdK WB (1987b): Beschluss des Rates des Kreises über die Erklärung von herpetologischen Flächennaturdenkmalen – Beschluss Nr. II/324-5/86. – In: Geschützte Natur im Kreis Wittenberg. Rat des Kreises Wittenberg. S. 37–41.

REUSCH, J. (2015a): Teichfrosch – *Pelophylax esculentus* (LINNAEUS, 1758). – In: Berichte des Landesamtes für Umweltschutz 4, S. 371–386.

REUSCH, J. (2015b): Seefrosch – *Pelophylax ridibundus* (PALLAS, 1771). – In: Berichte des Landesamtes für Umweltschutz 4, S. 387–398.

REUTER, M. (2004): Verbreitung und Bestand gefährdeter Amphibienarten an der Mittleren Elbe. - In: Veröffentlichungen der LPR Landschaftsplanung Dr. REICHHOFF GmbH. Heft 3, S. 45–51.

SACHER, P. (1985): Beiträge zur Biologie und Lebensweise der Kreuzkröte. - In: Zoologische Abhandlungen des Museums für Tierkunde Dresden 40, Heft 11, S. 153–173.

SACHER, P. (1986a): Zur Entwicklung und Lebensweise von Kreuzkrötenlarven (*Bufo calamita* LAUTENTI). - In: Zoologische Abhandlungen des Museums für Tierkunde Dresden 42, Heft 7, S. 107–124.

SACHER, P. (1986b): Zur Gefährdungs- und Schutzproblematik der Kreuzkröte (*Bufo calamita*). - In: Feldherpetologie 1986, S. 1–8.

SACHER, P. (1986c): Fehlverpaarungen zwischen Knoblauchkröte (*Pelobates fuscus*) und Kreuzkröte (*Bufo calamita*). - In: Feldherpetologie 1986, S. 30–35.

SACHER, P. (1987): Mehrjährige Beobachtungen an einer Population der Knoblauchkröte (*Pelobates fuscus*). - In: Hercynia N.F. 24, Heft 2, S. 142–152.

SACHER, P. & J. BERG (1989): Zum Massenauftreten juveniler Knoblauchkröten (*Pelobates fuscus*) in einem Wittenberger Wohngebiet. - In: Feldherpetologie 1989, S. 27–30.

SCHÄDLER, M. (2004): Zauneidechse - *Lacerta agilis* LINNAEUS, 1758. - In: MEYER et al. (2004): Die Lurche und Kriechtiere Sachsen-Anhalts. – Supplement der Zeitschrift für Feldherpetologie 3. Laurenti-Verlag Bielefeld, S. 164–170.

SCHIEMENZ, H. & R. GÜNTHER (1994): Verbreitungsatlas der Amphibien und Reptilien Ostdeutschlands (Gebiet der ehemaligen DDR). - Natur & Text Rangsdorf. 143 S.

SCHILDHAUER, F. & M. SEYRING (2016): FFH-Berichtspflicht für die Artengruppen Lurche (Amphibia) und Kriechtiere (Reptilia). - In: Naturschutz im Land Sachsen-Anhalt 53, Sonderheft, S. 85–134.

SCHLÜPMANN, M. & R. GÜNTHER (1996): Grasfrosch - *Rana temporaria* LINNAEUS, 1758. - In: GÜNTHER, R. (Hrsg.): Die Amphibien und Reptilien Deutschlands. - Verlag GUSTAV FISCHER Jena Stuttgart Lübeck Ulm, S. 412–454.

SCHNEEWEIß, N. (1996): Zur Verbreitung und Bestandsentwicklung der Rotbauchunke *Bombina bombina* LINNAEUS, 1761 in Brandenburg. - In: RANA, Sonderheft 1, S. 87–103.

SCHONERT, A. (2016a): Artenschutz Zauneidechse (*Lacerta agilis*) 110-kV Freileitung Stadtwald Wittenberg, Evakuierung und Baustellensicherung 2016. - Unveröff. Bericht im Auftrag der MITNETZ Strom mbH. 21 S.

SCHONERT, A. (2016b): Artenschutz Zauneidechse (*Lacerta agilis*) 110-kV Freileitung Stadtwald Wittenberg, Evakuierung und Baustellensicherung 2016. Kurzbericht zur Ergänzungsmaßnahme Mast 155. - Unveröff. Bericht im Auftrag der MITNETZ Strom mbH. 10 S.

SY, T. & F. MEYER (2001): Die Rotbauchunke (*Bombina bombina*) an ihrer westlichen Arealgrenze – zur Verbreitung und Gefährdungssituation in den Flussauen Sachsen-Anhalts. – In: Zeitschrift für Feldherpetologie 8, S. 233–244.

SY, T. & F. MEYER (2004): Bestandssituation und Schutz der Rotbauchunke in Sachsen-Anhalt (Fachteil zum Artenhilfsprogramm). – Berichte des Landesamtes für Umweltschutz Sachsen-Anhalt. Sonderheft 3, 297 S.

TREU, M. (2004): Martin Luther und die Tiere. - Stiftung Luthergedenkstätten in Sachsen-Anhalt. Wittenberg. 91 S.

TUNNER, H. (1996): Der Teichfrosch *Rana esculenta* – Ein evolutionsbiologisch einzigartiger Froschlurch. – In: Stapfia 47, S. 87–102.

UNRUH, M. (2004): Schlingnatter - *Coronella austriaca* LAURENTI 1768. - In: MEYER et al. (2004): Die Lurche und Kriechtiere Sachsen-Anhalts. - Laurenti Verlag, Bielefeld, S. 175–179.

VÖLKL, W. & D. ALFERMANN (2007): Blindschleiche - die vergessene Echse. - Beiheft der Zeitschrift für Feldherpetologie 11, Laurenti Verlag, Bielefeld: 160 S.

VOLLMER, A. (1998): Untersuchungen zur Verbreitung und Habitatnutzung der Rotbauchunke (*Bombina bombina*, L.) in der Elbaue bei Dessau. – Dipl.-Arb. MLU Halle-Wittenberg, 97 S. + Anhang.

VOLLMER, A. & W.-R. GROSSE (1999): Vergleichende Betrachtungen zur Habitatnutzung der Rotbauchunke (*Bombina bombina* L.) in Grünlandbiotopen der Elbaue bei Dessau (Sachsen-Anhalt). – In: RANA, Sonderheft 3, S. 29–40.

VOLLMER, A. (2001): Verbreitung, Bestandssituation und Gewässerhabitate der Rotbauchunke (*Bombina bombina*) in der Elbaue zwischen Wörlitz und Dessau (Sachsen-Anhalt). – In: Zeitschrift für Feldherpetologie 8, S. 245–251.

WESTERMANN, A. (2015a): Bergmolch - *Ichthyosaura alpestris* (LAURENTI, 1768). - Berichte des Landesamtes für Umweltschutz Sachsen-Anhalt 4, S. 107–118.

WESTERMANN, A. (2015b): Kreuzotter - *Vipera berus* (LINNAEUS, 1758) - Berichte des Landesamtes für Umweltschutz Sachsen-Anhalt 4, S. 525–536.

WÜSTEMANN, O. (1990): Zum pH-Wert der Laichgewässer einheimischer Frosch- und Schwanzlurche im Oberharz. - Archiv für Naturschutz und Landschaftsforschung 30 (2): 141–148.

WÜSTEMANN, O. (2002/2003): Amphibienverluste durch Waschbären und Wildschweine im Landkreis Wernigerode/Sachsen-Anhalt. - In: Jahresschrift für Feldherpetologie und Ichthyofaunistik in Sachsen 7, S.166–168.

ZUPPKE, U. (2000): Vorkommen der Rotbauchunke (*Bombina bombina*) im Hochfläming, Roßlau-Wittenberger Vorfläming und Südlichen Fläminghügelland (Teilgebiet: Lkr. Wittenberg/Sachsen/Anhalt). – Regionales Gutachten im Rahmen des Artenhilfsprogramms Rotbauchunke Sachsen-Anhalt. Auftraggeber: Büro RANA, Halle.

ZUPPKE, U. (2003): Ungewöhnlicher Glattnatter-Lebensraum bei Lutherstadt Wittenberg. - In: Jahresschrift für Feldherpetologie und Ichthyofaunistik in Sachsen 7, S. 164–165.

ZUPPKE, U. & A. VOLLMER (2004): Rotbauchunke – *Bombina bombina* (LINNAEUS, 1761). – In: MEYER et al. (2004): Die Lurche und Kriechtiere Sachsen-Anhalts. – Laurenti Verlag, Bielefeld. S. 83–90.

ZUPPKE, U. (2012): Erfolgreiche Sanierung des Feldsolls „Friedemanns Teich" im Vorfläming bei Wittenberg. - In: Naturschutz in Sachsen-Anhalt 49, S. 72–74.

ZUPPKE, U. (2014): Zum Vorkommen der Rotbauchunke (*Bombina bombina*) an den Feldsöllen im Fläming bei Wittenberg (Sachsen-Anhalt). - In: RANA 15, S. 25–32.

ZUPPKE, U. & I. ELZ (2014): Das Land der Rummeln, Sölle und Findlinge. - Books on Demand Norderstedt. 248 S.

ZUPPKE, U. & M. SEYRING (2015a): Rotbauchunke – *Bombina bombina* (LINNAEUS, 1761). - In: Berichte des Landesamtes für Umweltschutz 4, S. 185–206.

ZUPPKE, U. & M. SEYRING (2015b): Kleiner Wasserfrosch – *Pelophylax lessonae* (CAMERANO, 1882). - In: Berichte des Landesamtes für Umweltschutz 4, S. 399–418.

ZUPPKE, U. & M. SEYRING (2015c): Europäische Sumpfschildkröte – *Emys orbicularis* (LINNAEUS, 1758). - In: Berichte des Landesamtes für Umweltschutz 4, S. 419–430.

ZUPPKE, U. (2015a): In Sachsen-Anhalt gebietsfremde Lurche und Kriechtiere. - In: Berichte des Landesamtes für Umweltschutz 4, S. 541–548.

ZUPPKE, U. (2015b): Konzept für eine neue Rote Liste des Landes. - In: Berichte des Landesamtes für Umweltschutz 4, S. 609–618.

ZUPPKE, U. (2016): Faunistische Untersuchungen im Rahmen des Bebauungsplans 07 Elstervorstadt/Bahnhofsostseite in der Lutherstadt Wittenberg. - Unveröffentl. Bericht im Auftrag des Büros Stadt- und Landschaftsplanung Dipl.-Ing. RAINER DUBIEL, Wittenberg. 21 S.

Zuppke, U. (2018): Zauneidechsen klettern. - In: Jahresschrift für Feldherpetologie und Ichthyofanistik Sachsen 19, S. 90.

Dank

Die Autoren möchten sich bei allen bedanken, die geholfen haben, das vorliegende Buch in dieser Form zu gestalten.

So gilt ihr Dank ganz besonders Herrn Dr. PEER SCHNITTER und Herrn MARCEL SEYRING vom Landesamt für Umweltschutz Sachsen-Anhalt für die Unterstützung sowie die Bereitstellung und regionsgerechte Aufbereitung der Verbreitungskarten der Lurche und Kriechtiere.

Sie bedanken sich sehr bei Frau ANJA BRUDER (Ingolstadt) für die Korrekturhinweise und ebenso bei Frau IRIS ELZ (Wittenberg-Apollensdorf) für die mühevolle Layoutarbeit und Bildbearbeitung.

Sie bedanken sich weiterhin bei der Unteren Naturschutzbehörde Wittenberg, insbesondere bei Frau NADJA WINTER, für die Zurverfügungstellung von umfangreichen Informationen über die Schutzmaßnahmen an den mobilen und stationären Amphibienschutzanlagen.

Und natürlich bei den Fotografen, die ihre gelungenen Naturdokumente bereitwillig zur Verfügung gestellt haben, insbesondere Frau IRIS ELZ (Apollensdorf), Frau KARLA MATTIGIT (Kakau), Frau ANETTE WESTERMANN (Ballenstedt), Herrn JÜRGEN REUSCH (Jessen), Herrn AXEL SCHONERT (Bleddin), Herrn Dr. BERND SIMON (Plossig) und Herrn NICO STENSCHKE.

Im gleichen Verlag erschienen

Uwe Zuppke, Iris Elz
Die Aue der Biber, Störche und Urzeitkrebse
Verlag: Books on Demand GmbH, Norderstedt
1. Auflage 2008, 194 Seiten, 107 Abbildungen, Paperback
ISBN: 978-3-8334-8536-7

Fast zentral zwischen den Großstädten Berlin und Leipzig und förmlich vor den Toren der viel besuchten Lutherstadt Wittenberg liegt eine Landschaft mit reicher Naturausstattung und einer Vielzahl kulturgeschichtlicher Zeugnisse - die Aue der mittleren Elbe. Entstanden vor unvorstellbar langen Zeiten, dann aber schrittweise von den Menschen sich nutzbar gemacht, hat die Aue an der mittleren Elbe ein unverwechselbares Flair. Es geht einerseits aus von einmaligen, reich strukturierten Naturräumen in dem der Überflutungsdynamik der Elbe verbliebenen Teil. Andererseits sind die kulturhistorischen Zeugen des schöpferischen menschlichen Wirkens in dem durch Dämme der Urgewalt des fließenden Wassers entzogenen Gebiet ebenso faszinierend. Die mittlere Elbaue mit Wittenberg als Zentrum zählt zu den Regionen mit herausragender Bedeutung für die Geschichte des Landes Sachsen-Anhalt und ist eng verbunden mit der Wirkung Martin Luthers und seiner Familie.

Uwe Zuppke, Iris Elz
Das Land der Rummeln, Sölle und Findlinge
Verlag: Books on Demand GmbH, Norderstedt
1. Auflage 2014, 248 Seiten, 199 Abbildungen
ISBN: 978-3-8370-1745-8

Unmittelbar nördlich der viel besuchten Lutherstadt Wittenberg erstreckt sich der von der ebenen Elbaue sanft ansteigende Fläming, der in der Literatur über deutsche Landschaften mit ihren Faunen und Floren bisher wenig Beachtung fand. Der Fläming zeichnet sich durch eine wechselvolle Wald-Offenland-Landschaft aus. Bewaldete Tro-ckentäler - die Rummeln -, wassergefüllte Senken mitten im Ackerland - die Sölle - und tonnenschwere Steine in der Landschaft - die Findlinge - sind typische Elemente dieses kargen Gebietes. Die Autoren dieses Buches haben auf ihren langjährigen Streifzügen durch den Fläming in der nördlichen Umgebung von Wittenberg einen umfassenden Einblick in diese Region erhalten. Sie möchten die unbekannte Landschaft des Witten-berger Flämings mit ihrer Tier- und Pflanzenwelt sowie ihren kulturhistorischen Besonderheiten in das Bewusstsein der Öffentlichkeit rücken und dadurch auch zu ihrer Erhaltung beitragen.

Uwe Zuppke
Die Vogelwelt der Region Lutherstadt Wittenberg
Books on Demand GmbH, Norderstedt
1. Auflage 2009, 232 Seiten, 135 Abbildungen
ISBN: 978-3-8370-9061-1

Die Lutherstadt Wittenberg, am Mittellauf der Elbe gelegen, bietet mit ihren unterschiedlichen Landschaftsformen in der Umgebung einer artenreichen Vogelfauna Lebensraum. Die Fachgruppe „Ornithologie und Vogelschutz" Wittenberg hat seit Beginn der 1950er Jahre ornithologische Beobachtungsdaten gesammelt. Im vorliegenden Werk wird eine Übersicht der in der Region um Wittenberg bisher nachgewiesenen Vogelarten gegeben, damit diese Artenvielfalt als Naturerbe erkannt und der Allgemeinheit erhalten bleibt und sich auch zukünftige Generationen daran erfreuen können.

Uwe Zuppke
Die Fischfauna der Region Lutherstadt Wittenberg
Books on Demand GmbH, Norderstedt
ISBN: 978 3-8423-3438-0
1. Auflage 2010, 216 Seiten, 106 Abbildungen

Die Landschaft in der Region um die Lutherstadt Wittenberg ist reich an Gewässern. Sowohl der mittlere Lauf der Elbe als auch der untere Lauf der Schwarzen Elster sowie die Hügellandschaften des Flämings und der Dübener Heide bieten einer artenreichen Fischfauna geeigneten Lebensraum. Als Ergebnis langjähriger eigener Erfassungen und Recherchen in Fangstatistiken wird im vorliegenden Werk eine Übersicht der in der Region bisher nachgewiesenen Fischarten gegeben. Sie soll anregen, die Fischfauna als ein wichtiges und wertvolles Naturgut zu betrachten, das der menschlichen Gesellschaft erhalten bleiben muss, damit auch zukünftige Generationen sich daran erfreuen und es nutzen können.

Uwe Zuppke, Jürgen Berg
Die Säugetiere der Region Wittenberg
Books on Demand GmbH, Norderstedt
ISBN: 978-3-7431-8245-5
1. Auflage 2017, 232 Seiten, 94 Abbildungen

Im Ergebnis von über 60jährigen eigenen Beobachtungen und unter Einbeziehung der Beobachtungen zahlreicher Jäger und Naturfreunde aus der Region sowie der Auswertung von Veröffentlichungen wird eine zusammenfassende Darstellung und Beschreibung der in der Region Wittenberg vorkommenden Säugetierarten gegeben. Diese soll anregen, auch die Säugetiere und ihre Lebenräume als ein unersetzliches Naturgut zu betrachten, das der menschlichen Gesellschaft erhalten bleiben muss.

Die Autoren

JÜRGEN BERG, geboren 1956, studierte nach dem Abitur zunächst Elektrotechnik/Elektronik und wechselte dann zur Forstwirtschaft. Er leitete er bis 1990 als Förster der Offenen Landschaft die Abteilung Flurholz der Meliorationsgenossenschaft Pratau im Kreis Wittenberg. Nach 1990 gründete er ein Finanzberatungsunternehmen.

Seit seiner Jugend war er in naturwissenschaftlichen Fachgruppen des Kulturbundes tätig sowie aktiver Naturschutzhelfer im Kreis Wittenberg. Er wurde Mitglied der Bezirksleitung der Gesellschaft für Natur und Umwelt (GNU) des Bezirkes Halle und leitete die Fachgruppe Feldherpetologie Wittenberg. Er war Mitglied der Biologischen Gesellschaft der DDR und der Agrarwissenschaftlichen Gesellschaft der DDR. Seit 1990 ist er Mitglied des Naturschutzbeirates des Kreises Wittenberg und berät auch heute noch sachkundig die staatliche Verwaltung. Im Bundesverband Beruflicher Naturschutz (BBN) ist er Mitglied.

DR. UWE ZUPPKE, geboren 1938 in Wittenberg, studierte Landwirtschaft. An der Martin-Luther-Universität Halle-Wittenberg promovierte er über die Auswirkungen der Intensivierung der Landwirtschaft auf die Vogelwelt.

Seit seiner Kindheit interessierte er sich für die Tierwelt seiner Heimat und verfügt über 65-jährige faunistische Aufzeichnungen aus diesem Gebiet. Er ist seit 1960 Mitarbeiter im ehrenamtlichen Naturschutz des Kreises Wittenberg, war Leiter der Bezirksarbeitsgruppe Artenschutz im Bezirk Halle bis 1990 und ist seit 1990 Mitglied des Naturschutzbeirates des Landkreises Wittenberg. Seit Beginn der Fachgruppe Feldherpetologie Wittenberg war er Mitglied, ebenso im Landesfachausschuss Feldherpetologie des Landes Sachsen-Anhalt. Inzwischen beobachtet er Lurche und Kriechtiere in aller Welt.

Er ist Mitautor der beiden Übersichten über die Herpetofauna des Landes Sachsen-Anhalt (MEYER et al. 2004; GROSSE et al. 2015) und Autor von Sachbüchern über die Natur und Landschaft des Flämings und der Aue der mittleren Elbe bei Wittenberg sowie über die Fischfauna, Vogelwelt und Säugetierfauna der Wittenberger Region. Bei Sachbüchern über die Schutzgebiete Sachsen-Anhalts war er Mitautor.